图 1-1　不同的李和梨的品种

图 3-1　长满水葫芦的湖

图 1-2　无刺黄瓜

图 3-2　美洲斑潜蝇的危害

图 5-4　番茄的花

图 5-5　黄瓜的花

图 5-6　甘蓝的花

图 5-7　桃树的花

图 5-8　网袋隔离

图 5-9　器械隔离

图 5-10　去雄后的番茄花

图 5-11　人工授粉

图 8-1　左为四倍体，右为二倍体对照

图 8-2　左为四倍体，右为二倍体对照

图 8-3　上为四倍体，下为二倍体对照

"十二五"职业教育国家规划教材
经全国职业教育教材审定委员会审定

园艺植物育种

YUANYI
ZHIWU YUZHONG

第二版

张文新 主编

·北京·

本书的内容共有十章：园艺植物育种基础、种质资源、引种、选择育种、常规杂交育种、优势杂交育种、诱变育种、倍性育种、现代育种技术、品种的审定与推广，还设计了6个实验实训项目。教材在编排上充分考虑高职院校的培养目标和教学要求，注重理论教学的横向联系，融汇了植物遗传基本原理、各类植物育种方法、种子生产的最新研究成果和发展。为加强理论和技能知识的实用性，每一章节增加了较为详细的实例，便于学生学习。

本书可供高职高专院校园艺、园林专业的学生使用，也可供相关专业学生和广大农业科技工作者参考。

图书在版编目（CIP）数据

园艺植物育种/张文新主编. —2版. —北京：化学工业出版社，2017.11

“十二五”职业教育国家规划教材

ISBN 978-7-122-30742-2

Ⅰ.①园… Ⅱ.①张… Ⅲ.①园艺作物-作物育种-高等职业教育-教材 Ⅳ.①S603

中国版本图书馆CIP数据核字（2017）第247096号

责任编辑：李植峰 迟 蕾　　装帧设计：史利平

责任校对：王 静

出版发行：化学工业出版社（北京市东城区青年湖南街13号 邮政编码100011）

印 装：三河市延风印装有限公司

787mm×1092mm 1/16 印张12¼ 字数281千字 彩插1 2018年3月北京第2版第1次印刷

购书咨询：010-64518888（传真：010-64519686） 售后服务：010-64518899

网 址：http://www.cip.com.cn

凡购买本书，如有缺损质量问题，本社销售中心负责调换。

定 价：32.00元

《园艺植物育种》编写人员

主　　编　张文新

副 主 编　于立杰　魏　跃　孟凡丽　张亚龙

编写人员　（按姓名汉语拼音排序）

梁春莉　孟凡丽　魏　跃

于红茹　于立杰　张文新

张亚龙　赵　静

主　　审　陈杏禹

前　言

园艺植物育种是介绍园艺植物育种原理与技术的科学，是一门集理论与实践于一体的综合性课程。目前，有关植物育种、良种繁育、种子检验等教材的种类繁多，大学、高职、中专教材比比皆是，但适合高职使用的教材较少。有的教材内容丰富，但对于高职学生来说，理论程度过于深奥，不利于教学；有的教材内容知识面窄，缺乏实用性，读起来枯燥无味，且和相关学科知识的联络较少。因此，本教材在编排上充分考虑高职院校的培养目标和教学要求，注重理论教学的横向联系，融汇了植物遗传基本原理、各类植物育种方法、种子生产的最新研究成果和发展，加强理论和技能知识的实用性，每一章节增加较为详细的实例，便于学生学习。教学内容符合高职学生现状，既全面覆盖，又不过于深奥，同时注重学生学习兴趣的培养，技能培养符合用人单位需求。

本书的内容共有十章，主要内容包括：园艺植物育种基础、种质资源、引种、选择育种、常规杂交育种、优势杂交育种、诱变育种、倍性育种、现代育种技术、品种的审定与推广。教材还设计了6个实验实训项目。全书在编写过程中紧紧围绕学科发展动向，能够充分反映现代育种技术的新知识、新成果和新技术。因此，本书可供高职高专院校、本科院校的职业技术学院、五年制高职、成人教育农林类园艺、园林类专业的学生使用，建议教学时数为60～80学时，也可供相关专业学生和广大农业科技工作者参考。本书配套有丰富的立体化数字资源，可从 www. cipedu. com. cn 免费下载。

本书广泛参阅了许多专家、学者的著作、论文，所参考的多数资料在参考文献后一一列出，在此一并致以诚挚的谢意。在本教材出版过程中，得到了辽宁农业职业技术学院的大力支持，相关老师提出了宝贵的意见和建议。在本书出版之际，向所有在本书编写过程中给予我们各种形式帮助的朋友表示深深的谢意。

由于编者水平所限，书中难免有一些不足和疏漏之处，敬请广大同行、专家、读者提出宝贵意见，以使再版时修订。

编　者

2017 年 12 月

目　录

第一章　园艺植物育种基础

学习目标

1. 了解园艺植物育种的作用、地位及其发展趋势；
2. 知道育种任务和主要内容；
3. 掌握园艺植物育种的概念以及育种的主要目标；
4. 理解和掌握园艺植物品种的概念和特点；
5. 掌握良种的概念及主要作用。

案例导入

蔬菜种子为什么这么贵？

2012 年 2 月 5 日，记者在采访时，偶然从一位菜农口中得知，现在市场上的茄子 85% 的品种都是国外品种。而相关媒体此前也有报道称：外国的“洋种子”已经控制了我国高端蔬菜种子 50% 以上的市场份额，在我国最大蔬菜基地山东寿光，60%～80% 的蔬菜种子是洋种子……这位菜农所说的是否准确？青岛的蔬菜种子市场的总体情况如何呢？2 月 6～8 日，记者为此进行了调查。

2 月 8 日，记者联系了家住即墨的于展鹏，他从事茄子种植已经六七年，主要供应青岛的蔬菜批发市场。据他介绍，由于国外的茄子品种在产量和质量等方面都有一定的优势，当地的种植户一直都是购买国外的茄子种苗种植。“我现在用的种子就是荷兰生产的，已经用了好多年了。”于展鹏说，“国产品种的价格是低，跟国外品种相比，茄子质量、产量方面还是有差距的，所以我们一般都是买荷兰这家公司的种苗。据我了解，在青岛的种植户，85% 以上的都会采用国外的种苗。”

对于青岛蔬菜种子市场的情况，2 月 7 日，记者专门采访了青岛市种子站的副站长管明利。管明利告诉记者，国外品种所占的比例统计起来比较复杂，并没有最新的统计结果，“但是目前一些茄果类蔬菜，的确是以国外的品种为主。”

调查结果还显示：一些高端的蔬菜品种是以国外的为主；在青岛多用于出口的蔬菜，如白萝卜、洋葱、胡萝卜等，也是以国外蔬菜品种的为主；而番茄、茄子、青椒等茄果类的蔬菜，国外的蔬菜品种占据大半江山。“近两年，国外的蔬菜品种在青岛所占的比例也在不断上升，现在甚至也有不少种植大田菜的菜农开始选用国外的蔬菜品种。”管明利说。

国外种子虽然在抗病毒性、质量和产量等方面都会有一定的优势，但是它的价格也非常高，甚至可以与黄金相提并论。“国产的蔬菜种子都是按照克来计算，而国外种子计算价格时都是按粒来计算。”青岛市钱谷山有机农庄负责生产技术的赵崇鲁主任告诉记者，钱谷山有机农庄主要从事生态农作物的种植，经常会引进一些新型的蔬菜品种来种植。而据赵崇鲁介绍，钱谷山农庄中有20%左右的国外蔬菜品种，有些国外蔬菜种子的价格是国产种子的五倍多。“在购买番茄种子时，国产种子都是按照每千粒来算的，平均每粒还不到一毛钱，而国外的种子有时候一粒要达到3毛多，有些彩椒品种的种子甚至达到一粒1块多，要真按重量来计算的话，价格也快赶上黄金了。”（编者按：每克大约150～300元）

而国外种子昂贵的价格，对于种植户来说也是种巨大的压力，但是大多数种植户宁肯多投入也要选用国外的蔬菜种子。

中国种业的发展与国外存在一定的差距，已经是各界专家都认同的事实。青岛市农科院蔬菜花卉研究所的所长崔健告诉记者，中国种业相对落后的原因很多，其中有两个重要的因素：研究起步晚以及在研究经费投入上不足。“跟国外相比，国内的种业研究起步太晚，国外种子公司都已经是一些大集团了，而本地的种子企业发展还不完善；而从资金投入来说，尽管这两年研究经费增加不少，但前几年平均到蔬菜种业研究的经费就只有十几万，跟国外大型企业的研究经费相差太大了。”

（来源：中国食品科技网，2012-02-10. 题目由编者后加）

讨论一下

1. 为什么国外品种蔬菜种子价格这么高？这么高的价格，农民为什么还会购买？
2. 为什么国产的蔬菜品种不能与国外品种竞争？
3. 我们的本土品种与国外品种的培育方式有什么区别吗？

园艺业是农业中种植业的重要组成部分，园艺生产对于丰富人类营养和美化、改造人类生存环境有重要意义。最早“园艺”这个词汇是指在围篱保护的园区内进行植物栽培，包含了果树、蔬菜和观赏植物的栽培、繁育技术和生产经营方法，相应地可以划分为果树园艺、蔬菜园艺和观赏园艺。现代园艺虽早已打破了这种局限，但仍是比其他作物种植更为集约的栽培经营方式。

20世纪以后，园艺生产日益向企业经营发展，规模逐渐扩大，同时由于许多现代科学技术成果的应用，园艺生产技术进步迅速。随着生产的发展、人民生活水平的提高和旅游事业的发展，各种各样的园艺产品愈来愈成为人们完善食物营养，美化、净化环境的必需品。果品和蔬菜为人类提供了大量维生素、粗纤维、矿物质及其他保健成分，是人们食物结构中不可替代的内容。花卉等观赏植物改善人们的生态环境，净化空气，陶冶情操，装点人们休息、娱乐和欣赏大自然的场所，满足人们对精神文明多层次的需求。另外，果树中的葡萄、柑橘、香蕉、苹果、椰子、菠萝，蔬菜中的茄果类、豆类、瓜类和花卉中的切花、球根花卉等在国际贸易中的比重也不断提高。

改革开放以来，中国园艺事业得到了迅速发展。据农业部统计，2009年全国蔬菜种植面积为1820万公顷，同比增长1.8%；产量达到6.02亿吨，同比增长4.5%，人均占有量440多千克，超出世界平均水平200多千克。中国目前的水果种植面积为840万公顷，占世界果树总面积的21%左右；水果年总产量达5900多万吨，占世界果品总产量的13.4%，这两项指标都已跃居世界第一。2010年全世界花卉栽植面积达22.3万公顷，而中国花卉种植面积已达9.18万公顷，成为世界上花卉种植面积最大的国家。截止到2009年，辽宁省积极引导鼓励农民发展设施农业，省级财政安排资金7.5亿元，对新建设施农业小区进行补贴，全省新增设施农业100万亩。目前，辽宁省设施农业面积超过50万公顷，日光温室面积近30.3万公顷，日光温室面积和产量均为全国第一。

近年来，园艺生产迅速发展的主要原因在于它的效益高于一般的大田作物，国家对园艺产品实行多渠道经营，价格随行就市，农民得到了经济实惠。随着我国经济的不断发展，农业现代化进程的快速发展，园艺产业的功能出现多元化趋势。尤其是近几年来，城市里的人们越来越渴望自然、低碳的生活，更加渴望获得优质安全的农产品，因而有力地促进了绿色食品、无公害食品、生态农业、观光园艺、采摘农业等都市农业的兴起，同时园艺产业设施化、专业化和集约化的程度越来越高，因此对园艺生产也提出了更高的要求。

发展园艺生产，提高经济效益，在技术上一般通过两个密切相关的途径来实现：一是进行植物育种工作，通过改进园艺植物的遗传特性，选育新品种，使其更符合现代化农业生产的要求；二是改进栽培技术，使品种遗传潜力得到更充分地发挥。所以育种与栽培是相辅相成的，育种解决内因，使园艺产品有更强的适应性，能产生更大的经济效益，在国内外市场上有更强的竞争力，是园艺植物育种学的研究领域，也是本书所要讲解的内容；而栽培对园艺植物来说是外因，通过栽培环境如改良土壤、加强肥水管理、建造设施等来提高产量和品质，是属于广义栽培学研究的领域。如果缺少优良品种，即使有很好的栽培技术也难以获得良好的效益；反过来，即使有优良品种，如果不能在适宜的地区，采取良好的栽培技术，同样也无法发挥良种的作用。

对育种者而言，只有育出具有高产、优质、适应性强、适宜机械化作业等优点的优良新品种，才能满足人们对新品种的需求，才能为社会做出更大的贡献；对园艺植物生产者而言，只要获得了优良品种，产品的高产、优质和良好市场就有了保障，就意味着拥有丰收和幸福；对整个社会的园艺植物生产而言，生产出量足质优的产品是实现持续、稳定增产增收的先决条件和重要保证。由此可见，搞好园艺植物育种，对科技进步、生产发展和区域经济腾飞有着重要的现实意义。

一、园艺植物育种的概念和任务

1. 概念

园艺植物育种是研究优良品种选育具体方法和技术的科学。具体地说，园艺植物育种是一门研究选育新品种方法、保持优良种苗种性，提高优质种苗生产技术，实现优质种苗的科学加工、安全储运和足量供应的综合性科学。它是一门理论性很强的学科，涉及了园艺植物遗传、分子生理生化、细胞学等多方面的原理与内容；同时它也是一门应用型技术科学，涉及植物高产栽培、病虫害防治以及种子学、商品管理与营销等学科的原理和技术。

园艺植物育种方法一般分为常规技术和新技术育种两类，常规方法包括选择育种、引种、常规杂交育种、优势杂交育种等；新技术方法有单倍体育种、多倍体育种、诱变育种、细胞融合、基因导入等。

2. 任务

园艺植物育种是研究园艺植物新品种选育原理和方法的科学，其基本任务是选育适合于市场需要的优良品种，乃至新的园艺植物，并且在繁殖、推广的过程中保持及提高其种性，提供数量足够、质量可靠、成本较低的繁殖材料，最终促进高产、优质、高效园艺业的发展。首先，园艺植物育种工作要依据本地区原有品种基础和主客观情况，制订育种目标，保证育种工作科学、先进和切实可行；其次，要广泛征集、评价和利用种质资源，并且研究和掌握性状遗传变异规律及变异的多样性；最后，选择适当的育种途径和方法，获得优良的新品种。获得的新品种通过适当的繁殖手段和保存方法，应用于生产。

3. 园艺植物育种的主要内容

园艺植物育种是以遗传学、进化论为主要基础的综合性交叉型应用科学，涉及植物学、植物生理学、植物生态学、植物生物化学、植物病理学、农业昆虫学、农业气象学、土壤学、试验设计和生物统计、生物技术、园艺产品贮藏加工学等多学科领域的基本理论和实验手段。它的主要内容有：育种对象的选择，育种目标的制定及实现目标的相应策略；种质资源的挖掘征集、保存、评价研究、利用和创新；选择育种的原理和方法；人工创造变异的途径、方法和技术；杂种优势的利用途径和方法；育种性状的遗传研究鉴定和选育方法；育种不同阶段的田间及实验室试验技术；新品种审（认）定、推广和繁育等。

二、品种

1. 品种的概念

品种是在一定的生态和经济条件下，经自然或人工选择形成的植物群体。品种不同于植物学上的变种、变型，在植物分类上往往属于植物学上的一个种、亚种、变种乃至变型，一般来说属于栽培学上的分类范畴。它具有相对的遗传稳定性和生物学及经济学上的一致性，并可以用普通的繁殖方法保持其恒久性。不同的李和梨的品种见图 1-1（彩图见插页）。

图 1-1　不同的李和梨的品种

2. 品种的特点

品种是重要的农业生产资料，它一般具有较高经济价值，符合人类需要，能适应一定地区的自然条件和栽培条件。作为一个品种必须要具备以下特征特性。

① 优良　指园艺植物群体有较高的经济效益，对于某一植物来说，其主要性状或综合经济性状符合市场要求或具有一定的市场应用潜力。如富士苹果，具有晚熟、质优、味美、耐贮等优点。

② 整齐　在实践上要求园艺植物群体的个体间整齐一致，包括品种内个体间在株型、生长习性、物候期等方面的相对整齐一致和产品主要经济性状的相对整齐一致。在实践中对整齐性的要求对不同作物、不同性状应区别对待，如某些观赏植物常在保持主要特性稳定遗传的基础上要求花色多样化，以增进其观赏价值。

③ 稳定　指园艺植物群体主要经济性状能够在栽培环境中稳定表达，一般不会因环境变化而发生变异。对于苹果、梨、马铃薯等无性繁殖植物可以用扦插、压条、嫁接的方法保持前后代遗传性状的稳定连续性。某些蔬菜、花卉在生产中利用杂交种品种，世代间的稳定连续限于每年重复生产杂种一代种子。杂种世代不能继续有性繁殖，也就是说以间接的方式保持前后代之间的稳定连续。

④ 特异　指作为一个品种，至少有一个以上明显不同于其他品种的可辨认的标志性状。这是品种的最低要求，是进行品种鉴定的主要依据。例如，番茄品种绿宝石，区别于普通番茄的性状是成熟时果实的颜色，普通品种为粉色、红色或者黄色，而其颜色为黄绿色。所以消费者购买时很容易区分，不会和其他番茄品种混淆。

需要注意的是品种的优良显然有它的时间性和空间性，现阶段优良的品种随着时间推移会落伍，所以优良是相对的。对于一些过时的、不符合当前要求的老品种和不符合当地要求的外地品种，习惯上仍称为品种。它们可能不完全具备上述优良、整齐、稳定、特异的要求，也可能在生产上应用面积较少或者已经被淘汰，但它们常常是用于选育新品种的优质原材料。

三、良种在园艺植物生产中的地位与作用

良种是指优良品种的优质种子，它必须具备两方面的品质：一是品种优良，优良品种具有产量和品质的优越性，生产使用上的区域性，种植表现上的一致性和稳定性，使用时间上的相对持久性；二是种子本身优良，即种子的纯度、发芽率、发芽势、净度、水分、色泽和千粒重等指标必须达到一定的标准。

（一）良种在植物生产中的地位

良种是园艺植物生产中最基本的生产资料，是影响农民经济效益高低的一个重要环节，在农业生产有着不可替代的战略意义。

人类在很久以前就认识到了良种在园艺植物生产中的重要地位。我国黄河流域的先民们早在春秋时期就懂得选育良种，到南北朝时，先民们对良种重要性的认识就更进一步，《齐民要术》中写到“种杂者，禾则早晚不均，舂变减而难熟”，阐述了种子不纯会导致产量低且米质差。但在很长时间内，这种认识只是处于初级阶段，是模糊的、朦胧的，没有科学的理论基础，所以良种的使用与发展是缓慢的。到了 20 世纪，在西方国家，自然科学发展迅

速，极大地促进了育种的发展与繁荣。尤其是第二次世界大战以后，随着经济复苏，人口增长，粮食短缺、食物不足成了世界性的难题。依靠选育优良品种和种子来解脱这场危机逐渐成为科学家和各缺粮国政府的共识，“绿色革命”应运而生。以良种推广为核心内容的第一次“绿色革命”，使许多国家摆脱了饥荒和贫困，促进了政治、经济、文化、社会的全面发展。随着“绿色革命”的不断深入，世界上许多国家特别是发达国家兴起和发展了种苗产业，形成了从科研到生产直至销售的种苗企业集团。

新中国成立以来，我国的新品种选育和种子生产工作取得了很大的成就，很多的园艺植物优良品种得到推广和应用。尤其是近20年来，在人口持续增长、人民生活水平不断提高、可耕地面积不断缩小的前提下，各类植物产品的持续供给能力大幅度增长，主要植物产品的生产总量已出现结构性剩余。我国的植物生产达到这样的水平，良种的贡献功不可没。而且在植物生产中，优良品种增产的份额占到了30%～35%。因此，新品种的选育工作日益受到国家和广大育种者的重视，极大地促进了园艺植物育种的发展与繁荣。

（二）良种在植物生产中的作用

良种在植物生产发展中的作用是其他任何因素都无法取代的，集中地表现为以下几个方面。

1. 良种可以大幅度提高园艺植物的单位面积产量

良种一般都有较大的增产潜力，这是优良品种的基本特征之一。园艺植物推广高产品种增产效果一般在20%～30%，有的甚至成倍增长。优良品种的增产能力表现在资源环境条件优越时能获得高产，在资源环境条件欠缺时能获得丰产。实际上是品种在大面积推广过程中保持连续而均衡增产的潜力，就是说在推广范围内对不同年份、不同地块的土壤和气候等因素的变化造成的环境胁迫具有较强的适应能力。对多年生果树和花木类植物来说更重要的是品种本身有较高的自我调节能力。因此，优良品种的科学使用和合理搭配是大幅度提高产量的根本措施。植物遗传改良和耕作栽培技术的改进应该紧密结合，相辅相成，才能使园艺生产得到更快的发展。

2. 良种可以改进和提高园艺植物产品品质

对于园艺植物来说，提高品质的重要性总是远远超过产量的重要性。尤其近十几年来，对园艺产品品质的要求越来越高，市场上果品、蔬菜、花卉由于外观品质、食用品质、加工品质和贮运品质方面的差异，市场价格相差几倍到几十倍的情况普遍存在。如北方地区，普通的有刺黄瓜价格在2元左右，而新推出的水果黄瓜可以卖到5～20元的价格，两者年效益差别很大。在经济效益的推动下，提高产品品质已经被广大的农户和育种者所认可。目前我国品质育种已取得重大进展，无刺黄瓜（图1-2，彩图见插页）、樱桃番茄、蓝莓、大樱桃等高品质园艺植物品种已经在生产上得到了大面积应用，促进了生产的发展，提高了农民的效益。

3. 良种可以增强园艺植物的抗性

病虫害是目前发展园艺生产的突出问题，推广抗病、抗虫和抗逆能力强的品种，已势在必行。抗性强的良种能有效减轻病虫害和各种自然灾害对栽培植物产量的影响，实现稳产、

图 1-2　无刺黄瓜

高产。利用抗病虫品种能减少因农药使用而造成的在产品、土壤、大气、水源方面的严重污染，实际上也是间接地提高产品品质，降低了对人们健康的危害。减少农药的使用，也就是降低了生产者每年在防治病虫的农药方面的耗费，节省了人力、物力，从而降低了生产成本。

冬季设施生产经济效益高，但投资大、耗能多，这是因为蔬菜、花卉和果树一般品种在保护地生产中难以正常开花结果，光照、温度不足是主要的影响因素。为了满足这方面要求，需要采用加温、增光等措施，消耗较多的煤、电等能源。利用适应保护地生产的品种可显著降低设施园艺的能源消耗，既降低了成本，同时也扩大了农民的栽培范围，降低了越冬生产的风险。如新近育成的温室黄瓜抗寒品种可以适应10℃左右的低夜温，在不加温的情况下可以完全正常开花结果；当温度低于10℃高于5℃，黄瓜能够生长而不至于冻死，一旦温度转为正常即可马上进行生产。

4. 延长产品的供应和利用时期

良种的不同成熟期与耐贮运能力，可以起到延长产品供应和利用时期的作用。对于一二年生园艺植物选育不同成熟期的品种，可以调节播种时期，利于安排适当的茬口，延长供应、利用时期，解决市场均衡供应问题。如番茄的茬口现在有春大棚栽培、越夏大棚、秋冬温室、冬春茬温室栽培等多种形式，品种多样，因此可以实现四季生产、四季供应，淡、旺季节差异逐渐缩小。又如菊花在原有盆栽秋菊的基础上育成了夏菊、夏秋菊和寒菊新品种，大幅度地延长了它的观赏期及利用方式（切花和露地园林）。因为绝大多数园艺产品都是以多汁的新鲜状态供应市场，耐贮藏、耐运输性较差，所以提高品种耐贮运性也是延长、扩大园艺产品供应时期和范围的重要途径。如苹果晚熟耐贮品种供应期可以和第二年早熟品种成熟期衔接，实现周年生产。

5. 适应集约化管理、大幅度提高劳动生产率

园艺生产劳动力高度集约，利用适应集约化生产的良种可以大幅度地提高劳动生产效率。如在菊花、蔷薇、石竹等插花生产中，因为栽植密度大，疏蕾和摘芽需要大量劳力。自美国伊利诺斯大学育成了“分枝菊”品种系列后，很快传入荷兰、英国、日本等国，除了节减疏蕾、摘芽用工外，随着生育期的缩短可提高设施利用率，节减管理和包装用工，从而大幅度提高劳动生产率。另外，选育成的切花用无分枝的紫罗兰和菊花品种，可免除摘心和摘芽作业，达到省工的目的。果树如苹果矮化砧和短枝型品种的育成，蔬菜如番茄矮生直立机械化作业品种的育成，也能大幅度地节约整形、修剪、采收等作业的用工量。

四、园艺植物育种的发展现状与趋势

中国是世界农业及栽培植物起源最早、栽培植物数量极大的独立起源中心，园艺植物育种有着悠久的历史和辉煌的过去。我们的祖先在长期改造自然的斗争中把众多的野生植物驯化成栽培类型，培育创造了丰富多彩的果树、蔬菜、花卉品种，为全世界所瞩目，对整个世界的园艺植物育种事业做出了巨大的贡献。如贾思勰，中国北魏时期的杰出农学家，在其所著的一部综合性农书《齐民要术》中，论述种子混杂的弊端，主张采取穗选，设置专门繁种地及选优、汰劣等措施；以及对无性繁殖的园艺植物采用有性和无性繁殖结合的方法进行实生选种，这部著作也是世界农学史上最早的专著之一。然而到了 19 世纪，当世界进入科学育种阶段，整个育种事业迅速发展时，中国正处于腐朽的封建统治和帝国主义的双重压迫之下，民不聊生，育种工作更是远远地落后于西方国家，长期处于停滞不前的状态。新中国成立以来，党和国家高度重视农业的发展，园艺植物育种事业才有了较大的发展。

（一）园艺植物育种发展现状

1. 重视种质资源的研究与利用

近二三十年以来，育种界逐渐认识到种质资源是育种事业成就大小的关键，普遍开展了大规模的资源调查、征集，建立了不同规模的种质资源库。同时，各个国家纷纷建立了完善的种质资源保存体系，相关部门设置专门机构，负责各类作物种质资源的考察、收集、保存和评价工作，以及建立管理资料档案，更新繁殖、种苗检疫、分发、交换等制度和法规，并建立了畅通的渠道，使种质资源工作和园艺植物育种工作密切联系，充分和及时地满足育种的需要。据 2011 年统计资料，中国国家种质库已搜集资源总份数达到 39 万份，为育种工作打下了良好的基础。

2. 广泛进行了栽培植物的引种工作

新中国成立以来，在资源调查、整理的基础上，广泛进行了国内不同地区间相互引种和国外引种工作，大大丰富了各地栽培植物的种类和品种，扩大了良种的栽培面积。南果北引、北菜南引、南菜北种等项目纷纷启动，并获得了较大的收益和成就。如四川榨菜引种到辽宁省，南方的莴笋、丝瓜、苦瓜等都在北方试种成功，尤其是苦瓜，在北方部分地区已成为了常见蔬菜。北方的大白菜、黄瓜良种在南方广泛栽培等，都是引种的结果。另外，南方的枇杷、木瓜等果树也开始在北方地区逐渐试种推广，获得了很好的经济效益。近年来，从国外引种的园艺植物种类日益增多，如苹果品种红富士、新乔纳金，葡萄鲜食品种巨峰、乍娜、布朗无核、红瑞宝、晚红等成为我国园艺生产中的主栽品种，而不常见的蔬菜、花、果也已经逐步走进消费者的家庭和餐桌，如果树中的马来西亚红毛丹、面包果、倒捻子、星苹果、腰果，蔬菜中的西芹、球茎茴香、石刁柏、锦葵菜、四棱豆、独行菜、黄秋葵等。

3. 新品种选育成果显著

新中国成立以来，品种选育工作一直受到国家的重视，每年都积极支持扶助育种项目的开展。蔬菜方面自 20 世纪 70 年代以来培育了一大批优良的甘蓝、白菜、甜椒的雄性不育系及黄瓜的雌性系等，这些材料的育成，显著促进了杂交种品种的选育和杂种一代种子的大规模商品生产。而主要果树植物的品种已更换过 2～4 次，比较充分地发挥了品种在生产中的作用。据不完全统计，全国各地通过各种育种途径选育的园艺植物新品种数以千计，其中已育成 20 种蔬菜杂交种品种 4000 多个，推广面积达 200 万公顷以上，多数增产效应在 20％～30％。引进的果树品种达几百个，其中葡萄主栽品种达 20 多个，在生产中得到了大面积推广。由此可见，我国已建立起学科齐全、配套完整、设施先进的强大品种选育和生产体系。

4. 重视育种基础理论研究

品种选育工作的快速发展与育种基础理论水平的研究密不可分。近 50 多年来，育种学家对植物主要经济性状的遗传规律进行了研究，增加了育种工作的科学性和预见性，提高了育种效率。积极开展了多倍体诱变育种探索，以及辐射诱变育种、克服远缘杂交的障碍等现代育种技术的研究，并取得了可喜成就，如三倍体无籽西瓜。特别是在组织培养、细胞培养等方面，我国较早地通过花药培养获得了苹果、柑橘、葡萄、白菜、茄子、番茄、辣椒等园艺植物的单倍体，有的获得了后代；苹果、柑橘、葡萄，桃、马铃薯、大蒜的分生组织脱毒培养，苹果、葡萄、草莓、甘蓝、花椰菜、芥菜、石刁柏、百合、水仙等的离体快繁均获得成功。20 世纪 70 年代后期以来，我国在同工酶及多种分子标记技术应用于研究园艺植物的分类、演化、遗传及品种、杂种亲缘及纯度鉴定方面取得了可喜的进展。通过转基因技术，获得的各种转基因园艺植物，包括苹果、柑橘、葡萄、胡桃、猕猴桃、竹、草莓、番木瓜、番茄、茄子、辣椒、甘蓝、白菜、黄瓜、石刁柏、花芋等，有些已进入大田试验。在提高园艺植物对病虫害、病毒病、除草剂的抗性，改进品质及贮藏保鲜性能等方面展现了诱人的前景。

5. 蔬菜种子和果树、花卉苗木产业发展迅速

《中华人民共和国种子法》（以下简称《种子法》）已于 2000 年 12 月 1 日起施行，2004 年 8 月进行了修订、2015 年 11 月进行了两次修订，随着《种子法》的实施，我国种业已确立了开放的、公平竞争的市场机制，形成了全国统一开放的种苗市场，出现了国有种子公司、农业科研单位、大专院校、集体、个体等多种营销组织并存的种苗营销格局，种苗市场十分活跃。活跃的种苗营销市场促进了种苗产业集团的形成和壮大。国家农业部根据《种子法》的有关规定，分别公布了三个配套规章《主要农作物品种审定办法》、《农作物种子生产经营许可证管理办法》、《农作物种子标签和使用说明管理办法》。这是我国种苗产业管理制度的重大改革，是我国栽培植物育种及种苗生产经营近 50 年改革与完善的最大成就。《种子法》及其配套规章的颁布实施，规范了种苗选育者、经营者、管理者、使用者的行为，保障了他们的合法权益，进一步提高了种苗生产经营的市场性，因此必将推动种业各界转变运行机制，完善内部管理，提高服务质量；《种子法》及其配套规章的颁布实施，促进我国种苗产业向纯商业性质转变，按市场机制运作，步入产业化发展的快车道，形成了较为完善的品种选育与营销体系。

（二）园艺植物育种发展趋势

1. 以市场需要确定育种目标

种苗产业向纯商业性质转变，按市场机制运作，因此脱离市场的育种目标是没有意义的。育种目标总的趋势是培育“优质、高产、高效”的品种，其他目标都是为此服务的。多年来，农民主要是通过单位面积产量来获得经济效益，因此园艺植物育种的主要目标是提高产量，但目前这种趋势逐渐减弱。消费者对园艺植物营养保健功能的需求越来越强，而且希望消除产品中的有害成分，植物育种者为了满足这种需求，越来越重视品质育种，注重产品的外观、整齐性、货架寿命等商品性状。培育抗病虫品种已经成了育种的重点，以降低农药用量，减少对生态环境的严重污染和残留。目前，随着经济的发展，市场的需求越来越多样化，因此育种目标也在不断地改变，但无论如何，只有那些适应市场需要的有预见性的品种才能得到真正的应用。

2. 重视种质资源

育种家逐渐认识到种质资源是育种事业成就大小的关键，这也是衡量一个育种单位育种能力的重要指标，谁拥有的种质资源多，谁就会在激烈的市场竞争中赢得优势。而且随着生产的规模化，种质资源多样性正在不断减少，为此各个国家和许多育种者都非常重视种质资源调查、搜集工作，许多国家都建立了一定规模的种质资源库。发达国家已经建立起比较完善、规范化的资源工作体系，如美国农业部、日本农林水产省都设置专门机构，负责各类作物种质资源的考察、搜集、保存、评价工作，以及建立管理资料档案、种子种苗检疫、繁殖、分发、交换等制度，使种质资源工作和育种工作密切联系，充分和及时地满足育种的需要。

3. 重视育种基础理论和技术的研究，加强多学科协作

要提高育种效率，必须加强和育种关系密切的应用基础学科的研究，只有育种者对他所从事育种的植物，特别是对目标性状的遗传、生理、生态、进化等方面的知识有深刻的了解，并且以这些知识为基础，采取切合实际的育种方法，才能提高育种效率。近年来，关于植物有关产量、品质、抗病性、株型、雄性不育等主要经济性状遗传研究方面的进展对提高育种效率起到了积极的推动作用。对新的育种途径和方法的研究如细胞工程、染色体工程、基因工程和分子辅助育种等都在积极探索，以现代化的仪器设备改进鉴定手段，提高育种效率。

对于解决复杂的育种任务，从种质资源的评价、筛选，杂种后代的鉴定、选择，品系、品种的比较鉴定等以育种工作为中心，需要组织育种、遗传、生理、生化、植保、土肥、栽培等不同学科的专业人员参加，统一分工、协同攻关来提高育种效率。

4. 增加国家投入和鼓励企业投资育种

园艺植物育种是一个周期长、投入多、风险大，但对发展现代化农业举足轻重的事业，

需要较多的经费投入。许多国家都在种子法中以法律形式明确规定对品种选育等工作拨专款予以推动和扶持。如日本实行以工业积累扶植农业的政策，虽然来自农业的财政收入仅占1%，但对农业的投入却占总预算的10%；通过各种渠道用于农业的投资高达农业总产值的150%。同时，大量的企业介入可以使园艺植物育种实现产业化，使新品种更快地走向市场，而企业也可以获得很好的经济效益。

五、育种目标

制订一个科学合理的育种目标是成功地实施育种工作计划的前提，也是育种工作成败的关键。这是由于园艺植物种类繁多，育种目标也多，任何育种单位或个人只能选择其中少数几种，不能面面俱到。只有抓住产量、品质、熟期、抗病性等诸多目标性状中的主要矛盾，才能有明确的目的，采用合理的育种途径和手段，选育出品种，否则就会徒劳无功。

（一）育种目标的概念

育种目标就是对育成品种性状的要求，也就是所要育成的新品种在一定的自然、耕作栽培及经济条件下应具备一系列优良性状的指标。育种工作的前提就是要确定好育种目标，其适当与否是决定育种工作成败的关键。我国北方园艺植物育种的共同目标是：适期成熟、高产、优质、抗逆性强、适应性广，不同的作物育种目标的侧重点和具体内容有所不同。

（二）园艺植物育种的主要目标性状

1. 产量

丰产是园艺植物育种的基本要求，具有丰产潜力的优良品种是获得高产的物质基础，目前仍是选育优良品种的第一目标和最基本的目标。

产量可分为生物产量和经济产量。前者指一定时间内，单位面积内全部光合产物的总量；后者指其中作为商品利用部分的收获量；两者的比值叫做经济系数。经济系数在一定情况下可作为高产育种的选择指标，在不同作物上，经济系数变化较大。用于园林装饰的观赏植物，整个植株乃至群体为利用对象，经济系数可谓100%；而以生产水果、蔬菜、切花等园艺产品的作物则经济系数较低，且品种类型间变异较大。以生物产量高的品种和经济系数高的类型杂交，有可能从杂种中选育增产潜力更大的高产品种。

园艺植物的产量高低受多种因素限制，要产量因素和群体结构良好，又要有高产的生理基础。其影响因素如下。

① 合理的株型　植株形态因种类不同而不同，但每种植物都有一个合理株型，能够获得最佳的光照和通风条件，是高产品种必须具备的形态特征。虽然各种作物的合理株型不尽相同，但主要涉及株高、叶形、叶姿、叶色、叶的分布，以及分蘖和果穗的长度等性状。如番茄的株型主要和叶的疏密程度、长度、开展度等相关。在高产栽培中，生长势强，根系强

健，丰产潜力就大，而叶片稀疏品种往往在设施栽培中取得较好的效果。当然，株型的改良只是产量的一方面，还需要配合水肥、密度等多方面的栽培措施，才能获得高产。

② 光合利用率　生产上的一切增产措施归根结蒂是通过改善光合性能而起作用。农作物产量的干物质，大约有90%～95%是由光合作用通过碳素同化过程所构成的。当经济指数提高到一定程度后，再以提高收获指数来改良品种的潜力便不大了。因此，进一步的品种改良应以提高光能利用率、增加单位面积的干物质量作为主攻方向。这是当代作物育种的一个重要发展趋势，不是一般地单纯考虑产量构成因素，而是同时重视以光合利用效率为基础的高产生理。从光合利用效率的育种角度，将决定产量的几个要素归纳为下式：

产量=[(光合能力×光合面积×光合时间)-呼吸消耗]×经济系数

式中前三项代表光合产物的生产，减去呼吸消耗，即为生物学产量。

③ 产量构成因素　根据产量构成因素进行选择，有时比直接根据植株产量进行的选择更能反映株系间的丰产潜力。如葡萄产量构成因素包括单株（或单位面积）总枝数、结果枝百分比、结果枝平均果穗数、单穗平均重等。园艺植物生产中常采取分批采收的方式，可按采收期分为早期、中期和后期产量。由于早期产品价格和中、后期差异悬殊，所以有时早期产量是比总产量更为重要的选择指标。如春番茄育种，前期产量越高，经济效益就越好。园艺植物的高产育种，也就应根据不同地区生产条件对品种的要求，寻求产量因素最大乘积的组合。就黄瓜育种而言，其产量构成因素为：栽植密度、雌花数、坐果率、单果重，当品种具有栽植密度高、雌花数多、坐果率高、单果重量大这些特点时，必然获得高产；反之，则品种不具备增产的潜力。

另外，园艺植物丰产潜力的实现还依赖于品种各种特征特性和自然、栽培条件的良好配合。所以，一个优良品种培育出来后，必须提出配套的栽培技术以及该品种的栽培区域，才能充分发挥品种的特征特性。

2. 品质

随着农业现代化的进展、人民生活的改善，园艺植物品种不仅要有高而稳定的产量，还应具有更好、更全面的产品品质，尤其是许多园艺产品进入国际市场以后，更应重视改进农产品的品质。在现代园艺植物育种中，品质已逐渐上升到比产量更为重要、突出的目标性状。如近年来随着果业的迅速发展，果品市场供应量的增加，品质成为更为突出的矛盾，果价一跌再跌，一些地方出现砍树毁园现象，南方砍柑橘，北方伐苹果。这种相对过剩实质上是低质量的结构性过剩，主要是品质差的大路品种过剩，而品质优良的高档果品却供不应求。因此，在育种工作中，必须注意在提高产量的同时，加强品质的改良。

园艺产品的品质是指产品能满足一定需要的特征特性总和。品质按产品用途和利用方式大致可分为感官品质、营养品质、加工品质。

① 感官品质　包含园艺产品的外在商品品质，如能够用肉眼看到的植株或产品器官的大小、形状、色泽等；以及内在品质，如通过味觉、嗅觉、口感等感知的风味、香气、肉质等。感官品质的评价有较多的主观成分，受到人们传统习惯和个人喜好的影响。园艺植物中果品常以内质为主或外质与内质并重，如苹果，颜色美观、大小适中、果型扁圆、口味较甜

的品种受到大多数人的喜爱；而蔬菜常常受到外观商品品质的影响，如黄瓜，瓜条顺直、刺密、白刺、长度适中的品种往往是消费者的首选。对于花卉这些观赏植物来说，外观品质评价尤为突出，表现为花型、花色、叶形、叶色、株型、芳香等各方面。如菊花，色泽就有艳丽、淡雅之分；花型有莲座、圆球、细叶飞舞等多种形式；香气有浓、淡区别。如果园艺产品经过加工、贮运后利用，还要鉴定加工、贮运前后（含加工成品）的感官品质。而且随着利用方式和消费习惯的改变，人们对感官品质的评价也会发生某种变化。如黄瓜，北方地区多以食用刺密、瘤多的华北型为主，现在，随着国外品种的引入及南北交流，华南型黄瓜以及无刺水果黄瓜开始逐渐增多。

② 营养品质　园艺植物的营养品质主要针对水果、蔬菜等可食用的产品，常指人体需要的营养、保健成分含量的提高和不利、有害成分含量的下降和消除。众所周知，园艺产品尤其是水果、蔬菜，营养价值不可低估，可提供人体所必需的多种维生素、矿物质、微量元素、碳水化合物、纤维素等有益物质。此外，水果、蔬菜中还有多种多样的植物化学物质，是人们公认的对健康有效的成分，如类胡萝卜素、二丙烯化合物、甲基硫化合物等。据报道红穗醋栗维生素C含量约为300～400mg/kg，黑穗醋栗约为1000～2200mg/kg。随着人们生活水平的提高和营养保健科学技术的发展，包括测试手段的改进，果蔬中可以有效预防慢性、流行性疾病的多种物质正在被人们研究发现，因此通过育种改进园艺植物的营养品质，已受到越来越多的重视。

值得注意的是，果蔬产品中也存在一定量的某些有害成分，如丹宁类、芥酸和介子苷等，这些物质含量微小，但如果大量食用也对人体健康造成一定的影响。其他有害物质，如黄瓜、甜瓜中形成苦味的葫芦素，菠菜叶片中草酸和硝酸盐的成分等也是如此。近年来，育种界开始注意到在品种间的显著差异，并致力于在育种中降低乃至消除这些成分。

③ 加工品质　指产品适于加工的有关特性，如北方地区，腌制酸菜是冬季的一项重要工作，而酸菜的质量受到大白菜品种的影响较大。不适合腌制的大白菜品种常常没到食用期就会烂掉，或者产生的亚硝酸盐含量较高。只有适合腌制的大白菜品种才能获得较好的优质酸菜，味道好，产量高。又如番茄的茄红素、果色的均匀度等，这些品质对加工类型特别重要。

我国每年苹果产量的10%用于加工成果汁出口，但酸度过低，产量远低于欧美国家的产品，原因是我国用于加工的苹果品种过少。国外用于加工的主流品种如澳洲青苹，该品种汁液较多，酸度在5g/L，非常适合高酸度果汁加工。

3. 抗病虫性

病虫害对园艺植物的产量和品质都有严重的影响，尤其是对现在园艺设施的果蔬生产，已成为了一个很大的障碍。在园艺植物的生产中，为防治病虫害而大量使用化学药剂，不仅大幅度地提高了生产成本，而且带来残毒危害和环境污染等严重问题。在与病虫害的斗争中，各地都寄希望于抗病虫品种的选育和应用。因此，通过遗传改良，增强园艺植物品种对多种病虫害的抗耐性，就成为园艺植物育种中的重要目标。病虫害种类很多，培育全能型品种既是不现实的也是不可行的，抗性育种只能抓住主要矛盾，在危害普遍、严重的区域，选择种内、种间抗耐性差异显著的种类进行选育。以黄瓜为例，设施内发生普遍和严重的病害主要有黄瓜霜霉病、枯萎病、黑星病、细菌性角斑病、病毒病（芜菁花叶病毒等）、白粉病、灰霉病等多种病害，选育全抗品种是不可能完成的任务，因此只能选择其中的一部分作为抗病育种的主要对象。从生态学和经济学的观点来看，品种的抗耐性一般只要求在病虫害流行时能把病原菌数量和虫口密度压缩到经济允许的阈值以下，对产量和品质不致发生显著影响，就基本上达到了要求。

4. 抗逆性

长期以来，农业生产致力于改变土壤条件以适应作物的需求，如兴修水利、合理施肥等有助于减轻不良影响。但近年来大量的研究实践使人们认识到，这种改良的效果是有限的，而且有时候对大面积耕地难以奏效，还存在逐年恢复到未改良状态的趋向。随着人口不断增长、淡水资源紧缺、耕地面积减少、土地肥力下降及受到荒漠化的威胁，人们意识到培育抗逆性（干旱、土壤毒性、病虫草害）强的高产品种是当务之急。对于观赏植物常需要某些特殊的对环境的抗性，如地被、草坪植物要求耐阴、耐旱、耐灰尘污染、耐践踏；行道树还要求耐重剪，易从不定芽、隐芽发出新枝等特性。

近年来，我国园艺植物的保护地栽培，尤其是日光温室、塑料大棚的蔬菜、花卉和果树生产发展很快。原来露地生产的品种常难以适应，这就给园艺植物育种提出了新的要求，培育对保护地栽培的适应性强的品种势在必行。与露地相比，保护地生态条件以弱光照和低温多湿环境为主，品种的选育也因此以抗低温、耐弱光为主。如黄瓜保护地专用品种要求具备以下性状：①在深秋和冬季低温弱光下能形成较高的产量；②在后期出现32℃以上的高温下能保持较高的净同化率；③对保护地常见病害，如枯萎病、霜霉病、白粉病、黑星病、角斑病、疫病等有较强的抗耐性；④株型紧凑，叶较小、叶量不过大、分枝较少、主侧蔓结瓜、节成性强。培育适应北方保护地栽培的品种，也可以有效地节约能源，降低成本。据报道荷兰新育成菊花品种对昼夜温度要求已从过去的18℃/15℃降低为10℃/10℃，一品红从过去28℃/25℃下降到14℃/12℃，节约了一大笔的加温费用。

5. 成熟期

由于绝大多数园艺产品都不像粮食那样易于贮运，生产上需要早、中、晚熟品种配套，加上提前、延后的栽培措施，才能基本上做到均衡供应，所以成熟期的早晚对许多园艺植物都是重要的目标性状。再者，早熟品种可以提前上市调节淡季，售价较高，给生产者和消费者带来好处。此外，早、中熟品种生育期短，有利于减免后期自然灾害造成的损失。品种间生育期长短的差异有利于茬口和劳动力安排，提高复种指数。但是早熟品种由于生育期（或果实发育期）较短，往往产量不高，品质较差，从而在经济效益方面带来一些负面影响。这就要求人们适当地掌握对熟期的要求，把早熟性和丰产、优质方面的要求结合起来，并按早熟品种的特点实施合理密植等优化栽培措施，克服单株生产力偏低的不足。晚熟品种前期产量低，但生长时间长，总体生长势旺盛，增产的潜力高，尤其对于蔬菜的周年长季节栽培十分有利。花卉植物的所谓成熟期主要是花期的早、晚和延续时间，如菊花花期方面的目标性状是在原有10月底到12月中旬开花的秋菊的基础上选育从10月初到10月下旬开花的早菊，12月中旬以后开花的寒菊，6月至10

月两次开花的夏菊；特别是不需特殊的加光或遮光处理，在五一、七一、十一等节日开花的品种。梅花除要求比自然花期更早或特晚的品种外，更要求每年两次或多次开花的新品种。草坪植物则要求能保持绿色时间最长的品种类型等。

6. 适应农业生产机械化

随着农业生产现代化的进展，园艺植物的栽培、管理和收获必将逐步实现机械化，以提高农业劳动生产率。所以育种工作应在高产的基础上，选育适合于机械化生产的新品种。涉及的性状包括株高一致，株型紧凑，茎秆坚韧、不倒伏，生长整齐，成熟一致，个头均匀，外皮硬度高等，这样才能适应于机械化栽培和收获。

综上所述，园艺植物种类繁多，育种目标涉及适期成熟、高产、稳产、优质，抗病、抗虫、抗逆性强，适应性广和适合于农业机械化作业等综合性状。这些性状中，主要是高产、优质。其他性状，如生育期适当、抗性强且适应性广等都是高产、优质的保证。它们之间是相互联系、相互影响、相互制约和相互协调的，不能孤立、片面地强调某一性状，而忽视其他性状。因此在园艺植物育种中，应根据不同地区、不同时期的要求，在解决主要问题的基础上，选育综合性状优良的品种。

（三）制定育种目标的一般原则

育种目标体现育种工作在一定地区和时期的方向和要求，任何育种单位或个人只能选择其中少数几种育种对象，从诸多目标性状中抓住主要矛盾，策划自己的育种目标，这是成功地制订和实施育种工作计划的前提，也是育种工作成败的关键。制订作物育种目标的主要根据和原则如下。

1. 重视市场需求以及未来的发展前景

随着社会主义经济体制的逐渐完善，市场竞争越来越激烈，所以制订育种目标必须满足市场需要，和国民经济的发展及人民生活的需要相适应。选育高产、稳产的品种是当前的主攻方向；可随着人民生活水平的提高及工业发展的需要，对农产品品质的要求也越来越高，所以品质育种也是主攻目标。此外，农业生产是不断发展的，而育成一个品种需要较长的时间，所以在制订育种目标时，还要有发展的眼光，既从当前实际情况出发，又要看到将来的发展趋势。

2. 根据品种栽培区域的自然栽培条件制定育种目标

品种的区域性特征决定了它的局限性和应用范围，育种工作者必须详细调查未来品种应用区域的土壤、气候特点、主要自然灾害（干旱、阴雨、寒流、病虫害等）、栽培制度、生产水平和今后发展方向等，了解当地品种的分布、演变历史以及生产对品种的要求等。对调查结果经过分析研究，确定育种目标，并找出应用地区栽培面积较大的几个品种，作为标准品种。根据生态条件和生产需要对标准品种进行分析，明确哪些优良性状应该保持和提高，哪些缺点必须改进和克服，即成为具体化的育种目标，它指导一系列的育种工作，是育种成败的关键所在。一个地区对品种的要求是多方面的，这就要善于抓住主要矛盾，不能面面俱到。例如某山区气温较低，肥力水平也比较低，因此应突出品种的抗寒力、耐瘠薄、高生活力；而在肥力水平较高的平原地区，病虫害又是限制产量提高的主要矛盾，因此应选育抗病、丰产的品种。

3. 育种目标要明确并落实到具体性状上

制订育种目标时，必须对影响高产、稳产、优质的性状进行分析，落实到具体性状上，并且目标要具体、确切，以便有针对性地进行育种工作。例如：选育小型高产番茄，必须了解哪些性状和产量相关，主要影响产量的性状是什么，明确选育的选择目标性状是什么，否则将会走弯路，影响育种进程，增加育种年限，严重的会导致育种的失败。

4. 育种目标要考虑品种搭配

由于生产上对品种的要求是不一样的，选育一个完全满足各种要求的品种是不可能的，因此制订育种目标时要考虑品种搭配，选育出多种类型的品种，以满足生产需要。

除上述原则外，制定育种目标时要充分考虑经济效益、社会效益和生态效益，处理好需要与可能、当前与长远、目标性状与非目标性状、育种目标与组成性状的具体指标以及育种目标的相对集中、稳定和实施中必要的充实和调整等关系，使育成的新品种既要满足当前农业生产条件的需要，又要满足当地农业生产发展的需要。

本章小结

园艺植物育种是农业生产中的一个十分重要的环节，未来的发展前景十分广阔。通过育种方法选育出来的品种，经过推广后形成良种，对农业生产起着十分重要的作用。园艺植物育种的主要目标性状依据市场而确定，主要是产量、品质、抗性、熟期等几个方面。

扩展阅读

一粒种子可以改变一个世界

深刻认识现代种业的高科技属性，切实遵循高科技产业的发展规律，通过体制机制创新加快构建“育繁推一体化”的商业化育种体系，已成为民族种业做大做强的不二之选。

“一粒种子可以改变一个世界”，国人对于种子的重要性并无疑义。但说到种子的高科技属性，许多人认识尚不清楚。在有些人眼里，面朝黄土背朝天的育种专家所干的活儿，似乎很“土”，与高科技不沾边。其实，经过上百年的发展，现代种业已发展成为典型的高科技产业：不仅是高科技含量，而且是高附加值、高资本投入，同时周期长、风险高、品种经济寿命短、更新换代快。从国外的跨国种业公司来看，种业的高科技属性尤其明显。

种业附加值高。以番茄为例，1 粒番茄种子可以卖到 1 欧元，1 公斤（1kg）番茄种子的市场售价高达 60 万欧元。据统计，名列前茅的跨国种业公司毛利率在 50%以上、纯利率在 20%以上。对于农民来说，良种的投入产出比也会更高。

研发投入强度大。统计数据显示，世界种业十强的种业研发投入占同期销售额比例高达 10%～30%。2010～2011 年度世界种业十强的研发投入总额为 44.78 亿美元，占同期销售额的比例为 18.7%，其中前五强的研发投入总额为 41.51 亿美元，占同期销售额的比例高达20.2%。荷兰瑞克斯旺、安莎等蔬菜种子公司近年研发投入占比甚至达到25%～30%。而同期装备制造业跨国公司的研发投入占比只在5%左右。

研发人员比例高。据了解，孟山都、先锋、先正达三大跨国公司都有数千人的育种研发人员，他们大多具有博士、硕士水平的专业背景。例如，先锋公司在全世界有职员12000人，其中研发人员达4000余人；瑞克斯旺公司的研发人员占43%；安莎公司的研发人员占50%以上。

跨国种业公司不仅拥有数量可观的高素质研发团队，而且已建立起矩阵型、标准化、机械化、信息化的大规模商业化育种程序，实行程序化、流水线式管理。这些公司的研发岗位人员分工精细，衔接紧密，不论是实验室研究还是田间试验作业，从试验设计、实施到数据采集、分析及目标筛选等环节高度专业化，每个岗位配有专业研发人员，在统一的网络框架、高效的软件系统下运行和管理，确保研发体系和团队不受人员离开或变动产生的影响。

育种技术非常前沿。近年来，生物技术迅猛发展，引领种业创新日新月异，已步入分子育种的新时代。跨国种业公司基于新一代的高通量测序、分析技术，开发出与作物重要农艺性状、产量和抗病抗逆等数量性状紧密连锁的标记，构建了庞大的分子信息数据库；依靠精密设施设备和长期的基础积累，记录了包括光学、近红外、X射线在内的作物表观特征数据，形成了庞大表型数据库；在发展生物信息学基础上，构建了表型数据和分子数据的有效衔接，架起了种质基因资源信息和庞大的表型数据的桥梁，建立起常规育种与生物育种相结合的技术手段，大幅度提高了育种效率，使育种工作实现了由“经验”向“科学”的根本性转变。

育成品种加快更新。尽管育种是绝对的小概率事件，但随着育种技术的进步、特别是市场竞争的日益激烈，跨国公司推出新品种的步伐明显加快，新品种的更新换代明显加速。

新中国成立以来，我国先后培育并推广了高产、优质粮棉油等农作物新品种、新组合万余个，对粮食增产、农民增收做出了巨大贡献。近年来，我国种子企业的研发水平也取得长足进展，具备“育繁推一体化”能力的企业发展到80多家。

但是，与跨国公司相比，民族种业的差距不言而喻。在市场开放、竞争全球化的今天，与国际高手同台竞技已是不争的事实，也不可避免。在这样的背景下，深刻认识现代种业的高科技属性，切实遵循高科技产业的发展规律，通过体制机制创新加快构建“育繁推一体化”的商业化育种体系，已成为民族种业做大做强的不二之选。

（来源：人民日报，2013-03-22. 作者廖西元为农业部种子管理局副局长、研究员）

复习思考题

1. 名词解释：园艺植物育种、品种、良种、育种目标
2. 园艺植物的品种应具备哪些特点？
3. 制定园艺植物育种目标应遵循哪些原则？
4. 园艺植物育种的目标性状是什么？
5. 仔细想一想：你家乡的主要园艺植物品种有哪些？每个品种的优缺点分别是什么？
6. 结合本章案例，搜集网络、图书、期刊等相关媒体资料，写一份园艺植物育种相关的论文或报告。

第二章　种质资源

学习目标

1. 了解园艺植物种质资源的相关概念、重要性及利用现状；
2. 掌握开展种质资源调查的方法；
3. 掌握种质资源的收集途径和研究方法；
4. 掌握种质资源的保存方法以及种质资源的利用途径。

案例导入

作物种质资源保护与利用驶入快车道

中国农业科学院作物科学研究所作为我国作物种质资源领域的牵头组织单位，通过申请国家重大项目，组织全国有关单位开展了作物种质资源考察收集、鉴定评价、安全保存、提供利用和对外交换等工作，成果丰硕。尤其近10年来，在国家作物种质资源保护与利用专项资助下，取得了显著成绩。

首先，国家作物种质资源保存与供种平台得到进一步发展完善。在原有的1个国家长期库、1个复份库、10个中期库和32个种质圃基础上，新建了无性繁殖蔬菜、猕猴桃、木薯、棕榈、野生苹果等11个种质圃，保存设施增至55个。

其次，新收集引进种质资源6.7万余份，进一步丰富了我国种质资源宝库。新收集引进作物种质资源67012份，隶属1594个物种。目前种质资源长期保存总份数达41.2万份，在美国之后位居世界第二位。

第三，筛选和创制出一批优异种质，并应用于育种实践。研制了200种农作物种质资源鉴定描述技术规范，研究建立了农作物种质资源精准鉴定和种质创新技术体系；完成了水稻、小麦、玉米、大豆、棉花、油料、蔬菜等作物14500份的抗病虫、抗逆和品质性状的特性鉴定，评价筛选出3170份特性突出、有育种价值的种质资源；创制了各类作物新种质500余份，并已广泛应用于育种实践。

最后，繁殖更新了30余万份种质资源，极大地提升了分发供种能力。针对中期库种子量少、活力低且部分优异种质无种可供的局面，加大了中期库和种质圃的繁殖更新工作，繁殖更新300195份，为分发利用奠定了坚实的物质基础。

（来源：中工网-工人日报，2012-08-10.）

讨论一下

1. 搜集与保存种质资源有什么价值？
2. 种质资源和育种有什么关系？

植物种质资源的多样性是人类赖以生存和农、林、牧业得以持续发展的最基本的物质基础，也是各种育种途径的原始材料。长期以来，人类在这方面的认识远远落后于形势，致使种质资源的多样性受到人为的破坏，从而面临严重危机。现代育种所取得的成就固然和科学技术、育种手段的发展有关，但育种者所拥有的种质资源数量和质量是育种的必要基础条件，缺少了种质资源，育种很难持续长久地进行下去。因此必须提高认识，切实加强种质资源工作，保持经济效益、社会效益和环境效益相统一，实现园艺植物育种的可持续发展。

一、种质资源的概念和重要性

（一）种质资源的概念

种质，又叫遗传质，是能从亲代传递给子代的遗传物质。以种为单位的群体内的全部遗传物质就构成了种质库，又称为基因库，由许多个个体的不同基因组成。如番茄的基因库应是由该物种的所有个体组成的，也就是说番茄植株体内的所有基因的总和。每个国家、地区、育种者不可能拥有所有的基因，只能是有其中的一部分，如美洲番茄和亚洲番茄所拥有的基因不是完全一样的。

在植物遗传育种领域把具有一定种质或基因的所有的生物类型（原始材料）统称为种质资源，包括小到具有植物遗传全能性的细胞、组织和器官以及染色体的片断（基因），大到不同科、属、种、品种的个体。所以，也可将种质资源称之为遗传资源、基因资源，在育种工作中也常把种质资源称之为育种资源。

种质资源是培育新品种的原始材料，是培养和改良植物品种的物质基础，所以一个育种者或育种单位所拥有的种质资源数量，决定了其育种水平的高低。

种质资源工作的内容包括收集、保存、研究和利用。其工作方针是：广泛征集、妥善保存、深入研究、积极创新、充分利用，为植物育种服务，为加速农业现代化服务。

（二）种质资源的重要性

1. 种质资源的多样性是育种的物质基础

自然界的种质资源是丰富的，多种多样的，各类种质资源在育种中都是同等重要的，因为它们是经过长期的自然选择和人工选择而不断地进化而形成的，是遗传组成比较广泛的群体。而人类现在栽培利用的植物种类，基因资源只是自然界种质资源中可利用的一小部分。如果不对种质资源加以保护，一旦部分基因从地球上消失，就再也无法重新创造出来。最危险的是一旦环境条件发生变化，或者气候发生变化，或是新的流行病害，假如没有原始品种或野生资源的支持，庄稼可能会颗粒无收。如 19 世纪中叶欧洲马铃薯晚疫病大流行，几乎毁掉整个欧洲马铃薯种植业，后来利用从墨西哥引入的抗病的野生种杂交育成抗病品种，才使欧洲马铃薯种植业得到挽救。从 19 世纪末到 20 世纪中叶，美国栗疫病、大豆孢囊线虫病先后大发生，使栗和大豆受到严重摧残，都是从中国引入抗原华栗和北京小黑豆使这些病虫害得到有效控制。实际上目前在农业方面，少数品种能大幅度提高经济效益，就可以满足生产的需要，但必须看到以单一基因型替代数以千万计基因型的负面效应。由于种植单一型作物，导致病虫蔓延，每年造成的经济损失也是十分高的数字，而且为了防治病虫害，每年农药被大量使用，农药的使用造成的二次污染是无法估计的。

2. 种质资源具有改进栽培品种的作用

利用种质资源是人类开展育种工作的基础，没有好的种质资源，就不可能育成好的品种，这已成为所有育种者的共识。随着人类需求的多元化发展以及育种新技术的不断出现，多种多样的种质资源被发掘出来，作为现代育种的物质基础而被充分地利用，从而培育出适应于现代农业所需要的新品种。例如，20 世纪 70 年代，由于野败型雄性不育籼稻种质的发现和从国外引入强恢复性种质资源，使我国的籼稻杂种优势利用有了突破性发展，处于世界领先水平。再如玉米高赖氨酸突变体奥派克 2 号的发现和利用，极大地推动了玉米营养品质的改良，成为高赖氨酸玉米宝贵的基因资源。

现代的育种是人工促进植物向人类需要的方向进化，从而使优良品种迅速扩大推广。栽培植物品种化的过程，越来越明显地使植物群体和个体的遗传基础变窄，也就是说，栽培品种的基因型越来越单一化。这种单一化栽培极大地满足了当前的生产需求，可以提高产量或增强品质。但值得注意的是环境条件和病害随时发生着变化和变异，品种对不良环境的适应性和抗性逐渐变弱，如果发生较大的改变就会造成病害的流行而对生产造成不利的影响。如果仅局限于栽培品种的改良，不能够消除这种影响。因此，为了保证农业生产持续稳定地发展，在育种上，可采用来源不同、能实现育种目标的各种种质资源，按照尽可能的理想组合，采用合适的育种方法和技术，将一些有利的基因（目的基因）组装到现有的优良品种的基因型中去，以改造和丰富其遗传基础。例如，目前已成功地将抗性基因 Bt 转入棉花，育成了抗虫棉新品种。现在的茄子品种对病害的抗性都比较低，在栽培种中已经很难找到高抗或免疫的基因，而在自然界野生品种中对各种病害的抗性基因就比较多，因此利用野生品种与栽培品种进行杂交可以提高茄子的抗性。

3. 保护种质资源是人类生存发展的迫切需要

在相当长的历史时期中，环境和人类的发展基本上是协调的，或者是相互依存、相互促进的。随着人口的增长，活动范围的扩大，对资源的需求越来越多，超过了有限环境的承受能力，逐渐造成生态环境的破坏和生物资源的流失。近些年来，异常天气逐渐增多，全球变暖的趋势加强，对生态环境和植被的破坏日益严重，加强环境保护已得到了共识。环境保护中一个重要的环节就是加强植被和生态环境的保护。如 1998 年长江流域发生了特大洪灾，究其根本原因就在于长江中、上游曾经吸纳雨季大量雨水的森林植被 85%已不复存在。经测定长江一些河段洪水流量表明，1998 年与 20 世纪 50 年代相比，每秒钟的流量没有增加，而是降低了，但是水位却比 50 年代高出几十到 200cm。因此人们认识到生态环境的破坏是导致洪涝灾害加重的重要因素。而随着生态环境的恶化，大量的植物物种消失，种质资源的多样性受到破坏。对于农业生产来说，种质资源的减少导致了品种在选育与生产中的遗传基础狭窄化的危险趋势，使人类生存面临严重危机。如果不在种质资源方面采取有效措施，大量的种质资源面临绝种、消失的危险，其造成的严重后果是无法用金钱来计算的。因此，抢救种质资源刻不容缓。

二、种质资源的分类

园艺植物的种类较多，在生产上主要利用的种就达几百种，如何分类一直是育种学家探讨的问题。按照植物种类的自然属性，可以划分为科、属、种，如萝卜属于十字花科芸薹属萝卜种；按作物类别可划分为果树资源、蔬菜资源、花卉资源乃至桃资源、菊花资源等，每类资源中常包括育种中可利用的近缘种。按育种利用特点，国际水稻研究所曾把稻的种质资源细分为现代优良品种（高产为主）、主要商用品种、次要品种、过时类型、具有特长类型、育种材料、突变体、原始类型、野草类和野生种等。但这种归类方法过于繁琐，实际应用不方便，也不具备通用性，现在多数人主张将种质资源归为以下四类。

（一）本地种质资源

本地种质资源是指原产于本地的或在本地长期栽培的各种植物种，是育种工作最基本的原始材料，包括地方品种、过时品种和当前推广的主栽品种。其主要特点是这些植物对本地的自然生态环境具有高度的适应性，对当地不良气候和病虫害有较强的抗性。

1. 地方品种

地方品种指那些在局部地区内栽培的没有经过现代育种手段改良的品种。这类种质资源在某些方面不符合市场的要求，或者适应性不够广泛，往往因为优良新品种的大面积推广而被逐渐淘汰。它们虽然在某些方面有明显的缺点，但往往有某些罕见的特殊的种质，如适应特定的地方生态环境，特别是抗某些病虫害，适合当地人们的特殊生活需要等。因此地方品种不会轻易地被育种者所淘汰，收集和保存地方种质资源是其工作的重要内容之一。同时，以地方品种为亲本进行杂交育种，往往在某些方面表现出其特有的优势，通过进一步的培育，可获得在某些性状上特殊的品种。

2. 过时品种

过时品种是指原来生产上的主栽品种。由于生产条件的改善、种植制度的变化、人们需求的日益提高、新品种的不断出现，而逐渐被淘汰。但这些品种仍是选择改良的好材料，也应予以保存。如番茄的品种 L-402 曾经在 20 世纪 90 年代全国推广，栽培面积很大，是当时的主栽品种，目前虽有栽培但面积已经很少。

3. 主栽品种

主栽品种是指那些经过现代育种手段育成，在当地大面积栽培的优良品种，包括本地育成的，也可能是从外地（国）引种成功的。它们具有良好的植物学性状、农业性状、经济性状和适应性，是育种的基本材料。实践表明：以本地主栽品种作为亲本是杂交育种的成功经验之一。例如苹果品种红富士在辽宁南部地区有大面积栽培，就是目前生产上的主栽品种之一。

（二）外地种质资源

外地种质资源是指从其他国家或地区引进的品种或类型。这些种质来自不同的生态环境，具有不同的生物学、经济学和遗传性状，其中某些性状是本地种质资源所不具备的，是植物育种工作中不可缺少的、改良本地品种的重要材料。外地种质资源引入本地后，由于生态环境的改变，种质的遗传性可能发生变异，也可以作为选择育种的基础材料，进行简单的试种后，可以用于生产。如果不能直接利用，可以应用外地种质作为杂交亲本，丰富本地品种的遗传基础。

我国从20世纪20年代起，便开始引进国外种质资源。在生产上经过试种鉴定，有的直接或间接被利用。我国公认较好的苹果品种金冠、国光、红玉、红富士，葡萄品种玫瑰香、无核白、巨峰等都是从国外引进直接利用的优良品种。此外，我国引入的水稻材料，经测选、杂交等途径获得的籼稻杂交水稻强优势恢复系，如泰引1号、明恢63等66个，对我国籼稻杂交水稻的培育和发展起到了重大作用。

（三）野生种质资源

野生种质资源主要是指各种植物的近缘野生种和有价值的野生植物。它们是在特定的自然条件下，经过长期的自然选择而形成的。野生植物在农业生产上一般没有直接利用的价值，但通过栽培驯化，可发展成新的栽培植物，具有极大的开发价值。例如，黑龙江野生浆果类果树资源就有10个科7个属33个种；我国野生蔬菜就有213个科1822个种；新疆野生花卉资源丰富，仅有观赏价值的植物资源就有400余种。近年来，野生蔬菜的开发利用比例越来越高，比如野生蒲公英，原来只在露地自然生长，最近被广大的消费者所喜爱，育种者已经将其驯化栽培，形成了栽培种。另外，野生的种质资源具有一般栽培品种所缺少的某些重要性状，如顽强的抗逆性、对不良环境的高度适应性、独特的品质等。例如，东北野生大豆的蛋白质质量分数可以达到50%以上，是大豆高蛋白育种的重要种质。因此，野生种质资源的考察、研究和利用是植物育种中提高产量、品质和增强抗逆性的重要途径。

（四）人工创造的种质资源

随着经济的发展和育种技术的提高，原有的天然种质资源已不能满足育种的需要。人工创造的种质资源是指人们通过各种途径、方法创造产生的各种突变体或中间材料，供进一步培育新品种所利用的种质资源。现代生物技术的发展，如杂交、理化诱变、远缘杂交、基因工程等，使创造出新型的人工种质资源变为了可能，缩短了育种的进程和周期。这类资源虽不一定能直接在生产上应用，但一般具有某些特异性状，是培育新品种的十分珍贵的原始材料，有很高的利用价值。例如，我国利用普通小麦与天兰偃麦草远缘杂交，形成了以中4、中5为代表的一系列中间型材料，具有高抗黄矮病、抗寒、耐盐碱等特异性状，成为人工创造的种质资源，用它与普通小麦杂交可培育出优质、高产、抗性强品种。还有一些资源是育种过程中产生的中间材料，也不可轻易抛弃。这些材料可能由于综合性状不符合要求，或存在某些缺点不能成为商品化栽培的品种，但是其中有些具有明显优于一般品种或类型的专长性状。如番茄耐贮运品种选育方面，近年来国外发现和保存了多种影响果实成熟的突变体，共同特点是果实成熟极慢，常温下可贮藏2～3个月不变质腐烂，但由于综合经济性状不佳，只能用作育种材料。过去不少育种单位因为缺少长远考虑，在育种过程中常把综合性状不符合育种目标的大量杂种付诸一炬，其中不乏育种价值较高的类型，殊为可惜。

三、种质资源的搜集与整理

为了很好地保存和利用植物的多样性，丰富和充实植物育种的物质基础，必须把广泛发掘和搜集种质资源作为育种工作的首要任务。

1. 制订计划

因为种质资源的种类繁多，完成一种植物种质资源的搜集都要耗费大量的人力物力，因此盲目进行是不可取的。首先要有一个明确的计划，包括目的、要求、方法、步骤，拟征集植物的种类、数量和有关资料，拟征集的地区和单位等。为此，必须事先进行初步调查摸底，可查阅有关资料，或采取通讯联系等。如搜集黄瓜有刺类型，必须知道搜集哪一类品种，到哪里去，行走路线，每一样品保留多少株等。

2. 搜集与取样

目前代表性园艺植物的种质资源搜集主要包括栽培品种和野生品种资源搜集，现已不同程度地被各级资源机构或育种单位搜集和保存起来，搜集工作常常从这里开始。搜集的材料应包括植株、种子和无性繁殖器官。栽培品种的搜集比较简单，以品种为对象，主要着重品种的典型性，而取样策略主要在于在最小容量的样本中获得最大的变异。育成品种以向育种单位搜集更为可靠，且便于弄清它们的系谱来源及收集系统资料。不能只征集看上去性状好的材料，而应该征集一切能征集到的品种或类型。因为经验表明，当时认为无价值的资源，以后可能发现很有用。

当相关机构的种质资源不能满足育种需要时，可进行野外考察。野外考察首先考虑以搜集对象的多样性为中心。种内多样中心常集中在该植物的发源中心及栽培悠久的生产区；而种间多样中心决定于种的自然分布，有时远离作物发源地。种质资源的搜集应尽力争取样本的遗传多样性，因此在选择考察路线时应争取途经各种不同的生态地区，以及种植方式和管理技术差别较大的不同地区。野生类型的搜集以变种、变型为对象，在注意类型基本特征的基础上力争获得遗传上最大的多样性。对于野生群体，特别是薯类植物的搜集较为困难，因为群体中常有很多个彼此不同的基因型，要得到足够的多样性，就必须增加取样点；而薯类营养繁殖体体积大，保存运输较难；再就是地下根茎类植物营养繁殖体埋藏在地下，不挖出来看不到其变异情况。一般说来，如果生态环境变化不大，取样点不宜过密，以免造成过多不必要的重复。考察征集的时间应安排在可采集繁殖材料的季节和产品成熟的季节。

关于搜集的数量，总的原则是应在注重类型基本特征的基础上力争获得遗传上最大的多样性和最多的变异，搜集一切能收集到的品种或类型。

3. 登记

资源征集工作必须细致周到，做好登记核对，防止错误、混杂、遗漏及不必要的重复。征集工作应有专人负责，做好验收、保存、繁殖等一系列工作。资源征集人在征集资源的同时给每份资源附上一份征集登记卡。在征集登记卡中须提供有关资源征集场所、资源本身以及有关征集的其他信息。其主要内容如下：

① 征集场所　应记录征集场所自然及行政区域的地理位置，包括经纬度和海拔高度，

所属国家及一级、二级行政区划的名称。以最近城镇的方向和距离标明征集场所的确切地理位置。按规定的项目记录土壤及气候等自然条件，以及对该类资源的主要胁迫因素。野生资源必须记录伴生植物及群体密度。栽培类型记录耕作制度及主要栽培项目的季节等。

② 资源本身的信息　包括资源的类别（野生、自然实生树，地方品种、育种材料、育成品种等）、来源（野外、农田、市场、科研单位等）、名称（原名、别名、地方名等）、资源编号（征集编号，原有编号等）、用途（鲜食、加工、观赏、药用等）、对各主要胁迫因素的反应等。

③ 其他信息　包括征集人及其所属单位名称，征集的材料（种子、枝条、植株等）及数量，和该资源有关的照片、标本的数量、编号及征集人认为有必要提供的其他信息。

不同种类作物描述征集登记卡的内容大同小异，项目繁简有所不同。如苹果 19 项、茄子 21 项、葡萄和豇豆均 26 项。

4. 种质资源的整理

将搜集到的种质资源及时进行整理，整理方法可按国家种质资源库的系统进行分类，也可根据育种者自己的习惯进行分类。中国农业科学院国家种质库对种质资源的编号办法如下：

① 将作物划分为若干大类　Ⅰ代表农作物；Ⅱ代表蔬菜；Ⅲ代表绿肥、牧草；Ⅳ代表园林、花卉。

② 各大类又分为若干类　1 代表禾谷类作物；2 代表豆类作物；3 代表纤维类作物；4 代表油料作物；5 代表烟草作物；6 代表糖类作物。

③ 具体作物编号　Ⅰ1A 代表水稻；Ⅰ1 B 代表小麦；Ⅰ1 C 代表黑麦；I2 A 代表大豆等。

④ 品种编号　Ⅰ1 A00001 代表水稻某个品种；Ⅰ1B00001 代表小麦某个品种，依此类推。

随着计算机及网络技术的日益普及，及时建立种质资源信息检索数据库将大大地提高种质管理使用效率。

四、种质资源的保存

种质资源的保存是指利用天然或人工创造的适宜环境保存种质资源。搜集到的种质资源经过整理分类后要妥善保存，使之能维持样本一定的数量，保持纯度、生活力和原有的遗传特性。主要作用在于防止资源流失，便于研究和利用。保存方法主要有：就地保存、移地保存、离体保存和种质库保存等。

（一）种植保存

为了保持种质资源的种子或无性繁殖器官的生活力，并不断补充数量，种质材料必须每隔一定时间播种一次，即称种植保存。对于有性繁殖植物，繁殖时间因种子寿命不同而有较大的差异；对于无性繁殖的园艺植物，如苹果，需年年繁殖。这种保存方法主要用于果树和无性繁殖的园艺植物。种植保存可分为就地保存和移地保存。

1. 就地保存

就地保存是指种质在原产地，通过保护其生态环境达到保存资源的目的。例如，我国自1956年到1991年已建成各种类型的自然保护区707处，其中长白山、卧龙山和鼎湖山三处已被列为国际生物圈保护区。这些是自然种质资源保存的永久性基地。就地保存还包括栽培的古树木和花木，如陕西楼观台的古银杏、山东无棣的躺枣、河北邢台的宋栗等都要就地保存原树，并进行繁殖，使其能得到长久利用，它们经历了长期的自然考验，大多具有丰富的遗传基础，具有很高的研究利用价值。

2. 移地保存

移地保存是指把整个植株迁移到植物园、树木园或育种的种质资源圃进行种植，而达到保存的目的。常针对资源植物的原生环境变化很大，难以正常生长及繁殖、更新的情况，选择生态环境相近的地段建立迁地保护区，有效地保存种质资源。各地建立的植物园、树木园、药物园、花卉园、原种场、种质资源圃等都是移地保存的场所。例如，我国共建成32个国家级种质资源圃（表2-1），共保存数十种作物的45000余份种质，包括1000多个种。其中，野生稻种质资源圃建在广东省农科院和广西壮族自治区农科院，分别保存4300余份和4600余份种质。

表2-1　国家级作物种质资源圃（包括试管苗库）保存多年生无性繁殖作物种质资源份数及种类

序号	种质圃名称	面积/亩	保存作物	保存份数	保存的种、变种及近缘野生种
1	国家种质广州野生稻圃	6.7	野生稻	4300	21个种
2	国家种质南宁野生稻圃	6.3	野生稻	4633	17个种
3	国家种质广州甘薯圃	30.0	甘薯	950	1个种
4	国家种质武昌野生花生圃	5.2	野生花生	103	22个种
5	国家种质武汉水生蔬菜圃	75.0	水生蔬菜	1276	28个种，3个变种
6	国家种质杭州茶树圃	63.0	茶树	2527	17个种，5个变种
7	国家种质镇江桑树圃	87.0	桑树	1757	11个种，3个变种
8	国家种质沅江苎麻圃	30.0	苎麻	1303	16个种，7个变种
9	国家果树种质兴城梨、苹果圃	196.0	梨	731	14个种
		180.0	苹果	703	23个种
10	国家果树种质郑州葡萄、桃圃	30.0	葡萄	916	17个种，3个变种
		40.0	桃	510	5个种
11	国家果树种质重庆柑橘圃	240.0	柑橘	1041	22个种
12	国家果树种质泰安核桃、板栗圃	73.0	核桃	73	10个种
			板栗	120	5个种，2个变种
13	国家果树种质南京桃、草莓圃	60.0	桃	600	4个种，3个变种
		20.0	草莓	160	4个种

续表

序号	种质圃名称	面积/亩	保存作物	保存份数	保存的种、变种及近缘野生种
14	国家果树种质新疆名特果树及砧木圃	230.0	新疆名特果树及砧木	648	31个种
15	国家果树种质云南特有果树及砧木圃	120.0	云南特有果树及砧木	800	98个种
16	国家果树种质眉县柿圃	46.0	柿	784	5个种
17	国家果树种质太谷枣、葡萄圃	126.0	枣	456	2个种,3个变种
		20.61	葡萄	361	4个种,1个野生种
18	国家果树种质武昌砂梨圃	50.0	砂梨	522	3个种(含野生和半野生种各1个)
19	国家果树种质公主岭寒地果树圃	105.0	寒地果树	855	57个种
20	国家果树种质广州荔枝、香蕉圃	80.0	荔枝	170	3个种(含野生和半野生种各1个)
		10.0	香蕉	130	1个种
21	国家果树种质福州龙眼、枇杷圃	32.33	龙眼	236	3个种,1个变种
		21.0	枇杷	251	3个种,1个变种
22	国家果树种质北京桃、草莓圃	25.0	桃	250	5个种,5个变种
		10.0	草莓	284	6个种
23	国家果树种质熊岳李、杏圃	160.0	杏	600	9个种
			李	500	11个种
24	国家果树种质沈阳山楂圃	10.0	山楂	170	8个种,2个变种
25	中国农科院左家山葡萄圃	3.0	山葡萄	380	1个种
26	国家种质多年生牧草圃	10.0	多年生牧草	2454	265个种
27	国家种质开远甘蔗圃	30.0	甘蔗	1718	16个种
28	国家种质徐州甘薯试管苗库	118.7 (m^2)	甘薯	1400	2个种,15个近缘种
29	国家种质克山马铃薯试管苗库	100 (m^2)	马铃薯	900	2个种,3个亚种
30	中国热带农科院橡胶、热作种质圃	313.2	橡胶	6900	6个种,1个变种
		337.8	热作	584	20多个种
31	中国农科院海南野生棉种质圃	6.0	野生棉	460	41个种
32	中国农科院多年生小麦野生近缘植物圃	8.0	小麦近缘植物	1798	181个种,18个亚种(变种)
	合计	2896亩 $+219m^2$		45338	1026个种(亚种)

(二) 种子贮藏保存

种子贮藏保存是以种子为繁殖材料的植物，通过种子贮藏保存种质资源的方法。种子容易采集、数量大而体积小，便于贮存、包装、运输、分发。所以，种子保存是以种子为繁殖材料的种类最简便、最经济、应用最普遍的资源保存方法。

大多数作物种子的寿命在自然条件下只有3～5年，多者10余年（表2-2）。由于种种内外因素的差异，种子寿命会有较大的变化。如莲藕、雅莲、合欢、山扁豆、湿地百脉根、红车轴草等都发现有百年以上仍保持正常发芽能力的种子。Posild等（1967）报道冻结在北极冻土带中的北极羽扇豆的种子，1万年后仍能发芽并长成健全植株。种子寿命长短主要取决于植物种类、种子成熟度及贮存条件等因素。研究表明，低温、干燥、缺氧是抑制种子呼吸作用从而延长种子寿命的有效措施。因此，种子贮藏保存主要是通过控制贮存温度、湿度、气体成分等措施来维持种子的生活力。一般而言，种子的含水率在4%～14%范围内，含水率每下降1%，种子寿命可延长一倍；在贮存温度为0～30℃范围内，每降低5℃，种子寿命可延长一倍。一般情况下，禾谷类种子寿命高于油料作物，成熟适度的种子比未成熟的寿命长。

表2-2 不同种类种子寿命的估测值

种子寿命/年	植物种类
2～3	白苏、蒜叶婆罗门参
3～4	峨参、药天门冬、无芒雀麦、大豆、狭叶羽扇豆、皱叶欧芹、林地早熟禾
4～5	旱芹、毛雀麦、黄瓜、牛尾草、羊茅、欧防风、粗茎早熟禾、黑麦、葛缕子、林生川断续
5～6	洋葱、大头蒜、燕麦草、大麻、菊苣、向日葵、独行菜、梯牧豆、车轴草
6～7	大看麦娘、鸭茅、胡萝卜、莴苣、黄羽扇豆、驴豆、雅葱、小缬草、草地早熟禾
7～8	花椰菜、普通小麦、大麦、黑麦草、荞麦、多花菜豆、救荒野豌豆
8～9	圆锥小麦、燕麦、亚麻、马铃薯、天蓝苜蓿、白车轴草、大黄
9～10	玉米、多花黑麦草、大剪股颖、绒毛花、菘蓝
10～11	尖叶菜豆、紫苜蓿、兵豆、绒毛草
11～12	黍、具棱豇豆、苦野豌豆、大爪草
12～13	菠菜、燕麦
13～14	萝卜、白芥、香豌豆、金甲豆、蓖麻
14～16	法国野豌豆、菜豆、豌豆、蚕豆、鹰嘴豆
16～18	甜菜
19～21	绿豆、长柔毛野豌豆、具梗百脉根
24～25	番茄
33～34	白香草木樨

用于保存种子的种质库按照保存的时间可以划分为三种类型。

① 短期库　一般由育种工作者或综合性大学临时建立，主要任务和功能是临时贮存应用材料，并分发种子供研究、鉴定、利用，也称为“工作收集”。保存时库温为室温或稍低，大约在10～15℃或稍高，相对湿度维持在50%～60%，种子存入纸袋或布袋，一般可存放5年左右。

② 中期库　一般由省级主管部门或综合性大学建立，相对规模较小，但比较稳定的种质库。又叫做“活跃库”，任务是进行定期的繁殖更新，并对所收集到的种质进行整理，描述鉴定并建立相关档案，向育种家提供种子。种质库库温0～10℃，相对湿度60%以下，种子含水量8%左右，种子存入防潮布袋、装有硅胶的聚乙烯瓶或螺旋口铁罐，要求安全贮存10～20年。

③ 长期库　一般由国家相关部门建立，主要工作是防备中期库种质丢失，一般不分发种子，只进行种质的储备；只有在必要时才进行繁殖更新，确保遗传完整性，所以也称为“基础收集”。长期种质库的库温周年维持在－10℃、－18℃或－20℃，相对湿度50%以下，

种子含水量5%～8%，种子存入盒口密封的种子盒内，每5～10年检测种子发芽力，要求能安全贮存种子50～100年。

20世纪80年代以来，各国为长期保存种质已陆续建成现代化国家级种质库225个。为了更有效地保存种质资源，我国国家作物种子库于1986年在北京建成并投入使用。该库是世界一流的，库容量可达40余万份，常年温度控制在－18℃±2℃，相对湿度50%±7%。库内种子可维持50年或更长。至2005年底该库已保存各种作物（包括蔬菜）的种子50余万份，按植物学分类统计有191种作物，分属32个科，183个属，800多个种。为防止意外的天灾人祸，20世纪世纪90年代在我国青海省西宁建立了复份保存库，该库温度－10℃，由于西宁环境干燥，故库内不控制湿度，该库是目前世界上库容量最大的节能型国家级复份种子库，并在世界上首次安全转移了30余万份种质。

对于种质库来说，除了保存资源本身外，还应保存每份资源的档案资料，包括编号、名称、来源以及不同年度调查及鉴定评价资料等，输入计算机，建立资源数据库，以便随时检索、查阅。

（三）离体保存

离体保存就是利用试管保存组织或细胞培养物的方法，用以有效地保存种质资源材料。如高度杂合性的、不能产生种子的多倍体和不适合长期保存的无性繁殖器官，如球茎等。作为保存种质资源的细胞或组织培养物有：愈伤组织、悬浮细胞、幼芽生长点、花粉、花药、体细胞、原生质体、幼胚和组织块等。离体保存方法的技术含量高，需要设置专门的管理机构和人员，而且每种作物的保存方法不同，因此目前主要针对一些比较珍贵的种质资源。目前采用的主要方法有以下两种。

1. 缓慢生长系统

缓慢生长系统主要是利用离体培养的方法使植物缓慢生长，延长植物的生长发育周期，适用于短期和中期保存。如甘薯腋芽的培养物在温度从28℃降到22℃时，继代培养的间隔从6周增加到55周，采用防止培养基蒸发的措施后，继代培养的期限增加到83周。再如，陈振光于1985年将一批柑橘试管苗培养在20℃，12h光照条件下，不做继代培养，经过13年，小苗处于生长停滞状态，但仍存活。用上述方法保存的试管苗进行继代培养后，可立即恢复生长。在培养基中加入化学抑制剂如甘露醇，或激素类物质如脱落酸，可提高延缓效果。缓慢生长系统由于需继代培养，时间周期长，加上培养基和激素类物质的影响，细胞继续分裂后，难以排除遗传变异的可能。

2. 超低温保存系统

超低温长期保存是指在干冰（－79℃）、超低温冰箱（－80℃）、氮的气相（－140℃）或液态氮（－196℃）条件下保存植物组织或细胞。其保存原理：在超低温条件下，细胞处于代谢不活动状态，从而可防止或延缓细胞的老化；由于不需多次继代培养，也可抑制细胞分裂和DNA的合成，细胞不会发生变异，因而能保证种质资源的遗传稳定性。

① 悬浮培养细胞和愈伤组织超低温保存　在培养基内加入适量渗透剂（甘露醇、脯氨酸等），以提高细胞的抗寒力，然后将悬浮细胞和愈伤组织放在超低温条件下保存。现已成

功保存的悬浮培养细胞有胡萝卜、玉米、水稻、蔷薇、单倍体烟草、人参等；已保存成功的愈伤组织有杨树、甘蔗等。

② 生长点超低温保存　植物茎尖的分生组织一般长0.25～0.3mm，在胚胎发育时期首先形成，并在整个营养生长时期都处于各级分裂状态，遗传性稳定。茎尖保存时需要结合茎尖培养技术，首先将茎尖放在含有5%DMSO的培养基内预培养数天，然后以每分钟下降1℃左右的速度冷却到−40℃，再放入液氮中。如苹果、胡萝卜、豌豆、草莓、花生、土豆、番茄、康乃馨等植物，冷冻保存后仍有50%以上的培养物可分化形成植株，有的分化率达100%。

③ 体细胞胚和花粉胚的超低温保存　体细胞胚和花粉胚处于球形期时较为耐寒，超低温保存的存活率在30%左右，解冻后经过2～4周的停滞期，就可恢复生长，通过以后的各个发育时期，最终可形成单倍体植株。

④ 原生质体超低温保存方法　其保存操作复杂，技术难度大，故成功的例子很少。

（四）基因文库保存

面对遗传资源大量流失、部分资源濒临灭绝的情况，建立和发展基因文库技术，为抢救种质提供了一个有效的途径。这一技术的要点是从资源植物提取大分子的DNA，用限制性内切酶切成许多DNA片段，再通过一系列步骤将DNA片段组装在载体上，通过载体把DNA片段转移到繁殖速度快的大肠杆菌中，通过大肠杆菌的无性繁殖，增殖成大量可保存在生物体中的单拷贝基因。这样建立起来的基因文库不仅可长期保存该物种的遗传资源，而且还可以通过反复的培养增殖，筛选出各种需要的基因。当需要某个基因时，可通过现代基因工程技术重新获得。

五、种质资源的研究和利用

（一）植物学性状鉴定

种质资源的植物学性状，是长期自然选择和人工选择形成的稳定性状，是识别各种种质资源的主要依据。农艺性状（产量、品质、抗性等）是选用种质资源的主要目标性状，在鉴定研究种质资源时，首先要在田间条件下，观察鉴定上述性状的表现。对于不同的作物观察鉴定的主要性状标准有所不同，如苹果观察鉴定的主要性状有生长类型、株高、生育期、单果重、果实形状、每株结果枝数、每结果枝果数、果色、果实品质、抗病性等；对于大白菜，主要形状包括生育期、结球类型、叶片抱合方式、球型指数、净菜率、叶球重、软叶率、抗病性及品质等。对于鉴定完的种质资源进行登记，明确每种资源的产量、品质等性状特征特性，以备育种使用。

（二）植物学性状遗传规律研究

对于种质资源特征特性的鉴定和研究属于表现型鉴定。只有在表现型鉴定的基础上进行基因型鉴定，才能了解和掌握种质性状的基本遗传特点，更好地为育种服务。目前利用分子标记技术可以在较短时间内找到目标基因。目前各种主要作物中均有一批重要的农艺性状基因已被定位和作图。如产量性状、抗逆性等都是数量性状，对这样的性状用传统的方法很难进行深入研究，利用分子标记技术，可以像研究质量性状一样对数量性状基因位点进行研究。

（三）种质资源利用

对收集到的优良野生种质和栽培品种、类型，在鉴定研究的基础上，应积极利用或有计划、有目的地改良，使种质资源尽快发挥生产效益。种质资源的利用主要有以下途径。

1. 直接利用

收集到的种质资源有些综合性状优良，经过适应性对比试验并经审定后可直接在生产中应用。一般来说，本地的种质资源对于气候、土壤、环境的适应性较好，直接利用的价值较高，但这类种质资源所占比例较小。外地种质资源由于环境的不同，往往不能直接利用。

2. 间接利用

对于不能直接利用的种质资源一般要进行筛选，对有突出特点、能克服当地推广品种的某些缺点的种质资源，可通过杂交、转基因技术等手段将有突出特点的性状转移到推广品种中，改良推广品种，使其具有更丰富的遗传基础。如野生的种质资源往往抗病性较强，但栽培性状较弱，如产量低、品质差，可作为抗病育种的原材料，通过杂交、回交方法加以利用。

3. 潜在利用

对于经济性状不突出，暂时没有任何价值的材料，不要轻易地淘汰，应就地保存并移入种质资源圃，进行进一步的鉴定研究、改良，发现其潜在的基因资源，便于以后育种利用。

本章小结

种质资源是农业生产中生产资料的重要来源，对人类的生产、生活有多方面的影响。按照来源可以分为本地、外地、野生、人工创造等几种种质资源，对于收集来的种质资源可以采取种植、种子贮藏、离体、基因文库等多种方法保存，并加以研究和利用。

扩展阅读

梧桐山下，上千种兰科植物绽放

在梧桐山脚下，深圳市兰科植物保护研究中心（下称“兰科中心”）里养殖着上千种兰科植物。走进园区，可以看到各类美丽的兰花盛开，花枝摇曳，让人仿佛觉得走进了花园。据了解，兰科中心为深圳市投资控股有限公司的事业单位，此处也是国家兰科植物种质资源保护中心。目前，兰科中心兰科植物保护研究水平达到国际先进水平，受到中国科学院和美国科学院著名院士的肯定，为深圳市生态文明建设作出了重大贡献。

据介绍，兰科植物是受国际公约和中国法律明令保护的物种，在中国受法律保护的

1400 多种濒危物种中，兰科植物占 1300 多种。兰科中心的宗旨是开展兰科植物资源保护研究工作，提高兰科植物保护水平，推动我国兰科植物保护事业的发展。业务范围是负责国家兰科植物种质资源保护中心及其基地建设；我国濒危兰科物种资源的收集、保护、繁育、复壮、调查、监测、鉴定、技术咨询；基础科学、生物技术、生物安全等科学研究；科普、兰文化展示及传播，兰科植物保护人才培训、学术交流和科技合作。同时是世界自然保护联盟（IUCN）兰花专家组亚洲办公室和中国兰科植物保育委员会挂牌单位。

为掌握我国野外兰科植物资源状况，寻找兰科新物种，兰科中心成立了全国唯一一支专业兰科植物野外考察队，每年深入深山密林中开展野外调查，共发现兰科 1 个新亚族，10 个新属，2 个中国新分布属，80 多个新分类群，引起世界的瞩目。目前，中心已收集保存的国家和国际一级和二级保护的濒危兰科植物物种达 1203 种，特别是国际一级濒危物种兜兰属植物已基本收齐，成为世界上收集中国兰科植物物种最多的研究机构，这一大批极其珍贵的资源具有难以估量的社会价值、经济价值和科学研究价值。此外，中心还建成了世界上保存中国兰科植物标本最多的专业标本馆，现保存兰科植物腊叶标本 4208 份，模式标本 139 份，并收集和制作了与兰科植物进化有关的动植物化石标本 827 份，活体标本超过 200 万个个体，照片资料 22 万张，DNA 标本 11141 份，为我国兰科植物的研究提供了无可替代的研究平台。

兰科中心组织并联合清华大学深圳研究生院等单位在世界上率先开展“兰花基因组计划”，完成世界首个兰花全基因组测序。“蝴蝶兰全基因组基因图谱”是世界上第一个完成测序和分析的兰科植物和景天酸代谢（CAM）植物的基因组图谱。它的完成填补了植物基因组研究的多个空白，在功能基因数量、抗性基因和景天酸代谢以及 MADS-box 的调控方面有重大发现。研究成果被国际顶级科学杂志《Nature Genetics》（《自然遗传学》）作为封面文章发表。据介绍，“兰花基因组计划”的开展，开创了基因组学科研和产业应用一体化的发展新模式。兰科中心领衔国际科研团队成功绘制出药用兰科植物铁皮石斛高质量的全基因组基因图谱，研究成果发表于《Nature》（《自然》）子刊《Scientific Repots》（《科学报告》）。该研究成果揭示了铁皮石斛广泛生态适应性的基因调控机制、药用多糖基因调控机理、石斛属植物形态具有高度多样性的分子调控机理，不仅解决了兰科植物进化的重大问题，而且还为铁皮石斛遗传工程育种、活性药用成分的开发利用、物种保护、品质鉴定、规范产业发展提供了重要资源和基础。

（来源：晶报，2017-03-09）.

复习思考题

1. 简述种质资源在培育新品种中的重要意义。
2. 简述各种种质资源的特点和利用价值。
3. 收集种质资源的原则和方法有哪些？
4. 保存种质资源有哪些方法，各有什么特点？
5. 如何研究和利用种质资源？

第三章　引　　种

学习目标

1. 了解主要园艺植物引种的概况，引种的相关概念及重要性；
2. 了解引种与生物入侵的关系；
3. 掌握引种的遗传学基础、生态学因子对引种的影响；
4. 掌握引种的原则，引入材料的收集、选择方法。

案例导入

如皋市磨头镇90后大学生村官成功引种“拇指西瓜”，亩产值可超10万元

平时，我们见到的西瓜都有篮球般大小，但是只有3cm长的微型西瓜，相信大家一定没有见过。9日，记者在磨头镇朗张村的一处蔬菜大棚内见到，一排排蔓藤上挂满了众多碧绿色的果实：从外表上看，它的纹路、形状都和普通西瓜相似，但却非常的小；可连皮食用，咬开后，中间还有许多类似于西瓜一样的瓜瓤，瓜瓤并非红心，而是青绿色。

“这个‘拇指西瓜’的音译名叫佩普基诺，来自遥远的南美洲，由荷兰一家食品公司将种子进行温室栽培之后引入我国。”面对记者的疑惑，正在大棚内检查植物长势的沈亚阳告诉记者。2013年大学毕业后，沈亚阳通过考试成为了我市大学生村官中的一员，今年3月他被提拔为磨头镇兴韩村党总支书记。眼下，全市上下创新创业氛围日益浓厚，尤其是日益高涨的青年和大学生创业者的热情深深打动了沈亚阳。作为一名大学生村官，沈亚阳觉得自己理应成为大众创新创业浪潮中的先锋。他告诉记者，选择种植“拇指西瓜”，一来是因为“拇指西瓜”属于创意农业，目前在国内鲜有种植，具有很好的市场前景；二来也希望通过自身的尝试，发展乡村旅游农业。该项目目前还处于试种阶段，沈亚阳今年仅在自家责任田内栽种了2亩“拇指西瓜”，一亩培植1500株，每株能结出80粒果实。目前，一个“拇指西瓜”约6g，一亩已经接近成熟；另一亩1000株正在培育阶段，预计晚一个月上市。

记者了解到，“拇指西瓜”维C含量极高，可与贵族水果“车厘子”相媲美，富含钾、镁等微量元素，以及高达12.6%的蛋白质、16.3%的纤维素、大量生物活性酶。除了可当做零食或开胃食品直接食用外，还能用作夏季沙拉配料，或是取其果汁制成冰糕解暑，还可以做成西瓜小炒、酱菜等多种美食。

“别看‘拇指西瓜’个头小，但亩产经济效益可不低。”眼下虽未上市，但是登门来预定的客户已经有了不少。据沈亚阳介绍，“拇指西瓜”可直供水果店、餐厅、超市，按目前160元1kg的行情计算，亩产值可超10万元。大学毕业后原本有机会成为工程师，但却一心扎根农村创业和带动村民致富，在别人的眼里，沈亚阳的这个决定真的很傻，但他却觉得累并快乐着。他告诉记者，在成功试种的基础上，下一步将在兴韩村流转60亩土地推广种植“拇指西瓜”，以此带动更多的村民增收。

（来源：中共如皋市委新闻网，2017-06-12.）

讨论一下

1. 引种是不是很简单？

2. 引种和地域有关系吗？

3. 引种会不会引起当地的生态变化呢？有没有危害呢？

一、引种的概念及意义

（一）引种的概念

植物引种不仅是古老农业中不可缺少的组成部分，而且对农业生产的发展和栽培植物的进化都起到了重大作用，在发展现代化农业中仍然是潜力很大的领域。

引种驯化，简称为引种，一般采取种植种子或幼苗的方法，加强培育，经过逐渐迁移或多代连续播种，使植物在新的环境中适应，并能生长、发育、开花、结实，而品种的产品质量保持原有的特性和风味，并且能繁殖后代。广义的植物引种是指人类为了满足自己的需要，把植物从其原分布地区移种到新的地区。狭义的引种是通过人工选择、培育，使外地植物成为本地植物，使野生植物成为栽培植物的措施和过程。通过引种，可以把外地或国外的优良品种、类型引入本地，经试种成功后可以直接作为推广品种或类型进行生产栽培，是一种简单快捷的提高经济效益的办法。如果引入的品种不能直接利用，可以把外地或国外的品种或种质资源作为培育新品种的亲本材料，然后通过选择、杂交等方法培育成新的品种，是改良现有品种的一种快捷的育种手段和途径。

（二）引种的意义

引种能充分利用现有的品种资源，在解决生产对新品种的需求上具有简单易行、迅速有效的特点，是获得新品种的一条重要途径。中国虽然是很多园艺植物的起源中心，种类和品种极其丰富，但是幅员辽阔，自然条件复杂多样，一个地区往往受条件所限，不可能拥有丰富的植物种类和品种，所以引种是必不可少的。在生产中占重要地位的苹果、葡萄、番茄、甘蓝、马铃薯、悬铃木、茉莉花等很多品种都是在不同时期从国外引入的。新中国成立以来引种工作取得了很大发展，据统计，到2009年止，从世界各地引入的植物有302科1205种，约占栽培植物的20%～30%，丰富了我国的植物种类，促进了农业生产的发展。

引种还可以开辟新的种植区，扩大良种的种植面积，提高植物的生产水平。如冬小麦种植区北移已经到了长城以北，苹果的种植区在地理上已经向北扩大了100多公里。

引种不但为生产提供产量高、抗逆性强、品质优良的新品种，而且丰富了育种资源，扩大了现有品种的遗传基础，为今后培育新品种打下良好的物质基础。引入时期较晚的种类，洋梨、甜樱桃、青花菜、石刁柏等生产上至今仍以直接利用外引品种为主；引入时期较早的种类，已选育出不少当地的品种类型。至于国内地区间的引种，更对丰富生产上的种类及品种组成，起着非常重要的作用。即使是生产上已具有较丰富种类品种的主产区，仍可从国内外引入比现有品种更为优良的品种直接用于生产。果树生产中大面积推广的着色系富士苹果和巨峰系葡萄，便是典型的事例。所以，引种是实现良种化的一个重要手段。

二、引种的基本原理

历史上园艺植物引种在取得大量成功的同时，也有许多因盲目引种造成生产上重大损失的事例。引种不当对多年生果树植物造成的经济损失尤为严重，如果引入一些生命力旺盛的植物，还可能造成生态环境的破坏。因此，必须认真总结前人引种的经验教训，用科学理论指导引种实践。科学引种必须深入研究相互联系的两个因素：一是植物本身的遗传特性及其适应能力；二是生态环境条件对植物的制约。

（一）引种的遗传学基础

无论何种植物性状的表达都是由基因型所决定的，基因型严格制约着植物的适应范围，而引种应是在植物基因型适应范围内的迁移。不同的植物种类、不同品种其适应范围有很大差异，引种后的表现也就不同。例如：垂柳的适应性就较强，无论在夏季温度 26.5℃或43℃，还是冬季温度－6.5℃或－29℃都能正常生长，无论在亚热带或温带的日照长度下也都能良好生长；津研系统黄瓜的适应性也非常广泛，它的栽培范围就广，无论是南到广州，北至黑龙江，东到上海，西至西安，都表现出丰产、抗病的优良性状。但有的品种或类型适应范围就窄，如：榕树引种到 1 月份平均温度低于 8℃的地区就不能正常生长，山东肥城的桃引到江苏、辽宁都不适应。品种的自体调节能力和品种基因型的杂合性程度有关，适应性广的种类或品种杂合性高，具有较强的自体调节能力，对变化的外界环境条件的影响有某种缓冲作用。果树中亲缘关系复杂、杂合性大的种类如贵妃梨、温州蜜柑等表现较大的适应范围，因为杂合程度高的类型具有更高的合成能力和较低的特殊要求。

（二）引种与生态环境的关系

植物的生长发育离不开自然环境和栽培条件，在整个环境中对植物生长发育有影响的因素称为生态因素，包括生物因素和非生物因素，它们相互影响和相互制约的复合体对植物产生综合性的作用，这种对植物起综合作用的生态因素复合体称生态环境。植物生态学是研究植物与自然环境、栽培条件相互关系的科学。植物与环境条件的生态关系包括温度、光照、水分、土壤、生物等因子对植物生长发育产生的生态影响，以及植物对变化着的生态环境产生各种不同的反应和适应性。生态型是指植物对一定生态环境具有相应的遗传适应性的品种类群，是植物在特定环境的长期影响下形成的对某些生态因子的特定需要或适应能力，这种习性是在长期自然选择和人工选择作用下通过遗传和变异而形成的，所以也叫生态遗传型。同一生态型的个体或品种群，多数是在相似的自然环境或栽培条件下形成的，因而要求相似的生态环境。引种的生态学研究，既要注意各种生态因子总是综合地作用于植物，也要看到在一定时间、地点条件下，或植物生长发育的某一阶段，在综合生态因子中总是有某一生态因子起主导的决定性作用。引种时应找出影响引种适应性的主导因子，同时分析需引入品种类型的历史生态条件，作出适应可能性的判断。

1. 引种与综合生态因子的关系

① 气候相似论 一般来说，引入品种原产地与新栽培地区气候条件相似的情况下，成功的可能性较高。在园艺植物的综合生态因子研究中，常根据不同地区之间某些主要气候特征的相似程度，将果树、蔬菜、观赏植物分布在世界各地的产区划分成相应的生态地区（带）。属于同一生态带内的不同地区之间，由于主要生态因子近似，即使两地相距遥远，彼此间相互引种时仍较易获得成功。如中国长江流域地区、朝鲜南部、日本南部的沿海地区、美国东南部地区（佛罗里达、佐治亚、阿拉巴马、密西西比、得克萨斯等州）同属夏湿带，在这些地区之间相互引种远比从夏干带引种成功的可能性大。如中国江浙地区引进日本育成的水蜜桃品种，一般适应良好；而引入西北、华北地区的地方品种，多数难以适应。我国辽宁南部从北美洲北部引入韵原产的 22 个苹果品种，有 19 个品种的品质显著下降，这可能是由于夏季平均气温（16℃）左右高于原产地（12～14℃）的缘故。晚熟苹果品种引至长江流域则普遍表现果形变小，着色不好，果肉粉质易反沙，成熟期不一致，风味变差，贮藏性也降低等。

② 地理位置 地理位置是影响不同地区气候条件的主要因素，其中尤以不同纬度的影响最明显。受纬度影响的主要环境因子有日照、温度、雨量等，所以在纬度相近地区之间，通常其日照长短及温度、雨量等亦相近似，相互引种就较易成功。但中国各地与欧洲同纬度地区比较，冬季气温显著偏低，1 月份的月均温中国东北要偏低 14～18℃，华北偏低 10～14℃，长江以南偏低 8℃左右，华南沿海偏低约 5℃。如天津市的纬度和葡萄牙首都里斯本相近似，天津的 1 月平均气温－4.1℃，极端最低气温－22.9℃，而里斯本的 1 月平均气温高达 9.2℃，极端最低气温仅－1.7℃，所以引种时仍需注意分析具体气候特点。除纬度外，海拔高度也影响温度的变化，还有特定地区的大风等，都对引种产生一定的影响。纬度相同随着海拔高度的增加，温度降低。一般海拔每升高 100m，相当于纬度增加 1°，温度降低 0.6℃。同时，随着海拔高度的增加，光照强度也有所加强，紫外线增多，植株高度相对变矮，生育期拉长。一般来说一二年生的草本植物，生育期短，可以人为调节生长季节，改进栽培措施，引种范围广。多年生植物引进新区后，必须经受全年生态条件的考验，而且，还要经受不同年份变化了的生态条件的考验。所以，引种时必须注意两地生态条件的相似程度，使之达到引种成功的目的。

2. 引种与主导生态因子的关系

（1）温度

温度是影响引种成功的主要限制因子之一。温度条件不适合对引种的影响为：不符合生长发育的基本要求，致使引种植物的整体或局部造成致命伤害，严重的死亡；或者植物虽能生存，但影响产量、品质，失去生产价值。东北的大部分地区地处北纬 40°以上，温度对植物引种的影响主要包括最低温、低温持续的时间及升降温速度、霜冻、有效积温等。

① 临界温度 临界温度是植物能忍受的最低、最高温度的极限，超过临界温度会造成

植物严重伤害或死亡。低温是南方植物引种到北方地区的主要限制引子。例如：南方的植物菠萝就不能引到东北地区，因它的临界低温是－1℃，故露地栽培不能适应。高温是植物南引的主要限制因子，如北方植物红松、水曲柳南引后越夏就成为难关。越冬菠菜北种南引也是这个道理。对于一二年生的蔬菜和花卉，有些可通过调整播种期和栽培季节以避开炎热，但对于多年生的果树和观赏树木，引种时必须分析高温对经济栽培的制约。高温使植物呼吸作用加强，光合作用减弱，蒸腾作用加强，破坏体内水分平衡和养分积累，造成早衰并引起局部日灼伤害。一般落叶果树生长期气温30～35℃时，生理过程受到严重抑制，50～55℃时发生伤害。

② 时间　低温的持续时间、升降温速度也对植物引种有大的影响。例如：辽宁熊岳地区在－30.4℃的低温下苹果没有冻害，而在－25～－22℃下发生了冻害。据分析是最低旬平均温度降温程度大和作用时间长的缘故。

③ 霜冻　霜冻是低温达到一定程度时对植物造成的严重伤害。对果树来说尤其是开花期的晚霜，常造成严重减产。辽宁中北部、吉林、黑龙江之所以栽培富士、元帅苹果困难，就是因为冻害引起不能安全越冬。对于南方果树如枇杷。引种到北方地区，往往在冬季开花的花器及幼果遭受冻害，成为北引的主要限制因子。

④ 品种特性　园艺植物在当地多年种植以后，逐渐适应了当地的气候环境，形成了不同的生态型，因此不同的种类和品种在不同的生育期对温度的要求不同。对于喜冷凉的植物，主要考虑生长发育的起始温度和临界高温之间的天数。如大白菜生长的起始低温是7℃，临界高温是25℃，辽宁中北部地区两温度之间的天数是80～90天，如引种像北京大青门那样需110天左右生育期的品种，就表现出适应性差、结球不充实。反之，引种后通过调整播期和肥水条件，往往能够取得较好的效果。再如桃在西北、华北形成的品种则成为耐冷凉干燥的生态型，在华中、华南形成的品种则成为耐高温多湿的生态型。

⑤ 积温　有效积温是喜温植物引种的限制因子，一般10℃以上有效积温值相差200～300℃以内的地区间引种，对植物生长发育和产量影响不大。如超过此数，偏离越大则影响越大。引种时可根据当地活动积温统计资料来选择能满足其积温需要的相应品种。如葡萄的不同成熟期品种对活动积温的要求分别为：极早熟品种群2000～2400℃，早熟品种群2400～2800℃，中熟品种群2800～3200℃，晚熟品种群3200～3500℃，极晚熟品种群3500℃以上。对于有些植物种类，如落叶果树和林木中冬季常常要进行休眠，没有正常通过休眠的，即使具备了营养生长所需的外界条件也不能正常发芽生长，表现为发芽不整齐、新梢呈莲座状、花芽大量脱落、开花不正常等。因此，引入地区冬季是否有足够的低温以满足其通过休眠，或二年生植物的春化阶段（感温性）需要，常成为能否经济栽培的一个限制因子。北方果树引种到南方，很难进行栽培，这是一个主要原因。植物要求冬季低温通过休眠的程度依种类、品种而异。例如：几种树木要求15℃以下的天数为油松90～120天，毛白杨75天。北京小叶杨35天，白榆75天，又如桃要求7℃以下的低温时数，在品种之间较短的仅200～300h，最长的要求1000h以上，引种时应注意种类品种间的差异。在甘蓝的引种中应注意品种冬性的强弱，作为春甘蓝栽培的必须选用春化阶段长的品种，否则易发生未熟抽薹现象。

（2）光照

① 光周期　光照是园艺植物光合作用的能源，光照条件的好坏直接影响到作物光合作用的强弱，从而明显影响到产量的高低。光照对引种的影响主要表现在光照强度和光周期，其中以光周期的影响最大。生长在不同纬度的植物，形成了对昼夜长短有一定的反应，这就是光周期现象。光周期是指一天中受光时间长短，受季节、天气、地理纬度等的影响。所以根据对光周期反应的不同把植物分为长日照植物、短日照植物和中光性植物。有些植物在日照长的时期进行营养生长，到日照短的时期进行花芽分化并开花结实，叫短日照植物，如一品红和菊花中的秋菊类，光照时数＜10～11h才能花芽分化。与上述情况相反的另一类植物，在日照短的时期进行营养生长，要到日照长的时期才能开花结实，叫长日照植物，如洋葱、甜菜、胡萝卜、莴苣、唐菖蒲等，要求日照时数达13～14h以上才能花芽分化。还有一类植物对日照长短反应不敏感，在日照长短不同条件下都能开花结实，如番茄的多数品种、茄子、甜椒等。多数果树种类，品种对光周期反应也不敏感，如苹果、桃可在纬度差异很大的不同地区正常生长、结果。凡是对日照长短反应敏感的种类和品种，通常以在纬度相近的地区间引种为宜。我国幅员辽阔，不同纬度地区光照长短不同，东北地区夏季白昼时间长，冬季白昼时间短，南方则不明显，所以南北方引种往往不易成功。例如在东北长日照地区栽培的洋葱通常是春季播种，夏季长日照下形成鳞茎，所以引到南方往往地上部徒长，鳞茎发育不良，产量降低。对于多年生木本植物南树北引时，由于生长季节日照时数加长，常造成生长期延长，枝条不封顶，副梢萌发，减少体内养分积累，妨碍组织木质化，降低树体越冬能力。在“北树南引”时，由于日照长度缩短，使枝条提前封顶，缩短了生长期。如杭州植物园引种的红松就表现为封顶早、生长缓慢。北树南移的另一情况是由于第一次生长停止过早，高温可引起芽的二次生长，不适当地延长了生长期，也会降低树体的越冬能力。

② 光照强度　光照强度主要影响园艺植物的光合作用强度，在一定范围内（光饱和点以下），光照越强、光合速率越高，产量也越高。温室蔬菜的产量与光照有密切关系，如番茄每平方米接受100mJ的产量为2.01～2.65kg/m²，降低光照6.4%和23.4%，其产量分别损失7.5%和19.5%，黄瓜也有类似的情况。光照强弱除对植物生长有影响外，对花色亦有影响，这对花卉设施栽培尤为重要。如紫红色的花是由于花青素的存在而形成的，而花青素必须在强光下才能产生，散射光下不易产生。因此，开花的观赏植物一般要求较强的光照。

园艺植物包括蔬菜、花卉（含观叶植物、观赏树木等）和果树三大种类，对光照强度的要求大致可分为阳性植物（又称喜光植物）、阴性植物和中性植物。例如，桃是典型的阳性植物，光照弱造成开花结实不良。杜鹃、兰花等属阴性植物，栽培中常常进行遮光。光照强度对引种的影响体现在引种后的植株性状不能充分表达，如产量下降、品质变劣等，一般在栽培上通过增光或遮光的方法进行调节。

（3）水分

对于引种来说，降水量及其在一年中的分布是影响最大的因素，其次地下水位的高低也是一个限制因素。中国不同地区降水情况差异很大，降水量的变化规律是由低纬度的东南沿海地区向高纬度的西北内陆地区递减。对植物生长发育的影响主要是年降水量、分布和空气湿度。对多年生木本植物来说，降水量的多少是决定树种分布的重要因素之一。如地处胶东半岛的昆嵛山区，位于渤海沿岸北纬37.5°，年平均气温只有12.7℃，而年降水量却达

800～1000mm以上，年平均相对湿度达70%以上。因此，昆嵛山区从南方引种杉木时，虽气温和南方各省相差很大，但由于降水和大气湿度相差小而获得成功。同一种植物的不同品种类型之间，其需水程度也存在明显差异。例如欧洲葡萄中的东方品种群需水量少，有较高的抗旱和耐沙漠热风能力；而黑海品种群中多数品种需水量较大，抗旱力差；西欧品种群则介于上述两者之间。需水量又和温度高低关系很大，通常温度高则需水量大。对于园艺植物引种，一般是从降水量多、空气湿度大的地区向降水少、空气湿度小的地区引种容易成功，因为可以改变灌溉条件，来满足植物生长发育对水分的要求。空气相对湿度对引种来说，阳性植物适合于引种到空气湿度小的地区，阴性植物应引种到空气湿度大的地区。

降水量在一年中的分布也是决定引入品种能否适应的重要因素。东北地区年降水量在600～800mm，并集中在7～8月份，冬春干旱，所以引入南方树种有的不是温度低冻死，而是因初春干旱干风袭击造成生理脱水而死亡。因此，阴性植物引进后不易栽培成功。典型事例还有苹果品种国光，引入江苏黄河故道地区后，有的年份由于成熟季节遭遇过多的降水，致使大量的果实果皮开裂而失去商品价值，损失惨重。又如长江流域引种新疆的甜瓜、欧洲葡萄品种等，往往成功率较低，因为适于干旱环境的生态型品种引入多雨高湿地区后，除降水过多本身造成落花落果及品质下降外，还由于多雨高湿而引发的严重病害，难以符合经济栽培要求。高温再加上相应的多雨高湿，造成某些病害严重发生，成为引种的限制因子。如长江流域引种苹果时品种对炭疽病、轮纹病、褐斑病的抗性，引种葡萄时品种对黑痘病、白腐病等的抗性，还有结球白菜南引时的软腐病问题，都成为该地区选择引入材料的主要影响因素。

地下水位的高低也是影响某一地区引进园艺植物成败的关键所在，如木兰科植物许多种是肉质根，不宜引种到地下水位过高的地区。

（4）土壤

土壤的理化性质、含盐量、pH值，都会影响园艺植物的生长发育，其中含盐量和pH值常成为影响某些种类和品种分布的限制因子。在生产中，人们可以采用某些措施对土壤的某些不利因子加以改良，但在大面积种植情况下这种改良常有一定难度而且效果难以持久，所以引种时仍须注意选择与当地土壤性质相适应的生态型。酸性植物栀子花从华中引种到华北后，由于土壤碱性大，即使盆栽亦难以成活，栽培一二年后叶片渐黄，终至枯死；只有采用专门配制的能使土壤酸化的矾肥水浇灌，才能使其生长良好。杜鹃花在碱性土地区栽培时，不仅要从外地运进酸性土作客土用，同样由于当地水质pH值偏高，长期浇灌后仍会造成土壤碱化而使叶片发黄。对于采用嫁接繁殖的园艺植物，引种时可通过选用适宜的砧木种类来增强栽培品种对土壤的适应性。例如在黄河故道地区栽培苹果，用东北山定子做砧木时，常因不耐盐碱土而黄化病严重，甚至烂根死树，而采用湖北海棠做砧木则生长发育良好。

3. 引种与其他生态因子的关系

不同地区引种时还有一些当地特殊的生态因子可能成为引种的限制因素，例如：病虫害、风害等。华北、东北、华东一些枣产区的枣疯病就是枣树引种的限制因素；浙江、广东某些柑橘产区溃瘍病猖獗，限制柑橘发展；桧柏地区栽培中国梨，梨的锈病危害严重。一些共生的植物如松树，引种时还要把共生菌一同引进，才能成功。引进果树时，有些树种自交不结实，所以还要引进授粉树或传粉昆虫等。在共栖生态型植物中，有些是与土壤中的真菌形成共生关系，如兰花、松树等。这些植物在引种时往往由于环境条件的改变，失去与微生物共生条件，从而影响其正常生长发育与成活。如1974年广东从国外引进的松树，当年夏秋季发生大面积死亡或黄化，仅加勒比松死亡面积就达1334hm^2，死亡的幼树部没有菌根，而生长青绿的都有菌根。华南风害严重地区引种一般香蕉品种，当风力达七级以上时就会造成植株倾倒、叶片撕裂、假茎折断等灾害；如引种矮脚顿地雷、大种矮把、矮香蕉等矮型品种，则受风害明显减少。

三、引种方法

（一）引种程序

1. 引种材料选择

对于引入材料应进行慎重选择，引种前要对引种材料的选育过程、生态类型、遗传性状和原栽培地区的生态环境、生产水平等做全面了解。首先，确保引入材料的经济性状必须符合已定的引种目标的要求，防止浪费大量的人力、物力。例如引种目的是为解决当地缺少的罐藏黄肉桃品种，那么白肉品种即使表现丰产优质，因不符合要求也应予以排除。其次，要客观分析引种材料的适应可能性，明确限制引入品种适应性的主要因素。如，南方的木瓜引种到北方，影响适应性的主要因子是温度，即临界温度和低温持续时间，因此应把月平均温度是否低于－12℃作为引种的可行性指标。最后，还要确定引种区与产地之间的气候相似度。一般应科学客观地分析引种地区的农业气候、土壤情况，以及引入材料对生态条件的要求，做到充分的系统比较研究。这部分工作完全依据前述的引种科学原理进行，不能盲目、想当然，并尽可能地做到实地考察。如中国广州与古巴哈瓦那纬度虽然相近似，但1月份平均气温广州比哈瓦那要低8℃左右，所以纬度相近的地区之间引种，仍应注意两地主要农业气候指标分析，作出适应可能性的判断。

2. 收集

引种材料可以通过实地调查收集，或通讯邮寄等方式收集。实地调查收集便于查对核实，防止混杂，同时还要做到从品种特性典型而无慢性病虫害的优株里采集繁殖材料。

3. 编号登记

引种材料收集后必须进行详细登记并编号，登记的主要内容有：种类、品种名称、繁殖材料的种类、材料来源及数量、收到日期及收到后采取的处理措施。收到后的材料只要来源和时间不同，都要分别编号，将每份材料的植物学性状、经济性状、原产地生态环境特点等记载说明，并分别装入档案袋。例如：

果树引种材料登记表

编号：

品种：学名：________，原名：________

俗名：________，别名：________

品种来历：原产地：________，引种地：________

品种来源：杂交（母本：________，父本：________）、实生、芽变、农家品种

引种材料：材料类别：________，材料数量：________

材料处理：检疫、消毒、贮藏、假植

苗圃地点：____________________________

定植地点：____________________________

品种在原产地表现：

① 形态特征：树形：________，树姿：________，枝：________

叶：________，花：________，果：________

② 物候期：萌芽期：________，初花期：________，盛花期：________

末花期：________，果实成熟期：________，落叶期：________

③ 主要经济性状：树势：强、中、弱；抗逆性：强、中、弱

丰产性：________，稳产性：________，早果性：________

品质：优、中、一般、差

耐贮性：好、中、一般、差

适宜用途：鲜食、加工

原产地的自然条件：海拔：________，纬度：________，地形：________

地貌：________，年均温：________，月均温：________

最低温：________，最高温：________，无霜期：________

雨量：（年雨量：________，各月分布：________）。

品种在原产地的主要优缺点及利用价值：____________________________。

4. 严格检疫

种子和苗木是传播病虫害、杂草的重要媒介，为了避免随着引种材料传入病虫害和杂草，从外地区特别是国外引进的材料必须通过严格的检疫，并通过特设的检疫圃隔离种植。对发现有检疫对象的繁殖材料，应及时加以消毒处理，必要时，要采取根除措施。

5. 引种试验

新引进的品种在推广之前必须用当地有代表性的优良品种为对照，做引种试验，以确定其优劣及适应性。试验地的土壤条件和管理措施应力求达到一致。

① 观察试验　对新引进的品种先进行小面积的观察试验，以当地主栽品种作对照。如果是一二年生种子繁殖的植物，每小区 5～20m^2，不设重复，观察其经济性状表现及对环境条件的适应性。对符合要求的、优于对照品种的，选留足够的种子，可做进一步的比较试验。对于多年生果树、园林树木，每一个引入材料可种植 3～5 株，采用高接法将引入品种高接在当地代表性种类或品种的成年树的树冠上，使其提早开花结实，加速引种观察的进程。发现符合条件的品种，要及时地扩大繁殖保存，以备进一步试验用。

② 品种比较试验和区域试验　通过观察试验将选出优良的品种进行品种比较试验，并

设置3次以上重复，经2～3年的比较鉴定，选出最优良的品种进行区域试验，以便确定其适应的地区和范围。对于多年生的果树、观赏树木，在观察试验中经济性状及适应性表现优良的，可以采取控制数量的生产性的中间繁殖，并继续观察其适应性。观察试验的植株进入盛果期时，生产性中间繁殖植株已进入开花结果期，大体上经历了周期性灾害气候的考验，再组织大规模的推广就很有把握了。

③ 生产试验 经过品种比较试验和区域试验或多年生的果树、园林树木等作物的生产性中间繁殖试栽后，对于表现适应性好而经济性状优异的引入品种可进行大面积的栽培试验，对每一个引进品种作出全面了解和综合评价，划定其最适宜、适宜和不适宜的发展区域，并制订相应的栽培技术措施，组织推广。

（二）园艺植物引种的特点

1. 一二年生草本类

大部分蔬菜和花卉、少量的果树属于本类植物，通常采用有性繁殖，生育期短，如番茄、黄瓜、花椰菜、菊花等。在引种中可通过调整播种期、定植期来满足该种植物的生长需要，达到实际生育期在原产地和引入地之间实际栽培季节气候的相似；或者通过建造设施设备来满足生长发育的需要，不少种类通过采用设施，已实现了促成或抑制栽培乃至周年生产。采用设施栽培，自然生态条件已不成为引种的限制性因子，但引入地的自然环境条件较接近引种植物的需要时，可降低设施栽培的成本。一般来说，设施栽培的生态环境特点与原产地还是有较大的差异，如湿度较大、温度较高、光照较弱等，引种时应考虑选择相应的种类和品种。本类植物中有不少种类对日照长度和低温春化敏感，引种时应加以注意。对以营养器官为产品的园艺植物，只要在引入地能保持其经济利用器官的品质和产量，可通过外地繁种进行生产，能否正常开花结籽可不作为引种成功与否的标准。

2. 多年生宿根草本类

部分花卉、蔬菜属于本类植物，生产中常采用无性繁殖，以宿根露地越冬，如大蒜、洋葱、唐菖蒲等。宿根性植物在露地栽培中其生育时期比一二年生植物严格，引种时应注意。除生育期的气候生态因子外，还应分析其宿根越冬期对不良环境的适应能力，当引入地气候因子超越其适应性极限不大时，可采用某些农业技术加以保护。有的种类对日照长短非常敏感（如秋菊），引种时应加以注意。采用设施栽培时，同样要考虑设施环境的特点，尽可能选用与设施环境相类似的品种和种类，以降低设施生产成本。

3. 多年生木本类

大部分果树属于本类园艺植物，一般个体大、寿命长，周年露地栽培是其主要生产方式，如苹果、梨、桃等。由于大部分果树进入开花结果需一定年限，性状表达有一定的延后性，所以引种不当造成的损失要远远大于一二年生植物，露地栽培引种时必须要加以注意。在引种的步骤和方法上，应采用慎重选择引入材料，小面积积极试引观察，通过有控制的中间繁殖生产，经鉴定品种优良后再大面积推广，避免盲目引种的不良后果。大面积引种这类植物的时候，既要分析原产地与引种地的生态环境，还要考虑多年出现一次的周期性灾害因素。当采用设施栽培时，除了要考虑生态因素外，还要考察其他的相关因素，如树体高大的问题，能否通过园艺技术措施加以控制，如果不能则不能使用。

（三）引种的基本原则

1. 科学严谨的引种态度

引种是一条时间短、见效快的途径，尤其对育种周期长的多年生植物，引种对改进其生产中的品种组成更具有重要意义。如苹果采用杂交的方法育种，其周期可能在10～20年，而引种则可缩短到3～5年。多年来的引种实践表明，成功的例子举不胜举，失败的教训也不少。所以引种不能盲目，必须有科学严谨的态度，既要积极引进，又要慎重选择。应坚持少量试引、多点试验、全面鉴定、逐步推广的步骤。切记生产上的盲目引种，并做到有计划、有重点地进行引种。

2. 掌握植物的生长习性类型及特点

植物种类繁多，生长习性各异，因此引种的方法也应灵活运用。引种者应对所要引种的植物特点进行详细的了解，对有性繁殖和无性繁殖、一二年生和多年生、水生和陆生植物的保存方法、繁殖方法、生长发育特性做到心中有数，只有这样才能区别对待，有针对性地采用正确的引种方法，避免了盲目引种所带来的人力、物力消耗。分析适应性相近的种类（品种）的表现，需引入树种（品种）在原产地现有分布区常常和另一些树种（品种）一起生长，表现出对共同生态条件的适应性。通过分析相似的树种（品种）的适应性可估计所需要引入树种（品种）适应的可能性。如：苹果-白梨、柑橘-枇杷-杨梅。

3. 制定合理的栽培技术措施

对于引进的新品种，在引进前应该制定合理的配套栽培技术，否则易造成引入品种虽能适应当地的自然条件，但由于栽培技术没有跟上，错误地否定该品种在引种上的价值。合理的栽培技术措施，就是在了解植物生长发育特性和原产地气候环境的基础上，通过改善环境来弥补当地环境的不利影响。例如，辽宁营口地区冬季温度低，最低温度在－20℃，但持续时间相对较短，所以大多数果树品种能安全越冬。一般的葡萄品种不能正常越冬，引种进来后冬天通过下架埋土防寒，可以安全栽培。桃树进行设施栽培时，由于生长旺盛，树体高大，普通的修剪、拉枝不能完全抑制其高度，可以通过喷洒矮壮素类的生长调节剂降低其高度。其他的如“南果北移”也应采取增加栽培密度、节制肥水等措施提高树种的越冬性。再如地处热带的爪哇东部山地引种苹果，农民在果实采收后1个月左右适时摘除全部叶片，促使再次开花结果，同时采用适应热带气候的砧木以及用绑扎的办法使主枝水平生长等技术，每年收获两次，合计单产45000kg/hm^2，使瑞光等苹果品种引种成功。此外，不同的果树品种抗寒性有强有弱，对于抗寒性弱的品种可以通过嫁接的办法，利用砧木的抗性来增加品种类型的适应能力，扩大它的应用范围。对于多年生园艺植物，引种时在抗性较弱的幼龄苗期等一些关键时期，可采取一些有利于越冬、越夏的保护性措施，满足其最低限度需要。随着个体长大和年龄的增长，其抗性和适应能力会相应增强，乃至达到完全适应的要求。对于蔬菜、花卉中的短日照品种，可以通过采取遮光的办法，人为缩短光照时间，提高利用范围。对于土传病害，嫁接是最好的解决办法，因此引种抗性强的嫁接砧木，可以扩大接穗的引种范围。需要注意的是，采用的农业技术和保护性措施，应在大面积生产中切实可行和经济有效，如果耗费大则得不偿失，生产中难以采用。如香蕉，在南方地区是常见的果树，引种到北方地区因为无法越冬，只能进行设施栽培，但存在树体高大的问题，目前只能用大型连栋温室进行栽培，普通温室无法胜任，因此引种成本较高，无法大面积普及。所以引种时必须注意栽培技术的配合，即所说的良种配良法。

4. 引种安全问题

引种虽然是一种改良品种的快捷方法和手段，但也不能急功近利，应充分考虑到引种的后果，防止破坏当地的生态平衡。如，凤眼莲，也被称做水葫芦，原产于南美，1901 年作为花卉引入中国，20 世纪 30 年代作为畜禽饲料引入中国内地各省，并作为观赏和净化水质的植物推广种植，后逃逸为野生。由于繁殖迅速，又几乎没有竞争对手和天敌，在我国南方江河湖泊中发展迅速（图 3-1，彩图见插页）。凤眼莲本身有很强的净化污水能力，但大量的凤眼莲覆盖河面，生长时会消耗大量溶解氧，容易造成水质恶化，影响水底生物的生长，成为我国淡水水体中主要的外来入侵物种之一。滇池、太湖、黄浦江及武汉东湖等著名水体，均出现过凤眼莲泛滥成灾的情况，耗费巨资也无法根治。现已广泛分布于华北、华东、华中、华南和西南的 19 个省市，尤以云南（昆明）、江苏、浙江、福建、四川、湖南、湖北、河南等省的入侵严重，并已扩散到温带地区，如辽宁锦州、营口一带均有分布。再如澳大利亚引入仙人掌后侵占 1500 万公顷土地，新西兰引入黑刺莓后成为恶性杂草，醋栗引入北美后成为北美乔松锈病菌的中间寄主等。

图 3-1　长满水葫芦的湖

引种的原材料往往带有病虫害，这些病虫害在原有地区由于环境条件和天敌的存在，危害不严重，但一旦引入后，由于环境条件好和缺乏天敌，往往造成爆发性的危害。如美国白蛾原产美国，后传入欧洲，又传入日本和朝鲜，1979 年传入我国辽宁丹东，后扩展到大连和山东半岛，此虫对我国林业生产和园林绿化造成了严重损失。又如，近 20 多年来，美洲斑潜蝇已在美国、巴西、加拿大、巴拿马、墨西哥、智利、古巴等 30 多个国家和地区严重发生（图 3-2，彩图见插页），造成巨大的经济损失，并有继续扩大蔓延的趋势，许多国家已将其列为最危险的检疫害虫。我国于 1993 年 12 月在海南省三亚市首次发现该虫，1994 年列为国内检疫对象，现已分布 20 多个省、自治区、直辖市。1995 年美洲斑潜蝇在我国 21 个省（市、自治区）的蔬菜产区爆发为害，受害面积达 $1.488\times10^6 hm^2$，减产 30%～40%。所以引种时要严格执行检疫制度，避免检疫对象传入本地，造成不应有的损失。

图 3-2 美洲斑潜蝇的危害

本 章 小 结

引种是园艺植物育种中最简单快捷的途径。通过正确地掌握和理解引种与遗传、光照、温度、水分、微生物等生态因子的关系，可以将外地的品种引入本地，极大地缩短了育种时间，迅速提高农民的经济效益。

扩展阅读

超百种外来植物杀手入侵深圳，大部分是人为引种

梧桐山脚，一块无名空地上，即使是 12 月，依然显得郁郁葱葱，生机盎然。在这块面积不过一亩的空地上，我们看到有一种植物，缠绕、覆盖在其他植物上，导致这些植物因接收不到阳光而生长不良，甚至枯死。这种开着小白花的植物实在太凶猛，连一些乔木也未能逃脱其魔爪。这种植物是薇甘菊，它是外来植物，在我国南方沿海地区为害十分严重，因此，它被认为是入侵植物的典型代表。

除了薇甘菊，我们还看到一种紫色的喇叭状的花朵，它有个霸气的名字，叫做五爪金龙。还有一种黄色的小花，它在这片空地上也不少见，东一朵，西一朵，星星点点，也别有一番感觉，它叫南美蟛蜞菊。

跟薇甘菊一样，五爪金龙和南美蟛蜞菊也都是外来物种。不知从何时开始，我们眼中的美景开始被外来入侵植物所占据。在深圳，这块梧桐山脚下的无名空地只是其中的一个小小代表。在路边、在草坪、在公园，我们都可以见到外来植物的身影。我们这座年轻的城市，正被植物妖娆“侵城”。

深圳是外来植物入侵最严重地区之一

11月15日，科技部基础专项《中国外来入侵植物志》启动会在上海召开。而在此之前，中科院上海辰山植物科学研究中心已联合全国8家科研单位对全国的外来入侵植物进行了摸底。调研结果显示，我国外来入侵植物达到515种。从沿海到内地，从城市到乡村，我国34个省（市、自治区）已经全部被外来植物“攻陷”，西南和东南沿海是外来入侵植物的重灾区。

曾宪锋是韩山师范学院生物系教授，也是《中国外来入侵植物志》项目的参与者之一。据曾宪锋介绍，在全国范围内，广东是外来植物入侵最严重的地区之一。根据他的调研，广东的外来入侵植物超过了两百种。而深圳，又是广东省内外来植物入侵最严重的地区之一。据公开的资料显示，深圳的外来入侵植物种类达到95种，在广东各市中名列前茅。而在曾宪锋看来，深圳的外来入侵植物远不止95种。“深圳的外来入侵植物在100种以上，大概在140～160种之间。”曾宪锋说。

事实上，深圳的外来入侵植物已经显示了其巨大的破坏力，这其中最明显的便是薇甘菊。这种原产于中美洲植物有着惊人的繁殖生长能力，自20世纪80年代在深圳发现之后，便以迅雷不及掩耳之势迅速蔓延，给深圳的生态造成巨大破坏。在深圳，薇甘菊生长最高峰时期达到15万～16万亩。经过防治，截至目前也还有8万亩左右的面积。深圳野生动植物保护管理处动植物保护和病虫害防治科工作人员郭强表示，每一年，深圳都要投入巨大的人力物力来防治薇甘菊。郭强说，不可能完全消灭薇甘菊，只能够将其维持在一定的数量级上。

除了薇甘菊，对深圳生态造成比较大的危害的外来入侵植物还有五爪金龙、南美蟛蜞菊、马缨丹、红毛草、水葫芦、假臭草等。郭强表示，在深圳造成比较严重危害的外来入侵植物大概有二三十种。而在曾宪锋看来，这个数字在50种左右。

“外来物种入侵是有时空概念的，有的正在为害，有的则具有潜在的危害性。”曾宪锋说，“具有潜在危害的品种更加重要，因为我们不了解它，没有防范，突然爆发起来，会给人的生产生活造成很大麻烦。”显然，深圳拥有如此多的外来入侵植物，具有潜在危害性的不在少数。

入侵植物大部分是人为引种

一般认为，一个地方遭遇外来植物入侵的严重程度是跟GDP水平成正比的。从这个层面上来讲，深圳遭遇外来植物侵城似乎变得很好理解。

抛开学术层面，从现实层面也很好理解为何深圳遭遇外来植物入侵的情况那么严重。一般来讲，构成植物入侵，首先得这种植物本身“有本事”。如上文提到的薇甘菊，它繁殖和生长能力强，又能够攀援，在与其他植物的竞争中占优势。光有本事还不够，还得与环境相适应。显然，深圳的亚热带气候跟许多外来者一拍即合。多样的入侵途径也是造成深圳外来植物侵城的重要原因。据曾宪锋介绍，外来植物入侵的途径主要有三种。一是通过风力、洋流等的力量自然传播；二是人为的无意引入，如植物种子通过国际贸易、入境旅游人员无意带入等；三是人为的有意引入。相较于自然传播和人为无意引入这只“无形之手”，有意为之这只“有形之手”在外来植物入侵的问题上起到了更加明显的助推作用。

曾宪锋认为，造成严重危害的入侵植物很多都与人类有关系，其中很大一部分是人为引种而来。

在深圳，造成严重危害的外来入侵植物之中，有相当大的一部分是作为有用植物引进的。例如南美蟛蜞菊，在20世纪70年代，它就作为桥底、树下的绿化植物被引入深圳。后来，南美蟛蜞菊逸为野生，在深圳各大公园及郊野大行其道。水葫芦也是一个例子。因为花色亮丽、花型优美、并且可以作为畜禽饲料，水葫芦在早年曾被广泛推荐种植。后来，水葫芦在野外水域大肆疯长，完全脱离人的控制。每一年，疯长的水葫芦都会造成严重的经济损失。

深圳的红树林有大量的无瓣海桑。这种从孟加拉引入的植物对保护海岸有着重要的作用。郭强说，无瓣海桑作为一种外来植物，深圳这边引入之后扩散得很快。现在人工对无瓣海桑有一个控制，所以没有造成什么危害。一旦失去对无瓣海桑的控制，其后果也会相当严重。

我国暂无专门法律防御外来物种入侵

我国并没有针对外来物种入侵的专门法律法规，与外来物种入侵有关的法律法规散布于《渔业法》《森林法》《进出境动植物检疫法》《海洋环境保护法》等法律中。曾宪锋认为，这对于我国外来物种防治是不利的，毕竟个体的力量有限。在关于外来物种入侵的宣传方面，曾宪锋也认为力度远远不够，以至于整个社会对外来入侵种的认识不足，知之甚少，甚至一无所知。

对于郭强及深圳市野生动植物保护管理处其他的工作人员来说，外来入侵植物的治理更是一件令人头疼的事情。每一年，野生动植物保护管理处都要投入大量的精力来治理薇甘菊。郭强说，薇甘菊的繁殖能力太强了，只能将数量控制在一定的范围之内，想要消灭它是一件不可能的事情。

曾宪锋表示，大约有1/10人为引种的外来植物在不再种植的情况下也能存活，成为归化植物。而这些归化植物中的1/10能成为入侵植物。也就是说，如果引入100种外来植物，可能其中有1种能成为入侵植物。从这个层面上讲，引入天敌防治入侵植物的方法应该慎重采用。

防治方法

曾宪锋介绍，目前防治外来入侵植物的具体方法一般有三种。一是人工物理防除。这种方法在外来植物入侵初期还没形成种群之时行之有效，但是需要消耗大量的人力物力。在外来入侵植物危害严重之时，这种防治方法就显得有些杯水车薪。第二种方法则是人工化学防除。曾宪锋说，这种方法的效果比较好，但是这些化学药物也可能杀死别的植物，化学残留也会造成环境污染。第三就是生物防治，即引入入侵植物的天敌进行防治。对于这种方法，曾宪锋和郭强均表示应该慎之又慎。因为新引入的天敌很有可能造成新的入侵。

（来源：深圳晚报，2014-12-11.）

复习思考题

1. 什么是引种？引种有什么意义和作用？
2. 引种时怎样考虑品种的遗传性和它系统发育的历史？

3. 生态型与引种有什么关系？
4. 温度和光照对引种有什么影响？
5. 水分和土壤对引种有什么影响？
6. 简述引种程序。

第四章　选择育种

学习目标

1. 了解选择与选择育种的概念，选择的实质与作用基础；
2. 了解选择育种的应用价值；
3. 掌握田间株选的标准、株选的时期、株选技术；
4. 掌握选择育种的基本选择方法；
5. 掌握有性繁殖植物的选择育种程序；
6. 掌握芽变选种的原理及程序、实生选种的方法。

案例导入

巨峰系葡萄家谱研究

巨峰葡萄是日本民间育种家大井上康于1937年用纯美洲种的石原早生（康拜尔早生四倍体突变）作母本，与纯欧洲种的森田尼（露萨基四倍体突变）作父本杂交育成，1945年正式命名发表。我国于1959年引入。

巨峰系葡萄家谱演化图

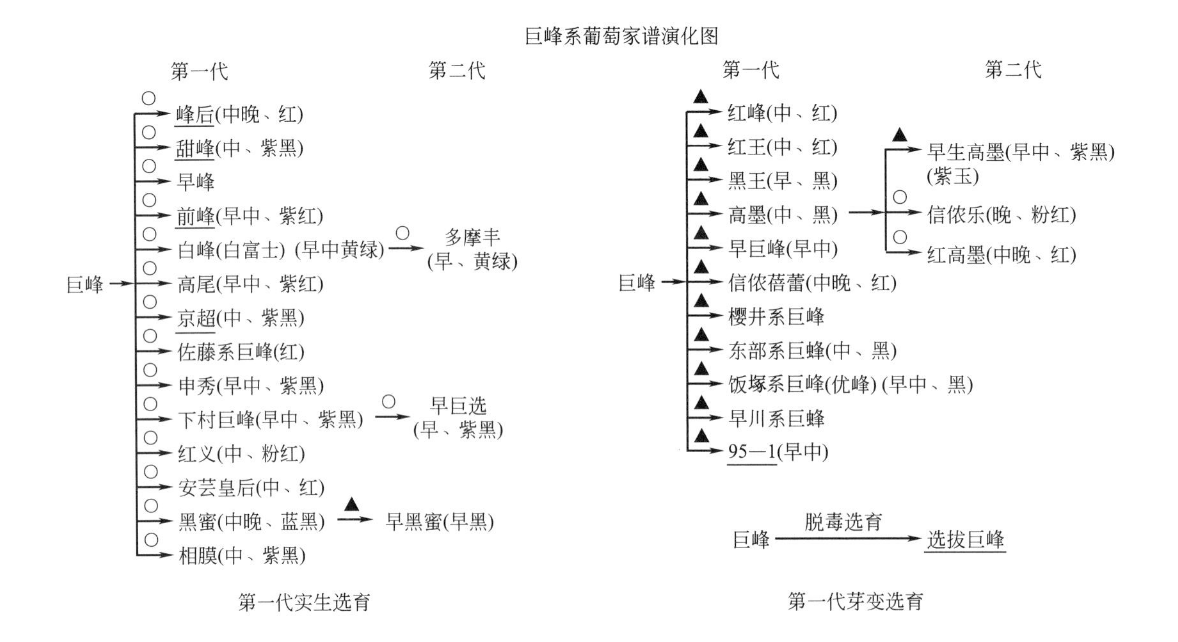

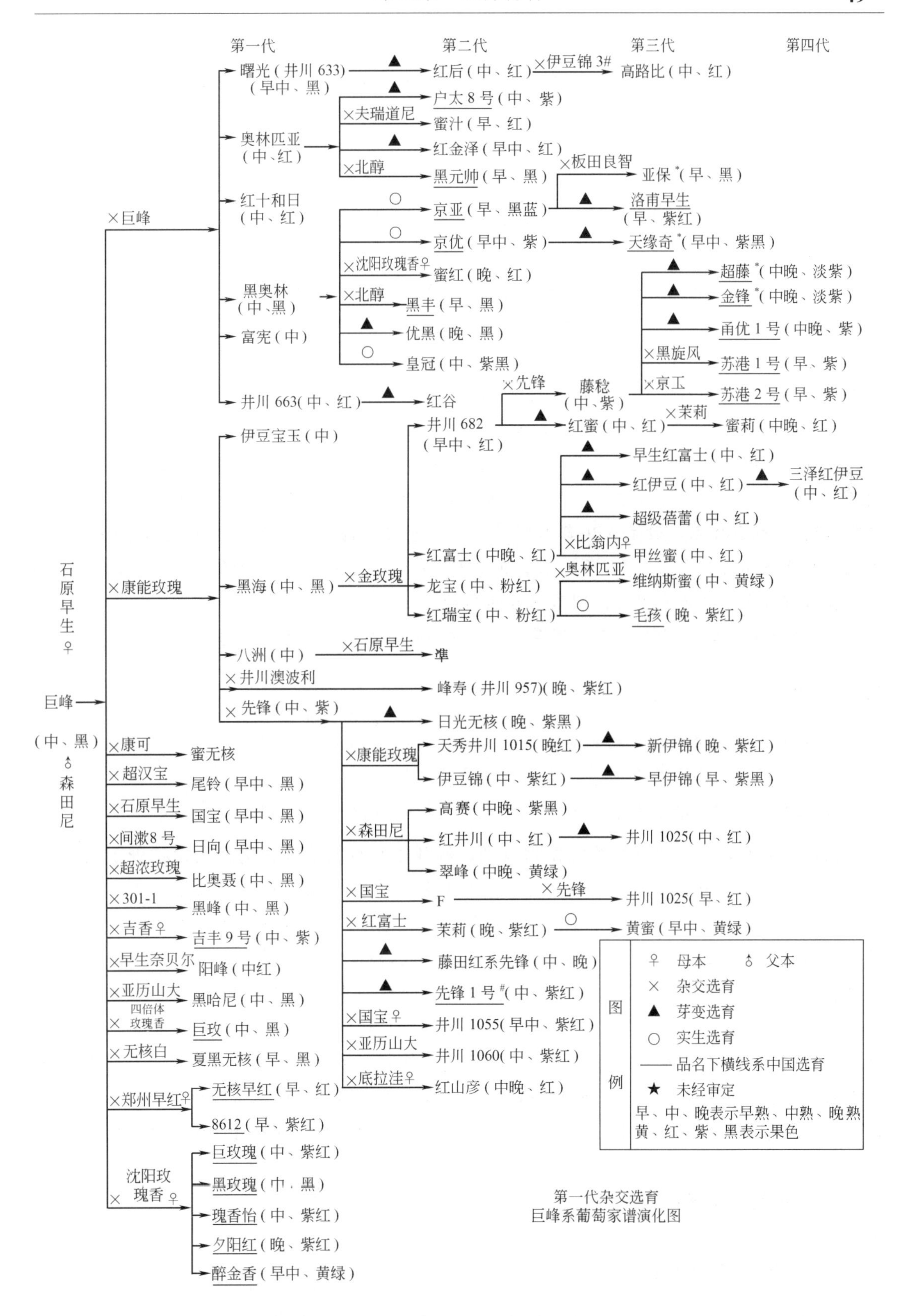

第一代杂交选育
巨峰系葡萄家谱演化图

始祖巨峰由于是纯美洲种和纯欧洲种杂交直接选育成，属远缘杂种，遗传基础是高度杂合的。以它为亲本与其他品种杂交很容易因基因分离和重组发生广泛而复杂的性状分离和变异同样，以这些后代品种作亲本杂交也会产生广泛的分离和变异，而选育出新的品种。由于葡萄在无性繁殖过程中芽变现象相当普遍，通过芽变能选育出新的品种。巨峰系葡萄多属于自交结实类型，实生播种也易产生性状分离，也能选育出新的品种。经日本和中国育种工作者50多年努力，已选育出一大批具有巨峰“血统”的葡萄新品种，称为巨峰系，并大面积应用在鲜食葡萄生产上。

笔者于1987年开始种植巨峰葡萄，至2004年已引种巨峰系葡萄品种58个。陆续积累资料，至2004年底，绘制出“巨峰系葡萄家谱演化图”共114个品种。

通过研究发现巨峰系品种的选育途径主要有三种：杂交选育56个品种，占49.1%，其中巨峰作父本8个品种，占杂交选育品种14.3%；芽变选育34个品种，占29.8%；实生选育23个品种，占20.2%，此外巨峰品种是通过脱毒选育而成，占0.9%。通过图可以看出代次：第一代品种53个，占46.5%；第二代品种37个，占32.5%；第三代品种17个，占14.9%；第四代品种7个，占6.1%。巨峰始祖和四代品种目前均在种植，可谓“五代满堂”。而国内的巨峰系品种主要从日本国引入，另外国内科研单位及一些果农从20世纪80年代开始开展了育种，至2004年已选育出品种31个，占114个品种的27.2%。其中未经审定品种有5个。尚未发现其他国家选育的品种。

（原文刊载出处：《中外葡萄与葡萄酒》2005年02期，杨治元，部分选入）

讨论一下

1. 文中提到的葡萄品种大家知道多少？
2. 大家仔细找找看其中主要的育种方法是什么？
3. 上网搜一搜，还有哪些园艺植物品种和葡萄的品种家谱类似呢？

自从人类有意识地种植各类农作物以来，就开始有目的地选择优良的植株种子进行留种，这是一种无意识的选种工作，这种方法是利用杂交育种前获得优良栽培品种的重要途径。C. Fideghelli 统计1990～1992年（三年间）世界范围新育成的桃68个和李258个品种，其中来自杂交育种的分别占48%和25%，通过实生选种育成的分别占22%和35%，通过芽变选种育成的分别占6%和17%。这说明即使在杂交育种普遍开展的今天，杂交种占了主导地位，选择育种仍然为生产上提供了大量新的品种。尤其在不便开展杂交育种的领域尤其如此，例如：苹果、梨、桃等果树育种，采用杂交育种的工作年限太长，投资过大，而选择育种则较为便捷。所以，在未来的植物育种中，选择育种仍然是不可忽视的重要育种途径。而选择不仅是选择育种途径的中心环节，而且是所有育种途径和良种繁育中不可缺少的手段。

一、选择与选择育种

（一）选择育种的概念

选择育种，简称选种，又称系统育种，是利用现有品种或类型在繁殖过程中的变异，通过选择淘汰的手段育成新品种的方法，它是改良现有品种和创造新品种的简捷有效的途径。选择是一种方法与手段，是各种育种方法的必然途径。选择就是在自然变异群体中选优劣汰，又可分为自然选择和人工选择。自然选择就是生物生存所在的自然环境对生物所起的选择作用，结果就是适者生存，不适者淘汰。人工选择是通过人有意或无意地选择、鉴定比较，将符合要求的选出来，使其遗传趋于稳定，获得生产应用品种的过程。人工选择与自然选择有时趋于一致，有时不一致。当两者相矛盾时，必须加强人工选择。

（二）选择的实质与效果

1. 选择的实质

在一个生物群体内总是存在着遗传与变异，生物既遗传又变异的特性是选择的作用基础。选择的实质是造成有差别的生殖率，能够定向地改变群体的遗传组成。也就是说，选择是在某一群体内选取某些个体，淘汰其余的个体。导致群体内一部分个体能产生后代，其余的个体产生较少的后代或不产生后代。例如一次低温寒潮使一群体内大部分植株冻死，只有一小部分还能活着繁殖后代，实质上是使耐寒性基因得以保留，该类个体的繁殖概率加大。从而使后代群体整体耐寒能力提高，再经历寒潮时死亡率将有所降低。又如在一片黄瓜田内，只选那些第一雌花着生在第三或第四节上的植株留种，其余植株上的果实都作为商品瓜上市，从而使后代群体内第四节着生雌花的植株百分率有所提高。从遗传机制来讲，选择的作用就是改变群体内基因型的频率，从而给某些有价值基因型的出现提供了条件，降低了控制不利性状基因出现的频率。选择也改变群体内等位基因间的频率，从而使基因型的分离重组比例发生改变。选择保留了新产生的突变基因，并迅速得到繁殖。

由于生物能发生变异，而且是普遍地、经常地在发生变异，从而使个体间表现出或大或小的差异，提供了选择的依据，有些个体能适应当时当地的自然环境条件，较符合于人们的要求，这些个体就被选留，其余的被淘汰。由此可见，群体内各个体间的差别越大，某种性状从上一代个体遗传给下一代的可能就越大，则选择所能起的作用也就越大。

布尔班克曾记述 W. Wilks 和他自己对虞美人进行的多代定向选择实验。Wilks 在一块开满猩红色花的虞美人地里发现一朵有很窄白边的花，他保留了它的种子。第二年从 200 多株后代中找到了四、五个花瓣有白色的植株。在以后若干年中，大部分花增加了白色的成分，个别花色变成很浅的粉红色，最后获得了开纯白花的类型。用同样的选择方法，把花的黑心变成黄色和白色，新育成的品种 Shirley 成为极受欢迎的花卉。以后布尔班克从 Shirley 无数植株中发现 1 株在白花中似乎有一种若隐若现的蓝色烟雾，经过多代选择后终于获得了开蓝花的珍稀类型。该试验有力地印证了选择的作用实质、创造性作用以及选择育种的重要性。

如果性状在个体间差异不明显，则选择就失去了赖以发挥作用的基础，所以选择育种不能有目的、有计划地人工创造变异，应用上存在一定的局限性。选择育种通常适用于主要经济性状大多基本符合要求，只有少数经济性状较差，而且这些表现较差的性状在个体间变异较大的群体。因为要想从一个多方面性状都表现较差的群体中选育出综合性状优良的类型，就必须等待多方面性状都产生出符合要求的变异，这需要很长的年代。核桃、板栗、丁香、水杉、柳杉等园艺植物，在生产中常兼用无性繁殖或有性繁殖，其实生群体内常存在着较大的变异，从其实生群体中选择优良单株用无性繁殖建成营养系品种，是一种简便易行的育种方式。

2. 选择效率

选择的本质在于改变下一代群体中的基因型频率和基因频率，但选择效率的高低，也就是性状改变程度因质量性状和数量性状、选择方法、选择压力的大小等诸多因素而不同。

① 质量性状　质量性状的表现型通常受环境因素影响较少，一般由一对或少数几对主基因控制，选择效果较好。当选择目标性状为隐性类型时，一般经过一代选择就可以使下一代群体隐性基因和基因型频率达到100%。如果目标性状为显性类型时，入选个体可能是纯合体，也可能是杂合体，通过一次单株选择的后代鉴定，就可选出纯合类型。

② 遗传进度和选择差　对于园艺植物来说，大多数的性状属于数量性状，可以用数理统计的方法来计算选择的效率。入选亲本后代构成群体平均值与上代原群体平均值之差称为遗传进度，又叫选择的效果。遗传进度由性状遗传力与选择差所决定的，遗传力愈大，选择效果愈好，反之则相反。当遗传力接近零时，则子代平均值趋向于原始群体平均值，即无论选择差有多大选择都不起作用。选择差是对某一数量性状进行选择时，入选群体平均值与原始群体平均值产生的离差。影响选择差的因素有两个。一个是植物群体的入选率（即入选个体在原群体中所占的百分率），入选率愈大，选择差愈小；反之，入选率愈小，选择差愈大。另一个影响选择差的因素是性状的标准差大小，标准差愈大，选择差的绝对值也就愈大。

③ 选择强度　为了使选择标准化，使遗传进度能适用于不同性状（或群体）间的比较，可用原群体表型标准差 σ_p 相除得到标准化了的选择差（S_d），称为选择强度，用 K 表示，即：

$$K=\frac{S_d}{\sigma_p}$$

由此可以通过选择强度预测一定入选率条件下的选择效果，即选择的强度越大，选择效果越好。

④ 性状变异幅度　一般来说性状在群体内变异幅度愈大，则选择效果愈明显，供选群体的标准差愈大，选择效果愈好。在一个标准差很小的群体内，变异幅度小，入选群体的平均值与供选群体的平均值相差无几，即使遗传力很大，选择效果也很有限。因此，有目的地增大群体的容量，可以增加变异幅度，提高选择效果。加强田间试验的设计和管理能够降低环境的影响，提高选择效果。在实际应用中，也可降低入选率以增大选择强度。降低入选率就是提高入选标准，但不能为了提高某一性状的选择效果，把入选标准定得过高，使入选群体太小而影响对其他性状的选择。

（三）选择标准的制定原则

在选择育种工作中，当育种目标确定之后，还必须选用相应的选择方法，并制定选择标准。通过明确的标准，可以提高育种的效率，能尽早地选出基因型优良的植株和淘汰不良的植株。选择标准合理，可以准确地对植株进行鉴定、选择，从而提高选择效果，加速选种过程，减少工作量和缩短育种时间。选择标准不合理，过高将会增加工作量，植株性状鉴定工作就会增加难度，选种工作就会走弯路。在选择时，一般针对整个植株进行，只有芽变选种可对变异枝条进行选择。制定选择标准应掌握以下原则。

1. 根据目标性状的主次制定相应的选择标准

园艺植物有多个性状，选种中往往需同时兼顾多项性状，但对于具体的选种任务，在众多的目标性状之间，必然存在着相对重要性的差别。如苹果选种，产量、品质、成熟期、抗性等都是应该考虑的目标性状，选种时应分清目标性状的主次关系，如果是进行高产育种，自然应将产量放在第一位，然后再考虑品质等其他性状。明确主次关系后，依据市场需求制定各个性状的取舍标准。

2. 选择标准应明确具体

园艺植物的种类繁多，用途多样，每种植物选种时涉及的目标性状也多种多样，选择标准应根据作物的种类、用途和选择目标尽可能明确具体。例如，水果型黄瓜品种的选择，商品性作为第一选择目标性状，应具体到果长、无刺、果面光滑等涉及此目标的性状，并且对每一性状都应有具体的标准。丰产性的选择，多数作物可用单株产量作为比较标准，但对于多次采收幼果的黄瓜通常以第一个果实达到采收标准的重量或大小和早期产果数，作为丰产性的株选性状标准。选择性状的具体项目及其标准还必须考虑产品的用途，例如菊花盆栽品种要求株型矮壮，而作为切花品种则要求株高在80cm以上。

3. 各性状的当选标准要定得适当

在选择前，应对供选群体性状变异情况先作大致了解，然后根据育种目标、株选方法和计划选留的株数来确定各性状的当选标准。当选标准定得太高，则入选个体太少，影响对其他性状的选择，致使多数综合性状优良的个体落选；定得太低，则入选个体过多，使后期工作量加重。如大果型番茄丰产育种时，每亩产量应在7500～12000kg，超过12000kg和低于7500kg的番茄品种较少，并且不符合市场要求。当采用分期分项淘汰法时，前期选择的标准应适当放宽。

二、基本选择法

1. 混合选择法

又称表型选择法，是根据植株的表现型性状，从原始群体中选取符合选择标准要求的优良单株混合留种，下一代混合播种在混选区内，与相邻栽植对照品种（当地同类优良品种）及原始群体的小区进行比较鉴定的选择法。

① 一次混合选择法　是对原始群体进行一次混合选择，当选择的群体表现优于原群体或对照品种时即进入品种预备试验圃（见图4-1）。

② 多次混合选择法　在第一次混合选择的群体中继续进行第二次混合选择，或在以后几代连续进行混合选择，直至产量比较稳定、性状表现比较一致并胜过对照品种为止（见图4-2）。

2. 单株选择法

又称系谱选择法，是个体选择和后代鉴定相结合的选择法，是按照选择标准从原始群体中选出一些优良的单株，分别编号，分别留种，下一代单独种植一小区形成株系（一个单株的后代），根据各株系的表现，鉴定各入选单株基因型的优劣。

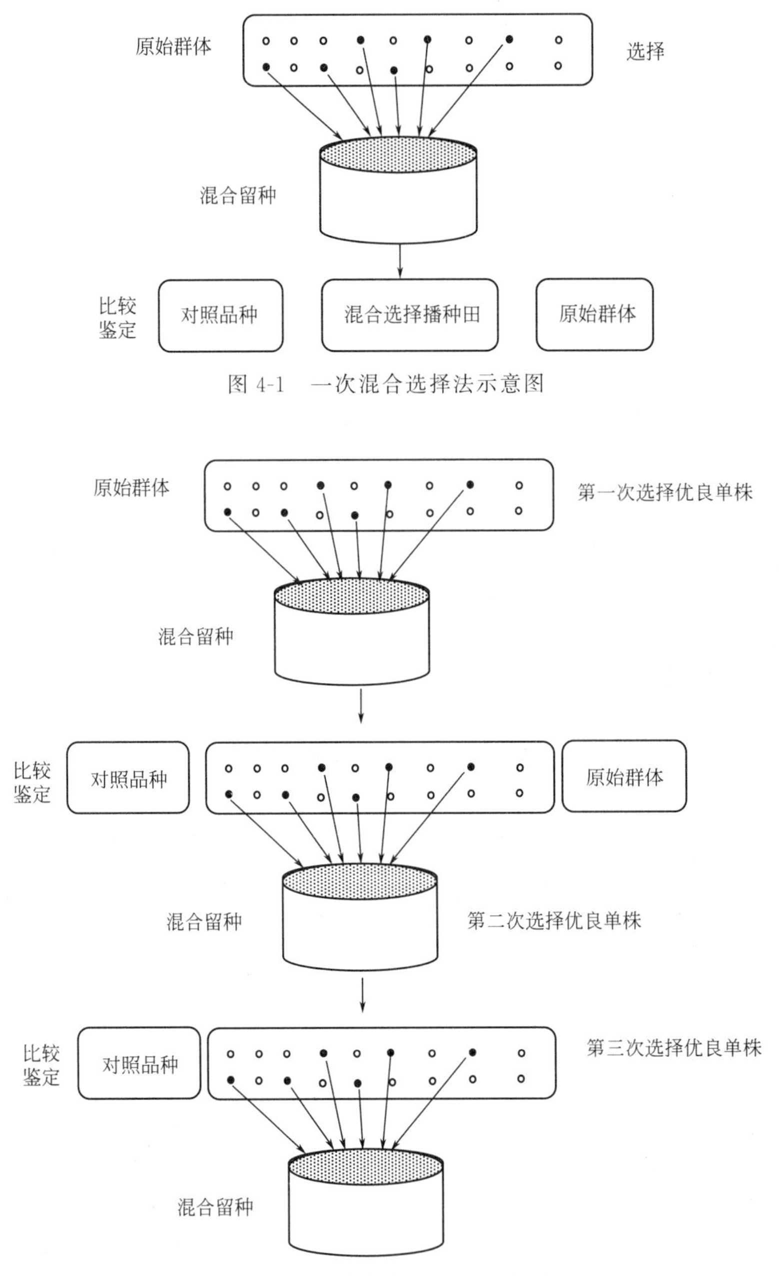

图 4-1　一次混合选择法示意图

图 4-2　多次混合选择法示意图

① 一次单株选择法　单株选择只进行一次，在株系圃内不再进行单株选择，称为一次单株选择法。通常隔一定株系种植一个小区的对照品种，株系圃通常设两次重复。根据各株系的表现淘汰不良株系，从当选株系内选择优良植株混合采种，然后进行品种比较试验（见图 4-3）。

② 多次单株选择法　在第一次株系圃选留的株系内，继续选择优良植株，分别编号、采种，下一代每个株系播种一个小区，形成第二次株系圃，根据株系的表现鉴定比较株系的优劣。如此反复进行，直到选择出优良的株系。实践中，进行单株选择的次数主要根据株系

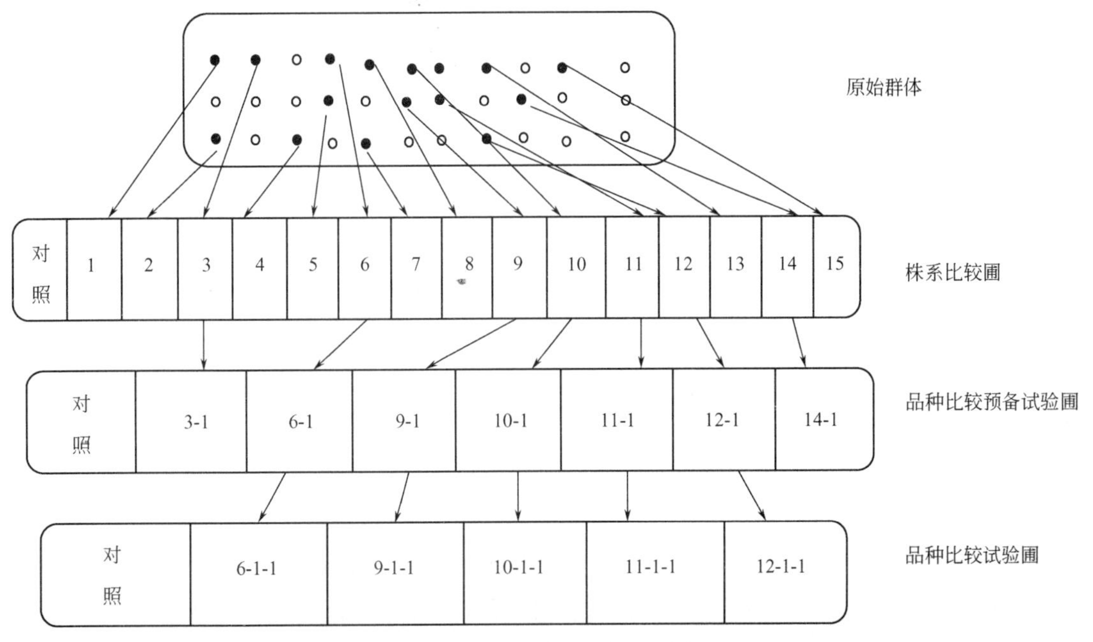

图 4-3　一次单株选择法示意图

内株间的一致性程度而定（见图 4-4）。

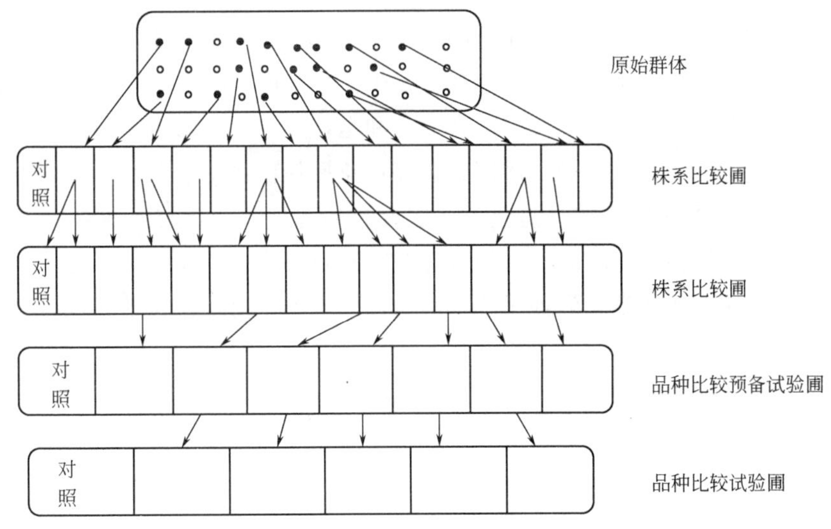

图 4-4　多次单株选择法示意图

3. 两种基本选择法的比较

混合选择法的优点是不需要很多土地、劳力及设备，简单易行，能迅速从混杂原始群体中分离出优良类型；能一次选出大量植株，获得大量种子，迅速应用于生产。混合选择法尤其适用于混杂比较严重的常规品种，可以在正常生产的同时逐步提纯原品种；另外异花授粉植物可以任其自由授粉，可以防止因近亲繁殖而产生的生活力衰退。混合选择法的缺点是由于所选各单株种子混合在一起，不能进行后代鉴定，容易丢失性状优良的株系，选择效果不如单株选择法。而单株选择法的优点是可根据当选植株后代（株系）的表现对当选植株进行遗传性优劣鉴定，消除环境影响，可加速性状的纯合与稳定，选择效率较高；同时多次单株选择可定向累积变异，因此有可能选出超过原始群体内最优良单株的新品系。由于株系间设有隔离，后代群体的一致性也较好。单株选择的缺点是由于近交繁殖，容易导致生活力衰退。此外，一次所留种子数量有限，难以迅速应用于生产。同时因为需要设立很多的株系圃，因此工作量较大，选育的时间较长。

4. 两种基本选择法的综合应用

混合选择法和单株选择法各有优点和不足，在实际工作中为取长补短而衍生出不同的选择法。

① 单株-混合选择法　选种程序是先进行一次单株选择，在株系圃内先淘汰不良株系，再在选留的株系内淘汰不良植株，然后使选留的植株自由授粉，混合采种，以后再进行一代或多代混合选择。这种选择法的优点是：先经过一次单株后代的株系比较，可以根据遗传性淘汰不良的株系，初期选择的效果比较好；以后进行混合选择，不致出现生活力退化，且从第二代起每代都可以生产大量种子。缺点是选优纯化的效果不及多次单株选择法。

② 混合-单株选择法　选种程序是先进行几代混合选择之后，再进行一次单株选择。株系间要隔离，株系内去杂去劣后任其自由授粉，混合采种。这种选择法的优缺点与前一种方法大致相似，适合于株间有较明显差异的原始群体。选择效果有时能接近多次单株选择法，比较简便易行。

③ 母系选择法　选种程序是对所选的植株不进行隔离，所以又称为无隔离系谱选择法。由于本身是异花授粉作物而又不隔离，选择只是根据母本的性状进行，对父本花粉来源未加控制。优点就是无需隔离，较为简便，节省劳力和土地资源，生活力不易退化。但缺点也是显而易见的，选优选纯的速度较慢，适用甘蓝等异花授粉植物。

④ 亲系选择法（留种区法）　类似于多次选择的选种方法，与一般多次单株选择法的差别主要在于不在株系圃进行隔离，以便较客观较精确地比较，而在另设的留种区内留种。每一代每一当选单株（或株系）的种子分成两份，一份用于播种在株系圃；一份播种在隔离留种圃，根据株系圃的鉴定结果，在留种区各相应系统内选株留种；下一年继续这样进行。这种方法主要是为了避免隔离留种影响试验结果的可靠性。在系统数较多时，一般都在留种区内进行套袋隔离，到后期系统数不多时才采用空间隔离。这种方法适用于两年生异花授粉作物，如萝卜、白菜等经济性状与采种期分开的作物。种子无需分成两份，鉴定经济性状结束后，可以选留根株贮藏或保护过冬，栽植到第二年的留种圃内。

⑤ 剩余种子法（半分法）　这种选种方法是将一入选单株分为两份，以相同编号一份播种于株系圃内的不同小区；另一份储存在种子柜中，在株系内选出的株系并不留种，避免系统间的杂交，下一年或下一代播种当选系统的存放种子。此法优点是可避免因不良株系杂交对入选株系的影响，节省了隔离费用。缺点是株系的纯化速度缓慢，不能同时起到连续选择对有利变异的积累作用。这种方法适用于引种初期和瓜类一二代选种工作中采用。

⑥ 集团选择法　这是介于单株选择和混合选择之间的一种选择方法。根据作物的特征、特性把性状相似的优良植株划分成几个集团，如根据植株高矮、果实形状、颜色，成熟期等进行划分，然后根据集团的特征进行选择留种，最后将从不同集团收获的种子分别播种在各

个小区内，形成集团鉴定圃。通过比较鉴定集团间与对照品种的优劣，选出优良集团，淘汰不良集团。在选择过程中集团间要防止杂交，集团内可自由授粉。本方法的优点是简单易行，容易掌握；后代生活力不易衰退，集团内性状一致性提高比混合选择快。缺点是集团间需进行隔离，只能根据表现型来鉴别株间的优劣差异，选择效率较低，因此选择提高比单株选择慢。

三、选择育种中的株选方法

1. 株选标准的确定

选择育种目标确定以后，在实际工作中最后要落实到具体植株的选择上。株选是按照育种目标进行的，必须鉴定准确，它是整个选种工作进展快慢和取得成果大小的关键。如果选择不准确，即使选种程序很正确，工作很细致，也很难淘汰掉不良性状，优良的株系很难获得，容易造成不必要的人力和物力的浪费。因此，准确的株选是每个选育者的基本功。而要想减少不必要的失误，提高选择的准确性，首先就是要确定正确的株选标准。株选标准的确定应根据以下几个原则。

① 明确株选时的具体目标性状　目标性状是指那些选择植株时需要在株间进行比较的性状。在实践中必须根据作物的种类和育种目标把它明确起来，且具体化，可操作性强。如丰产性就是一个比较模糊的性状，简单地用丰产性作为目标性状，可操作性就很差，在洋葱选种中不如用鳞茎重作为单株丰产性的株选目标性状。用简单明了的目标性状，也是降低工作量的需要。像黄瓜这类幼果多次、分批采收的作物，用单株产量作为丰产性的株选目标性状就不是很合适，如果株选时每次采收分别记录每株产量，工作量很大，在实践中操作较麻烦。因此黄瓜通常以第一个果实达到采收标准的重量和单株坐果数作为丰产性的株选目标性状，而不用单株产量作为丰产性的株选目标性状。目标性状也不宜定得过于详细，以免影响选育的进度。

② 明确目标性状的选择顺序关系　在选育工作中，不能对每一性状都进行选育，如果面面俱到，有可能因为基因连锁或其他因素而不能达到预期目标，必须有所取舍，分清日标性状的主次。例如某一地区对某种蔬菜的生长季节较长，因而对品种的生育期长短要求不严，同时病虫害较少，对抗病虫性要求不高，现在栽培的品种产量虽不低，但品质太差，这样目标性状的主次顺序应该是品质—产量—抗病性—生育期。分清目标性状的相对重要性是为了便于株选时决定取舍。例如两个植株，一株产量较高但生育期较长，另一株生育期较短但产量较低，当必须在其中选留一株淘汰一株时，就要看所确定目标性状的主次关系是什么。

③ 明确目标性状的入选标准　每一个目标性状都应该有一个当选标准（水平），高于此标准的植株才作为这一性状的当选株。例如番茄单株（三穗）着果数定的标准是多少个。当选标准如果定得太低，势必造成大量植株当选，这样就使工作量加大，延缓选育进程。如果标准定得太高，就会使当选单株太少，从而影响对其他性状的选择，而使综合性状优良的个体落选。各性状的当选标准应该根据育种目标、供选材料的性状变异情况和株选方法来确定。

④ 降低环境与其他因素的影响　性状的实现是遗传性和环境条件共同作用的结果，供

选材料内那些表现经济性状优良的植株不一定是遗传性优良的，有些只是由于环境条件较好造成的，株选时要尽可能地降低这些区域入选的株数，以减少环境饰变的选择误差。例如一块菜地，如果发现优良植株集中出现在某一区域内，这可能是土壤差异造成的；地块周围边际的植株和中间部分植株生长存在差异，这往往是由于小气候的不同而造成的环境饰变。

2. 株选的时期

不同植物的生长发育周期不同，准确地选择株选时间，可以充分地对植株经济性状进行鉴定，提高株选效果。理论上，育种者要对经济作物的全部生育期进行经常的观察和记载，对重要经济性状要作几次较全面的观察、鉴定和记载。根据田间记录和最后一次鉴定，对各单株做出综合评价，决定取舍。但是在实际工作中，由于供试材料的所有植株性状较多，分别进行观察记载，数据量是十分巨大的，难于做到。因此，通常依据不同的植株生育特点，抓住植物主要经济性状出现的关键时期，采用不同的方法和株选时期进行鉴定。鉴定可以分几次进行，分次选择；或几次鉴定后一次选择；或一次鉴定同时选择等办法。例如黄瓜可以在第一雌花出现后进行第一次鉴定，确定植株的早熟性。然后鉴定植株瓜条性状、分枝性和生长势强弱等，从中选留一部分植株。到种瓜成熟时进行第三次鉴定选择，在第二次选留的植株内鉴定单株的丰产性和抗病性等，并进行最后一次选择。人力不足时可省去第一次鉴定选择，有时甚至只进行第二次时期的鉴定选择。大白菜、甘蓝、萝卜和胡萝卜等通常都在收获前进行株选。

3. 株选的方法

① 分项累进淘汰法　确定选择标准后，根据性状的相对重要性顺序排列，先按第一重要性状进行选择，然后在入选株内按第二性状进行选择，顺次累进。例如对辣椒以抗寒性为主的选种，首先在群体内选抗寒性强植株，以插杆或挂标签的形式作标记；再在这些入选株内选择若干商品性好的植株，然后再按早熟性等商品性状顺次进行选择，淘汰不良的植株。这种方法分性状按顺序进行，比较容易进行株间鉴定评比，但是先选性状入选率应该较大，选择标准不宜过高，否则容易淘汰后选性状较好的植株。

② 分次分期淘汰法　这种方法主要按生长时间进行选择，对那些重要经济性状陆续出现的植物较为适用，例如黄瓜、番茄等作物，早熟性、果实大小等经济性状按时间先后出现，不能一次性鉴定。因此，当株选目标性状出现，需分次分期进行选择。方法是在第一目标性状显露时进行第一次选择，选取较多植株，做好标记；到第二性状出现时在第一性状所选植株内淘汰第二性状不合格植株，除去标记，依次进行。该方法工作量较大，也比较麻烦，容易把前期性状的最优者由于后期性状较差而被淘汰。

③ 多次综合评比法　这是最常用的方法，一般分为首选、再选和定选三次鉴定选择。确定选择的标准后就可以进行株选，首选可以多人分片进行，再选应由一两人全面进行，然后再选株集中到一起进行定选，为了防止由于主观判断所产生的差异，一般由有经验的人员一人完成。如对结球白菜的株选，首选时是在收获前先按植株的高矮、粗细、球顶形状和结球充实度等进行综合评价，入选的植株旁插杆作为标记。再选是在首选株内按较高综合性状入选标准进行，淘汰其中一部分植株，拔掉淘汰株的标记。定选时可根据株重、瓣色、病虫为害程度等性状，按更高综合标准进行比较鉴定，确定录取株。

④ 限值淘汰法　将需要鉴定的性状分别规定一个最低的入选标准，低于规定标准的植

株淘汰。这种选择方法在一般情况下可采用，但限值的规定必须切合实际，而且实施时要有一定的灵活性。同时要注意某一性状突出但携带有一两个不良性状的植株，应加以保留，这些可以作为杂交育种的材料。

四、有性繁殖植物的选择育种程序

1. 选择育种的一般程序

选种程序是从搜集材料、选择优良单株开始，到育成新品种的过程，由一系列的选择、淘汰、鉴定工作组成。

① 原始材料圃　将各种原始材料种植在代表本地区气候条件的环境中，并设置对照，和对照比较从原始材料圃中选择出优良单株，留种供株系比较。在进行新品种选育时，主要是栽培本地或外地引入的品种类型。当地类型的选种往往直接在生产田中留意选择，通常不需专门设置的原始材料圃。栽植方式是每个原始材料栽种一个小区，每隔5～10个小区设一对照。小区面积较小，一般栽种株数以50～100株为宜，一般不设重复（或称一次重复）。原始材料圃的设置年限为一二年就可以了，但对于专门选种机构，常由外地引入较多的品种类型，而且是陆续引进的，所以基本上要年年保存原始材料圃。

② 株系圃或选种圃　种植从原始材料圃或从当地大面积生产的品种里选出优良株系、或优良群体的混合选择留种后代，进行有目的的比较鉴定、选择，从中选出优良株系或群体，供品种比较试验圃进行比较选择用。栽植方式是每个株系或混选后代种一个小区，每一小区至少栽种20～50株以上，每5～10个小区设一对照。小区采用顺序排列法，两次重复。株系比较进行的时间长短决定于当选植株后代群体一致性，当群体稳定一致时，即可进行品种比较预备试验。

③ 品种比较预备试验圃（鉴定圃）　目的是对株系比较选出的优良株系或混选系，进一步鉴定入选株系后代的一致性，继续淘汰一部分经济性状表现较差的株系或混选系，选留的株系不宜超过10个。对当选的系统扩大繁殖，以保证播种量较大的品种比较试验所需，预试时间一般为一年。栽植方式是每一个系统的后代栽种一个小区，每5个小区设置一标准种区，两次以上重复。每一小区至少栽种50～100株，栽培管理和株行距的大小应与生产保持一致。

④ 品种比较试验圃　目的是全面比较鉴定在品种比较预备试验或在株系比较中选出的优良株系或混选系后代。同时了解它们的生长发育习性，最后选出在产量、品质、熟性，以及其他经济性状等方面都比对照品种更优良的一个或几个新品系。栽植方式是小区面积较大，但要根据作物的种类和供试新株系的种子数量来确定，通常为20～100m²。每一小区栽植的株数一般为100～500株。小区排列多采用4～6次重复，随机排列，设有保护行。品种比较圃设置的年代一般为二三年。在这二三年内，品种比较试验必须按照正规田间试验要求进行，且栽种的试验材料基本相同。

⑤ 区域试验　品种区域试验是将经品种比较试验入选的新品种分送到不同地区参加这些地区的品种比较试验，以确定新品种适宜推广的区域范围。我国作物品种区域试验分国家和省两级组织，主要是安排落实区试地点，制定试验方案，汇总区试材料。

区域试验按正规田间试验要求进行，各区试点的田间设计、观测项目、技术标准力求一致。区试期间，主持单位应组织专家在适当时期进行实地考察。最后区试结果必须汇总统计分析。

⑥ 生产试验　生产试验是将经品种比较试验及区域试验选出的优良品种做大面积生产栽培试验，以评价它的增产潜力和推广价值。宜安排在当地主产区，一般面积不少于 1 亩，生产试验和区域试验可同时进行，安排 2～3 年。

2. 加速选种进程的措施

选种程序中设计的各个圃地，其目的是为了保证选种过程客观、有效。但如果完全按照程序执行，可能造成育种时间过长，浪费时间和精力，也可能因时间拖得过久，育种目标落后而失去育种的意义。因此，在不影响品种选育试验正确性的前提下，为加速选种进程，缩短选种年限，可从以下几个方面加以改进。

① 综合运用各种选择法　前人在长期育种实践中创造了各种选择法，各具不同的优缺点。在具体应用时，育种者应根据不同作物的特点、育种目标以及当地的栽培管理方式，具体情况具体分析，灵活地使用选择方法以适应现代育种的需要。对于长期混杂退化的常规品种进行提纯复壮时，第一年可以用单株选择法，提高选择效率，第二年可以使用混合选择法，并扩大繁殖，使之能够尽快地推向市场。采用集团选择法，可以同时推出多个品种，而且由于种子量较多，可以很快地应用于生产。

② 圃地设置的增减　圃地的设置也是灵活可变的，在必要的条件能够保证试验结果正确性的前提下，有时可以增加或减少一些圃地。在当地生产田、实验田或种子田里，选择若干符合选种目标的优良单株，如发现有一个或几个株系的后代一致性较强，其他经济性状上也明显优良，就可以直接参加品种比较试验和生产试验。为了鉴定参加品种比较试验品种的抗逆性和生长发育特性，在进行品种比较试验的同时，往往可以增设抗性鉴定圃、栽培试验圃。为了缩短育种的年限，在保证原始材料来源较为可靠的情况下，可以同时进行株系比较和品种比较试验。

③ 适当缩减圃地设置年限　为了加速选种的进程，有些圃地的设置年限可以适当缩短，这取决于试材一致性。如果株系或混选系内植株表现一致性高，其他经济性状又符合选种目标，株系圃就可只设置 1 年，否则就得设置 2 年以上。品种比较试验圃通常需要设置 2～3 年，因为经一年的试验不能完全反映品种对当地气候的适应能力。若开始选种时，注意到试验材料与气候、土壤等生态因子变化的关系，就可能基本了解了所选系统的适应性，这样，品种比较试验圃进行 1～2 年就可以了。

④ 提前进行生产试验与多点试验　在进行品种比较试验的同时，可将选出的优良品系种子分寄到各地参加区域试验或生产试验，提前接受各地生态环境考验。如果所选品系的确优良，则可以尽早地应用于生产。

⑤ 加代繁殖　中国国土辽阔，各地气候千差万别，有些植物可以随季节变化采取“北种南繁”或“南种北繁”易地栽种方法，一年能繁殖 2～3 代。如北方到了冬季不能生产，可以将母株或种子运到南方气候温暖的地区进行栽植，可以得到种子。对于大白菜、萝卜、甘蓝等作物，生育期较短，一年利用异地栽植，可以繁殖 3～4 代。南方的部分地区，夏季

炎热多雨，很难进行生产，可以在北方地区进行加代繁殖。另外，北方地区也可利用日光温室、塑料大棚等设施进行加代繁殖，对于黄瓜这类作物每年可增加2～3代，大大地缩短了育种的周期。

⑥ 提早繁殖与提高繁殖系数　在新品种选育过程中，对有希望但还没有确定为优良系统的材料，可提早繁殖种子。当经过品种比较试验确定为优良品系时，就有大量种子可供大面积推广试种了。对于既可以种子繁殖又可以无性繁殖植物，可以通过分株、扦插、嫁接的方法来加快繁殖的速度。

五、无性繁殖植物的选择育种程序

在园艺植物中，有数量众多的无性繁殖的植物，例如马铃薯、苹果、梨、桃、月季等。这类植物中有些可以通过种子繁殖，如马铃薯，所以可以依照有性繁殖植物的选择育种程序进行育种；而对于苹果等果树来说，虽然也可以通过种子繁殖，但由于结果时间长，因此完全按照有性繁殖植物的选择育种程序进行存在很大的困难，所以必须采用一些其他的方法手段来缩短育种的年限。目前在实践中主要采取芽变选种和实生选种法。

（一）芽变选种

芽变经常发生以及变异的多样性，使芽变成为无性繁殖植物产生新变异的丰富源泉。芽变产生的新变异，既可直接从中选育出新的优良品种；又可不断丰富原有的种质库，给杂交育种提供新的资源。

芽变选种的突出优点是可对优良品种的个别缺点进行修缮，同时，基本上保持其原有综合优良性状。所以一经选出即可进行无性繁殖提供生产利用，投入少，而收效快。

芽变选种中最突出的例子是元帅系苹果由芽变选种而实现的品种演化。苹果品种元帅是1880年发现，1895年选出的一个实生变异，20世纪20年代前后，在元帅中发现并选出色泽比元帅好的芽变新品种红星和雷帅，逐渐替换了元帅而成为元帅系的第二代改良品种；五六十年代，又从红星中选育出短枝型的新红星，由于其栽培性好，推广迅速，诞生后10年间在华盛顿州就占结果幼树的60%，成为替换红星的第三代元帅系改良品种；70年代后，又选出了适应低海拔、低纬度地区栽培的新红冠、魁红、超红等第四代元帅系芽变新品种；80年代后，一批着色更早、色泽浓红的第五代短枝型芽变系俄矮2号、矮鲜等又相继问世。再如日本的苹果品种富士，于1962年进行种苗登记后，发展缓慢，但自20世纪70年代选出一批着色好的芽变品系后，发展迅速；至1984年其面积和产量都已跃居日本苹果栽培的第一位，使日本的苹果栽培品种组成发生了很大的变化。

1. 芽变和芽变选种的概念

自然界植株体细胞中的遗传物质有时发生变异，经发育进入芽的分生组织，就形成变异芽。但芽变总是以枝变的形式出现，这是由于人们发现较晚的原因。当长成新的植株时才被首次发现的这种芽变植株称之为株变。芽变选种是指对由芽变发生的变异进行选择，从而育成新品种的选择育种法。

在园艺植物的营养系品种内，除由遗传物质变异而发生变异外，还普遍存在着由各种环境条件（如砧木、施肥制度、果园地貌、土壤，紫外线等各种气象因素，以及其他一系列栽培措施的影响）而造成的不能遗传的变异，称为饰变。芽变与饰变的区别见表4-1。

表4-1 园艺植物芽变与饰变的比较

观察项目	饰　变	芽　变
变异性状的稳定性	受环境条件的影响而变化	表现比较稳定，受环境影响小
变异程度	有一定的变异幅度	变异幅度较大，可超出自身遗传反应规范
变异方向	与环境条件变化方向一致	与环境变化的关系较小
变异体的分布特点	常常具有连续性分布	界线分明的间断性变异
变异的性质	多数是数量性状	多数是质量性状
变异体是否为嵌合体	不是	有时是

2. 芽变的特点

芽变的本质是植物的体细胞内遗传物质的变异，因此遗传规律和细胞内基因突变的遗传规律是一样的，如突变的可逆性、正突变频率大于反突变、突变的一般有害性等。外观上，芽变的体细胞以嵌合体的形式表现出来，因为突变细胞最初仅发生于个别细胞，突变和未突变细胞同时并存。体细胞的突变可以在植物的根、茎、叶、花、果等器官的各个部位发生（表4-2），突变类型包括染色体数目和结构的变异、胞质基因突变，其中经常发生的是多倍性芽变。芽变在相近植物种和属中存在遗传变异的平行规律，对选种具有重要的指导意义。如在桃的芽变中曾经出现过重瓣、短枝型、早熟等芽变，人们就能有把握地期待在李亚科的其他属、种如杏、梅、樱桃中出现平行的芽变类型（见表4-3）。同一细胞中同时发生两个以上基因突变的概率极小。多倍体芽变常发生由细胞变大引起的一系列性状的变异。

表4-2 月季芽变的多样性

性状	原始品种及特点		芽变品种及特点		发表年份
花色	伊丽莎白	粉红	东方欲晓	白色、微红	1965
	翠堤红妆	玫瑰红	翠堤粉妆	浅粉色	1964
	我的选择	粉红金背	金闪	金黄	1978
	黄蜜琳	蜜黄色	桃红蜜琳	粉红	1964
花型	伊丽莎白	大花	伊丽公主	中花	1978
株型	墨红	矮生	藤墨红	藤本	1963
	藤快乐	藤本	快乐	矮生	1965

表 4-3　果树芽变的类型

变异类型		苹果	梨	桃	葡萄	柑橘	其他
树型	短枝型	+	+	+		+	李、杏、梅
	矮生型			+			
	垂枝型	+		+			
	无刺					+	树莓
叶	窄叶			+		+	
	大小叶					+	
花	大小花			+			
	重瓣花			+		+	
果型	大果型	+	+	+	+		李、樱桃
	小果型	+			+		
	长果型	+			+		
	扁果型	+		+		+	
果皮	红色	+	+	+	+		李、杏、梅
	锈色	+	+				
果肉	黄色			+			
	白色					+	
风味	高糖	+	+	+	+	+	
	少酸	+	+			+	
	高酸	+				+	
	香味	+					
熟期	早熟	+	+	+	+	+	李、樱桃、梅
	晚熟	+		+		+	
无核					+	+	
自花可孕			+	+			
高产		+			+	+	
抗寒		+				+	
抗锈		+					
抗虫				蚜虫			
抗病		黑星病	火疫病				
耐贮性		+				+	

3. 芽变选种的程序和方法

① 育种目标及选择标准　芽变选种通常是以原有优良品种为对象，在保持原品种优良性状的基础上，通过选择而修缮其个别缺点，所以育种目标针对性较强。例如，在柑橘的芽变选种中，同样是选育适于加工糖水橘瓣罐头用品种，现有品种“本地早”其加工成品的色、香、味、形均极好，选种的主要目标性状应着重选出无核或少核型；而对现品种温州蜜柑，由于其本身无籽，芽变选种的性状应着重于果形、瓣形、汁胞等的加工适应性。目标确定之后，应制定相应的选种标准。例如，浙江省台州地区在开展少核本地早柑橘的芽变选种中，以单果含种子 4 粒以下作为初选标准。

② 初选阶段　是从生产园（栽培圃）内选出变异优系，本阶段的工作包括发掘优良变异；初选出芽变优系进入第二级选种程序。

③ 复选阶段　是对初选优系的无性繁殖后代进行复选，本阶段分鉴定圃和复选圃。鉴定圃用于变异性状虽十分优良但仍不能肯定为芽变的个体，与其原品种种类进行比较，同时也可以为扩大繁殖提供材料来源。鉴定圃可采用高接或移植的形式。复选圃是对芽变系进行全面而精确鉴定的场所。由于在选种初期往往只注意特别突出的优变性状，所以除非能充分肯定无相关劣变的芽变优系外，对一些虽已肯定是优良芽变，但只要还有某些性状尚未充分了解，均需进入复选圃作全面鉴定。复选圃除进行芽变系与原品种间的比较鉴定外，同时也进行芽变系之间的比较鉴定，为繁殖推广提供可靠依据。复选圃内应按品系或单株（每系 10 株以内）建立档案，进行连续 3 年以上（对于果树或观花植物是指进入结果或开花以后）对比观察记载，对其重要性状进行全面鉴定，将结果记载入档。根据鉴评结果，由负责选种单位写出复选报告，将最优秀的品系定为复选入选品系，提交上级部门参加决选。

④ 决选阶段　最后确定入选品种的应用价值。选种单位对复选合格品系提出复选报告后，由主管部门组织有关人员进行决选评审。经过评审，确认在生产上有前途的品系，可由选种单位予以命名，由组织决选的主管部门作为新品种予以推荐公布。选种单位在发表新品种时，应提供该品种的详细说明书。

芽变选种的程序见图 4-5。

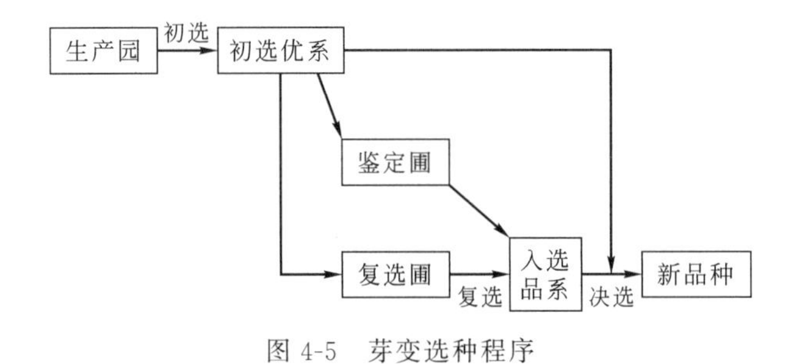

图 4-5　芽变选种程序

4. 芽变选种实例介绍

葡萄的芽变现象较普遍。同其他果树一样，葡萄芽变只有在果实大小、形状、颜色、成熟期方面表现出与原品种有明显的差异时，才容易被人们所发现。这种明显的突变多属于染色体变异，染色体加倍或主基因决定的质量性状的变异。由于葡萄四倍体比二倍体的果实表现出明显的巨大性，故凡大果型变异一般多属于四倍体，如大无核白、吉香、大玫瑰香等，均系二倍体无核白、白香蕉和玫瑰香的四倍体芽变。

葡萄芽变选种主要于果实成熟期间在生产园里进行，一旦发现个别枝条或单株所结果实与原品种有明显差异时，立即予以标记，并在果实成熟采收时，对其变异性状进行照相、记载和分析。之后，进行无性繁殖，以鉴定其变异的真实性与稳定性；通过与原品种的对比试验，以确定其产量、品质和抗逆性等。特别对四倍体的经济生物学性状要作出客观评价，不要以为大果型变异都是好的。经鉴定确实表现较好的，通过复选、决选形成品种。

（二）实生选种

1. 实生选种的概念和意义

有些植物种类，各地因生产栽培习惯不同，常分别采用营养繁殖或种子繁殖，通常将种子繁殖称为实生繁殖。对实生繁殖群体进行选择，从中选出优良个体并建成营养系品种，或继续实生繁殖时改进对下一代的群体遗传组成，均称为实生选择育种，简称实生选种。

与营养系相比，实生群体常具有变异普遍、变异性状多而且变异幅度大的特点，在选育新品种方面有很大潜力。由于其变异类型是在当地条件下形成，一般说来它们对当地环境具有较好的适应能力，选出的新类型易于在当地推广，投资少而收效快。实生选种对具有珠心多胚现象的柑橘类更具特殊的应用价值，因为多胚的柑橘实生后代中既存在着有性系的变异，也存在着珠心胚实生系的变异。此外，珠心胚实生苗还具有生理上的复壮作用。因此，对多胚性的柑橘进行实生选种，有可能获得：①利用有性系变异选育出优良的自然杂种，例如温州蜜柑、葡萄柚、日本夏橙等都源自于自然杂种；②利用珠心系中发生的变异选育出新的优良品种、品系，例如四川的锦橙、先锋橙，华中农业大学的抗寒本地早 16 号等都是从珠心苗中选出来的；③利用珠心胚实生苗的生理复壮作用选育出该品种的新生系，例如美国从华盛顿脐橙、伏令夏橙、柠檬中选育出的新生系，均比老系表现出树势旺盛、丰产稳产、适应性增强，而又保持原品种的优良品质。在其他选育方法出现以前，果树主要是通过实生选种而培育新品种，而且所选育出的某些品种迄今还是优良品种，如巴梨、鸭梨、苍溪梨、金冠、国光、锦橙、新会橙等。据 Brooks 统计，1927~1972 年间，美国新选育的 723 个苹果品种中，通过实生选育的就有 295 个，占 40.8%。据李秀根统计，至 1991 年止，我国新育成的 48 个梨新品种中，有 11 个是通过实生选育的，占 22.9%。

2. 实生选种的程序和方法

原有实生群体的实生选种程序大体如下。

① 报种和预选　先组织开展群众性的选种报种，然后组织专业人员现场调查核实，编号和登记记载，作为预选树。

② 初选　由专业人员对预选树采集样品，进行室内调查记载及资料整理分析，再经连续 2～3 年对预选树进行复核鉴定，根据选种标准，将其中表现优异而稳定的入选为初选优树。

③ 复选　对选种圃里初选优树的嫁接繁殖后代，结果后经连续三年的比较鉴定，对每一初选优树作出复选鉴评结论。其中表现特别优异的作为复选入选品系，并迅速建立能提供

大量接穗的母本园。

如果对能结籽的无性繁殖园艺植物进行实生选种，可对其有性后代通过单株选择法而获得优株，再采用无性繁殖而建成营养系品种。方法是将获得的供选材料的种子（自交或天然杂交），播种种植于选种圃，经单株鉴定选择其中若干优良植株，分别编号，然后采用无性繁殖法将每一入选单株繁殖成一个营养系小区，进行比较鉴定，其中优异者入选为营养系品种。与有性繁殖园艺植物的单株选择法相比，本法通常只进行一代有性繁殖，入选个体的优良变异即通过无性繁殖在后代固定下来，既不需设置隔离以防止杂交，也不存在自交生活力退化问题。

3. 实生选种实例介绍

目前世界上广泛栽培的梨树品种，除少数是近代有计划杂交育成的以外，大部分是由实生苗选育出来的。如巴梨、日面红、冬香梨、伏茄梨、贵妃梨、三季梨等。

我国传统的地方梨品种大多是从自然的实生群体中选择出来的，如子母梨，具有地区性的栽培价值，也是新品种选育不可缺少的种质。浙江大学从在梨的实生后代选出高产、优质的杭青梨，已经在生产中大面积推广。中国果树研究所从车头梨的自然实生后代中选出了树体矮小、丰产稳产、适合制汁的矮香梨。郑州果树研究所等单位对陕西大巴山地区种质考察后发现了许多地方品种，如白梨系统的罐罐梨、六月梨、二乙梨；砂梨系统的七里香、老麻梨、卡壳梨；以及褐梨中的麻面梨。还有一些各具特色的品种，如抗梨黑斑病的德胜香；抗寒性强、优质中熟的通香梨；优质丰产的明珠梨；特早熟的六月爽；抗逆性强的鸭广梨。

在今后的资源调查和芽变选种、实生选种时，还有可能碰到一些实生变异，应该注意对其进行分析鉴定，择优入选。鉴定变异单株是芽变还是实生变异，当前可从以下几方面进行分析：①检查根茎处有无嫁接痕迹；②检查鉴定根蘖是否为一般的砧木类型；③检查低级枝有无童期特征。

本章小结

选择育种是利用自然变异或人工变异选育新品种的过程，混合选择法和单株选择法是选择育种的两种最基本方法。对于植株的选择方法有分次分批法、分项累进淘汰法、限值淘汰法、多次综合评比法。有性繁殖植物的选择育种程序是原始材料圃、株系圃、品种比较预备试验圃、品种比较试验圃、区域试验、生产试验。无性繁殖植物主要利用芽变选种和实生选种。

扩展阅读

菊花的新品发展速度超过金鱼

你知道菊花的新品种诞生的速度有多快吗？专家告诉你，菊花新品种的发展速度已超过了动物界知名品种大王——金鱼的发展速度，正在上海共青森林公园举行的“2013 菊花展”

就汇集了众多菊花名品、新品，花形各异，姹紫嫣红的菊花让人目不暇接，主要品种有绿衣红裳、宫妆妙舞、墨荷、国华强大、祥云春雨、平沙落雁、天地一色、绿牡丹、醉色芙蓉、桃花扇、托桂、泉乡冲天、碧天银凤、清见的雪、精兴紫霞、麦浪千顷、西妮公主、绿鹦鹉、浚河的红梅、金背大红、光辉等。游客们表示，这么多名菊齐“现身”，让人非常过瘾，看得眼珠不停，拍得不亦乐乎。

据统计，目前，我国菊花品种已经达到了7000个以上，世界上更是达到了2万以上的惊人规模。观赏菊花名品新品，可以从颜色、花期、瓣型等入门。

从颜色来分类，菊花有红、黄、白、黑、紫、绿、橙、粉、棕等；经过后期的精心培育，一些具有各色杂糅的“托桂瓣”菊花品种也应运而生，花色有红、黄、白、紫、绿、粉红、复色、间色等不同色系，具有震撼的视觉效果。

按照花期分类，菊花主要有夏菊、秋菊和寒菊这三种，其中以秋菊品种最为丰富，花型花色最为好看。正所谓“冷花满园竞绽朵，金秋观菊最当时”。

依照菊花的瓣形分类，可分为平瓣、管瓣和匙瓣这三种。大家平日看到的花瓣呈平展状，例如“荷花形、芍药型”的菊花，即为平瓣花；而舌状花呈管状的为管瓣菊花，如“蜂窝形、莲座形”的菊花；花瓣为平瓣与管瓣的中间形。低部为管瓣，上部为平瓣，形为匙状的，则属于第三种，例如“钩环形、璎珞形”等等。虽然它们的外形差异较大，可是却真真切切地属于同一个菊花大家族。

作为我国的传统名花，菊花的栽培价值毋庸置疑，但是观赏价值才是她的灵魂所在。开于冷秋，仪态静谧，卷曲的花瓣舒展飘逸，随风而舞，动起来轻盈优美，静下来雍容华贵，所以秋季赏菊，成为了国人最大的志趣爱好。

据园内专家介绍，上海属于海洋性气候，当下季节的气温还是偏暖，不太适合菊花的大规模盛开，再加上空气质量一般，土壤条件也不太好，但在这样的条件下，依然有那么多传统名菊能够参展，这主要归功于共青森林公园良好的环境和园内专家应用特殊技术的培育。因为菊花喜冷不喜热，日照超过12个小时，菊花便不会开放，所以采取了遮阳人工控温的技术，才能保证菊展期间菊花批次能够正常供给。

赏菊到底有何门道呢？共青森林公园园艺专家介绍：欣赏菊花之前，首先要搞清楚它们的属类，了解这个品种的独特之处。然后才能在此基础上细细品味它们的独特之处，或有着独特的色彩，或有着罕见的花形。把握细节之美，体会菊花的“美、艳、香”，比如，欣赏墨菊，颜色越黑，品种越珍贵。绿荷绿得越浓，观赏价值越高。有些菊花未绽放比绽放更具有观赏性。有着环形花瓣的菊花，看似一样，其实还有半环一环两环等区别，环越多的菊花，越是上品。由于菊花性喜冷，所以清晨赏菊效果最佳。内行看门道，外行看热闹，大家一定要多学习，多看门道，方能真正体会菊的魅力。

（来源：新民晚报，2013-11-08.）

复习思考题

1. 选择育种的实质是什么？在育种实践中，如何提高选择效果？

2. 有性繁殖植物选择育种的主要方法有哪些？育种中如何灵活地加以应用？

3. 有性繁殖植物选择育种的一般程序是什么？如何优化？

4. 无性繁殖植物的主要选种方法有哪些？基本程序是什么？

5. 株选的方法有哪些？应注意哪些原则？

6. 通过扩展阅读，我们知道菊花的品种很多，而品种间的性状差异则是选择育种的基础。选择1～2种其他园艺植物，调查看看它们的品种有多少呢？

第五章　常规杂交育种

学习目标

1. 了解常规杂交育种的概念、意义；
2. 掌握常规杂交育种的杂交方式、杂交育种的程序；
3. 掌握有性杂交技术；
4. 了解杂交亲本选择选配的意义；
5. 掌握杂交亲本选择选配的原则；
6. 掌握常规杂交育种的后代选择方法。

案例导入

常规和杂交稻种的“争论”

“您作为杂交水稻之父，已经80岁高龄了，还在攀登培育杂交水稻的新高峰。但我却希望您在有生之年放弃杂交水稻的研究，转向培育常规水稻品种……”近日，“三农”问题专家李昌平“致袁隆平院士的一封公开信”在网上披露，一石激起千层浪。

多年调研农民、农业、农村问题，屡有真知灼见的李昌平，在他最近的这封信里对一味发展杂交水稻的合理性提出质疑。他认为，现在的种子杂交化、转基因化，已不是传统意义上的种子了。一旦遇上天灾，农民将无处“补种”。常规种子虽然产量比杂交种子稍低一些，但是肥料、农药的使用量要少20%左右，应对自然灾害能力强。李昌平担心，在袁隆平杂交水稻取得巨大成功的“丰碑”下，政府部门和越来越多科研人员将杂交种子视为唯一的科研方向，对常规种子弃之不顾。他的这一连串担心，说到点子上了吗？杂交种子真的会“终结”常规种子吗？

“常规种子和杂交种子，两者并没有本质上的区别。”上海市农业基因生物中心主任、首席科学家罗利军首先指出，李昌平信中把这两种种子“对立”，在科学意义上并无依据。他解释说，一般来说，常规稻的遗传性能相对稳定，农民收获后可以自己选种、留种，继续用于种植。相对于常规稻种子，通过“三系”或“二系”配组生产的种子，称为杂交种子。杂交种子的后代会失去优质遗传特性，如果用来再次播种，将会导致减产等，所以杂交水稻必须每年制种。农民自己没法制种，得向专门的制种公司购买稻种。

但是，罗利军强调，常规稻种子大多也是通过杂交育种选育的。自然界本身就存在杂交行为。罗利军转而介绍说，大家可以宽心的是，水稻常规种子远没有到“濒临灭绝”的地步。以现在中国的水稻种植面积来看，北方以种植常规稻为主，南方以种植杂交稻为主，但也有种常规稻的，“比如江苏、安徽就种了几千万亩”。

不仅如此，在南方，常规稻种植甚至有扩大的趋势。中国水稻研究所副所长李西明告诉记者，拿早稻来说，杂交稻和常规稻的产量相差不大，但常规稻吃口较好，因此近年来不少农民改种了常规稻。

另有专家指出，常规水稻在中国现在大约有46%的种植面积，达2亿多亩。我国每个省都设有种子战略储备库，储备的常规种子比例远远大于30%，足以应对李昌平担心的“天灾”，也就是说，农民不会“无处补种”。

罗利军说，常规稻和杂交稻，两者“旗下”各有数百个品种，在产量、米质、抗病虫等性状上各不相同，仅仅以“杂交”或是“常规”来区分高低，有失偏颇，“我们只拿品种和品种比较，科研人员中不存在杂交稻优于常规稻的笼统看法”。

但是，李昌平信中提出的常规稻受忽视，甚至“被有意打压”的倾向恐怕是存在的。或者说，在市场的意义上，常规种子和杂交种子是“被对立”的。因为农民需要每年去种子公司购买杂交种子，而种子公司靠这个赚钱，在利益驱动下，有人对杂交稻种放大音量唱赞歌，而多数科研人员也在研制杂交种子，“高产”、“抗病虫”、“抗旱”……每年都有许多不同性状的新品种投放市场。杂交技术不仅应用于水稻，在玉米、油菜、蔬菜等作物上也广泛应用。

罗利军说，在经济利益面前，多数人投向杂交种子的怀抱也属正常；但仍有不少科学家在坚持研究常规稻种——在他们看来，常规稻是杂交稻的基础。

李昌平在信中提到，“杂交水稻的农药、化肥使用量大”，这一点得到了许多科学家的共鸣。尽管多数杂交水稻的产量确实高于常规水稻，但罗利军指出，某些常规稻品种在综合性状上并不输给杂交稻。

现在的种子研究确实滑进了一个误区——一味追求高产。产量增加，往往要加大水、化肥、农药的投入，许多人不算成本账，结果产量是提高了，但农民的收益如何？

在罗利军看来，中国的粮食安全主要是中低产田的粮食安全问题。在占稻作面积70%以上的中低产田的实际生产中，许多杂交水稻新品种难有用武之地。根据多年研究，我国水稻的平均亩产尚在420公斤左右徘徊。而为追求高产而过量使用化肥，已成了土地“不能承受之痛”，同时，我国淡水资源有限。他说，既然杂交水稻和常规水稻各有利弊，就应该摒弃人为的“门户之见”，因地制宜选种最合适的品种。

罗利军说的，正是第一次“绿色革命”的“后遗症”。上世纪中期，通过农业技术改进，粮食产量大幅度提高，人们将这次农业飞跃称为“绿色革命”，我国杂交水稻是其中的杰出代表。

华中农业大学生命科学技术学院院长、中国科学院院士张启发认为，第一次“绿色革命”的成果固然喜人，但副作用和隐患也不容忽视：化肥、农药的大量使用使土壤退化；高产谷物中矿物质和维生素含量减低甚至变得很低，能让人“吃饱”却不能“吃好”，长期以此为食物，会降低人体的抵抗力。

近年来，一些国家已改变一味追求高产的思想，开始反思土地和粮食的关系。张启发强调，结合中国国情研究让人们“吃好”的“第二次绿色革命”策略，已是刻不容缓。

（来源：文汇报，2011-05-03. 作者：沈湫莎）

讨论一下

1. 看了本文你支持谁的观点呢？

2. 常规杂交育种在育种中还有多大的价值呢？

3. 植物杂交是违背自然规律的行为吗？

孟德尔的杂交试验奠定了杂交在育种中的重要地位。由于杂交可以实现基因重组，能分离出更多的变异类型，可为优良品种的选育提供更多的机会，被植物育种家广泛采用。目前通过这种途径已选育了大量品种，在生产中得到了广泛的应用。常规杂交育种一直是传统的重要的育种方式，通过基因重组的方式，它可以用有利位点代替不利位点（包括质量性状和数量性状），改善位点间的互作关系，产生新性状，打破不利的连锁关系。常规杂交育种可育成纯系品种，如果表现优良，可以直接应用于生产，也可用于培育自交系、多系品种和自由授粉品种等。

一、常规杂交育种的概念和类型

1. 常规杂交育种的概念

基因型不同的类型间配子的结合产生杂种，谓之杂交。它是生物遗传变异的重要来源，杂交的遗传学作用是实现了基因间的重组，通过杂交途径获得新品种的过程叫杂交育种。根据作物繁殖习性、育种程序、育成品种的类别的不同，可将杂交育种概分为常规杂交育种（包括回交）、优势杂交育种和营养系杂交育种。

常规杂交育种，也称组合育种，是根据品种选育目标，通过人工杂交，组合不同亲本上的优良性状到杂种中，对其后代进行多代选择，经过比较鉴定，获得基因型纯合或接近纯合的新品种的育种途径。在实践中，人们常常把这种方式获得的品种称之为常规品种。

值得注意的是，目前在杂交育种领域这些概念的叫法相对比较混乱，还没有完全统一，有些书把常规杂交育种称之为有性杂交育种，而有些书则把有性杂交育种等同于优势杂交育种，所以应仔细区分。

2. 常规杂交育种的类型

常规杂交育种根据杂交亲本亲缘关系的远近，可分为近缘杂交和远缘杂交。近缘杂交育种一般是指不存在杂交障碍的同一物种之内不同品种或变种之间的杂交，一般来说，杂交率较高，不存在杂交障碍。远缘杂交是指种以上类型之间的杂交，一般亲缘关系较远，基因间差别较大，由于存在杂交障碍，杂交的成功率较低，获得杂交种的概率小。如番茄的品种间杂交属于常规近缘杂交，而如果与茄子杂交则属于远缘杂交，部分栽培番茄种与野生番茄种之间进行杂交也存在 定的障碍，属于远缘杂交。

二、常规杂交育种的杂交方式

常规杂交有多种方式，每种杂交方式的作用效果不同，获得的杂交后代表现也较不同。

依据育种目标的不同，可以灵活选用不同的杂交方式。

1. 单交

参加杂交的亲本只有两个，而且只杂交一次叫做单交。单交又叫成对杂交，其中一个亲本提供雄配子，称为父本；另一个提供雌配子，称为母本。例如：亲本 A 提供雌配子，为母本；亲本 B 提供雄配子，为父本；两者杂交，以 A×B 表示，在育种书上，约定俗成的把母本写在前面，父本写在后面。单交有正反交之分，正反交是相对而言的。如 A×B 叫正交，则 B×A 为反交；如果把 B×A 称为正交，那么 A×B 就是反交。在一些杂交中，正反交的效应是不一致的，这主要是受细胞质遗传或母体的影响，所以杂交时应注意这种区别，依据育种目标，采用不同的交配方式。

单交的方法简便，杂种后代的变异表现较为一致，是有性杂交育种的主要方式。由于只有两个亲本，便于依据遗传规律来判断后代的表现，但遗传基础较窄，选择的可能性受到一定的限制。当育种者手里有多个亲本时，常采用轮配法，使每两个亲本都进行单交，以便探索出最佳的交配组合及正反交差异。

2. 回交

杂交后代及其以后世代如果与某一个亲本杂交多次称为回交，应用回交方法选育出新品种的方法叫回交育种。参加回交的亲本叫轮回亲本，只参加一次杂交的亲本称作非轮回亲本或称供体。杂种一代（F_1）与亲本回交的后代为回交一代，记做 BC_1 或 BC_1F_1，再与轮回亲本回交为回交二代，记做 BC_2 或 BC_1F_2，其他类推，见图 5-1。

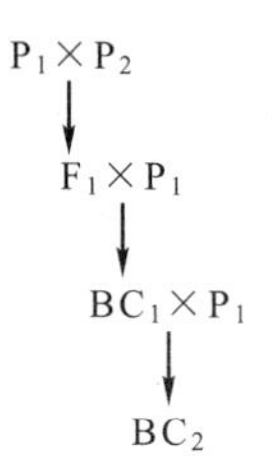

图 5-1　回交模式

其中 P_1 为轮回亲本，P_2 为非轮回亲本。回交可以增强杂种后代的轮回亲本性状，以致恢复轮回亲本原来的全部优良性状并保留供体少数优良性状，同时增加杂种后代内具有轮回亲本性状个体的比率。所以，回交育种的主要作用是改良轮回亲本一两个性状，是常规杂交育种的一种辅助手段。如麝香石竹花型较大，但与花色丰富的中国石竹杂交后，花型不理想，就与麝香石竹进行回交，取得了花型较大且花色丰富的个体。

多次回交使回交后代的性状与轮回亲本基本一致，这种回交叫饱和回交。随着回交世代的增加，回交可以增加杂种后代内具有轮回亲本性状个体的比率。如利用雄性不育系进行杂交制种，需要将雄性不育转育到自交系中，就是通过多次饱和回交，使自交系获得雄性不育的性状。

3. 多亲杂交

多亲杂交是指参加杂交的亲本有 3 个或 3 个以上的杂交，又称复合杂交或复交、多系杂交。根据亲本参加杂交的次序不同可分为添加杂交和合成杂交。

① 添加杂交　多个亲本逐个参与杂交的叫添加杂交。先是进行两个亲本的杂交，然后用获得的杂交种或其后代，再与第三个亲本进行杂交，获得的杂种还可和第 4、第 5 个亲本杂交。每杂交一次，加入一个亲本的性状。添加的亲本越多，杂种综合优良性状越多，但育种年限会延长，工作量加大。但参与杂交的亲本也不宜太多，一般以 3～4 个亲本为宜，否则工作量过大，而且可能带入过多的不良性状，造成育种的效果较差。例如沈阳农业大学育

成的早熟、丰产、有限生长、大果的沈农 2 号番茄，就是以 3 个亲本通过添加杂交方式育成的。添加杂交方式见图 5-2。

因其呈阶梯状，因而也被称为“阶梯杂交”。

② 合成杂交 参加杂交的亲本先两两配成单交杂种，然后将两个单交杂种杂交。这种多亲杂交方式叫做合成杂交，见图 5-3。

图 5-2 添加杂交　　图 5-3 合成杂交

多亲杂交与单亲杂交相比，优点是将分散于多数亲本上的优良性状综合于杂种之中，丰富了杂种的遗传基础。为选育出综合经济性状优良品种提供了更多的机会。多系杂交后代变异幅度大，杂种后代的播种群体大，出现全面综合性状优良个体的机会较低，因此工作量大，选种程序较为复杂，并且群体的整齐度不如单交种。

三、杂交亲本的选择与选配

1. 亲本选择选配的意义

亲本选择是根据育种目标选用具有优良性状的品种类型作为杂交亲本。亲本选配是指从入选亲本中选用恰当的亲本进行杂交和配组的方式。亲本选用得当可以提高杂交育种的效果，如果亲本选得不好，则降低育种效率，甚至不能实现预期目标，造成人力、物力的浪费。例如，育种者手里有 10 份亲本材料，如果不加选择而要获得好的品种，就必须进行两两交配，那么就有 100 种交配（包括自交和正反交）结果，再加上性状调查，最后得到的数据大概得有几千个，更不用说所需要的种植面积了。实际上这是一个不可能短时间内完成的任务，需要几年甚至几十年的资料积累，而且这种做法也是盲目的，不可取的。因此，必须认真依据亲本的选择选配的方式、方法和原则，选出最符合育种目标要求的原始材料作亲本。

2. 亲本选择的原则

① 亲本具有的优良性状较多 园艺植物亲本优良性状越多，需要改良完善的性状越少。如果亲本携带有不良的性状，会增加改造的难度，如果是无法改良的性状，必然会增加不必要的资源浪费。如野生资源虽然具有抗性强的特点，但是不良性状也比较多，如黄瓜的苦味，引入栽培后很难根除，所以选择时应慎重。

② 明确亲本的目标性状 根据育种确定具体的目标性状，更重要的是要明确目标性状的构成性状，分清主次，突出重点。因为像产量、品质等许多经济性状等都可以分解成许多构成性状，构成性状遗传越简单，越具可操作性，选择效果越好。如黄瓜的产量是由单位面积株数、单株花数、坐果率和单果重等性状构成的，依据坐果率完全可以选择出高产品种，实践中比较容易完成。当育种目标涉及的性状很多时，不切实际地要求所有性状均优良必然会造成育种工作的失败。在这种情况下必须根据育种目标，突出主要性状。如在抗病育种中

要明确抵抗的具体病害的种类和主次（主抗和兼抗）、生理小种（或株系）、期望达到的抗病水平（病情指数）。又如春甘蓝育种中不易先期抽薹比产量更重要。因此，不易先期抽薹但产量较低的材料比产量较高但易先期抽薹的材料更适合作亲本。在现有的种质资源中，有些性状出现的频率比较高，有些珍稀可贵性状出现的频率很低，对于具有稀有可贵性状的材料优先考虑用作亲本。如雌雄同株黄瓜很普遍，雌性株极少。抗热而品质优良的夏秋甘蓝少，品质好不耐热的秋甘蓝材料比较多。凤仙花花型中单花型、叶腋开花型常见，并蒂双开的对子型、枝端开花型则罕见；花色中紫、红、白等色普遍，而绿、黄色为珍稀类型。

③ 重视选用地方品种　地方品种对当地的气候条件和栽培条件都有良好的适应性，也适合当地的消费习惯，是当地长期自然选择和人工选择的产物。用它们做亲本选育的品种对当地的适应性强，加上很多园艺植物产品受欢迎的程度与当地的消费或欣赏习惯有很大的关系，因此容易在当地推广，对其缺点也了解得比较清楚。如华南人偏爱无刺瘤、短棒状的黄瓜，北方人喜欢有刺瘤、长条形黄瓜等。天津地区多喜欢绿帮大白菜，而辽宁等东北地区多喜欢白帮大白菜等。

④ 选用一般配合力高的材料　亲本本身的表现固然与杂交后代的表现有关，但用它来预测杂交后代的表现很不准确。有些亲本本身表现好，其杂交后代的表现不一定很好。相反，有些杂交后代的优势强，而它的两个亲本表现并不是最好的。有性杂交育种中一般配合力高的亲本材料和其他亲本杂交往往能获得较好的效果，所以在实际育种工作中应该优先考虑。

⑤ 借鉴前人的经验　前人所得出的成功经验可以反映所用亲本材料的特征特性，用已取得成功的材料作亲本可提高选育优良新品种的可能性，以减少育种工作中的弯路。

⑥ 优先考虑数量性状　数量性状受多基因控制，它的改良比质量性状困难得多。因此数量性状和质量性状都要考虑时，应首先根据数量性状的优劣选择亲本，然后再考虑质量性状。

3. 亲本选配的原则

① 父母本性状互补　性状互补是指父本或母本的缺点能被另一方的优点弥补。如荚用菜豆丰产育种中，用长荚品种互交的效果不如一尺青（长荚）×棍儿豆（厚荚肉），一尺青×皂角豆（宽荚），丰收1号（长荚、多荚）×肯特奇异（厚荚肉、多荚）等。性状互补还包括同一目标性状不同构成性状的互补。例如黄瓜丰产性育种时，一个亲本为坐果率高、单瓜重低，另一个亲本为坐果率低、单瓜重高。配组亲本双方也可以有共同的优点，而且愈多愈好。但不能有共同的缺点，特别是难以改进的缺点。但性状的遗传是复杂的，亲本性状互补，杂交后代并非完全出现综合性状优良的植株个体。尤其是数量性状，杂种往往难以超过大值亲本（优亲），甚至连中亲值都达不到。如小果、抗病的番茄与大果、不抗病的番茄杂交，杂种一代的果实重量多接近于双亲的几何平均值。因此要选育大果、抗病的品种，必须避免选用小果亲本。

② 选用不同类型的亲本配组　不同类型是指生长发育习性、栽培季节、栽培方式或其他性状有明显差异的亲本。近年来国内在甜瓜育种中利用大陆性气候生态群和东亚生态群的品种间杂交，育成了一批优质、高产、抗病、适应性广的新品种，使厚皮甜瓜的栽培区由传

统的大西北东移到华北各地（周长久等，1996）。利用不同地区的品种配组时，以北方品种作为母本比较方便。

③ 用经济性状优良遗传差异大的亲本配组　在一定的范围内，亲本间的遗传差异愈大，后代中分离出的变异类型愈多，选出理想类型的机会愈大。

④ 以具有较多优良性状的亲本作母本　由于母本细胞质的影响，后代较多地倾向于母本，因此以具有较多优良性状的亲本作母本，后代获得理想植株的可能性较高。在实际育种工作中，用栽培品种与野生类型杂交时一般用栽培品种作母本；外地品种与本地品种杂交时，通常用本地品种作母本。用雌性器官发育正常和结实性好的材料作母本。用雄性器官发育正常和花粉量多的材料作父本。如果两个亲本的花期不遇，则用开花晚的材料做母本，开花早的材料做父本。因为花粉可在适当的条件下贮藏一段时间，等到晚开花亲本开花后授粉，而雌蕊是无法贮藏的。在品种间着果能力和每果平均健全种子数差异较大时，以着果率高、健全种子数较多的品种作为母本较为有利。如熊岳果树研究所进行元帅苹果和鸡冠杂交时，以元帅为母本杂交 100 个花序，得杂交果 17 个，杂交种子 138 粒；反交 70 个花序，得杂交果 117 个，杂交种子 910 粒。

⑤ 对于质量性状，双亲之一要符合育种目标　根据遗传规律，从隐性性状亲本的杂交后代内不可能选出具有显性性状的个体。当目标性状为隐性基因控制时，双亲之一至少有一个为杂合体，才有可能选出目标性状。但在实际工作中很难判定哪一个是杂合体。所以最好是双亲之一具备符合育种目标的性状。

以上只是一般的指导原则。由于园艺植物的种类多、性状多、群体小，至今仍有很多园艺植物的许多性状的遗传规律尚不清楚。所以，在实践中更多地依赖于育种者自身的选择选配能力，存在着一定的主观性，但可以通过大量地配制杂交组合，增加选出优良品种的机会。

四、杂交技术

（一）杂交前的准备工作

1. 制订杂交计划

根据整个育种计划要求，了解育种对象的花器结构（图 5-4～图 5-7，彩图见插页）、开花授粉习性，制订详细的杂交工作计划，包括杂交组合数、具体的杂交组合、每个杂交组合杂交的花数等。在这个时期应注意未来育种的工作量和可能出现的意外情况，根据每种情况应制定相关的预案，提高育种的效率。

2. 亲本种株的培育及杂交花选择

确定亲本后，从中选择具有该亲本典型特征特性、生长健壮的、无病虫危害的植株，一般 10 株即可。对于杂交困难、结籽率低的品种可适当增加亲本种株数，但不宜过多，否则将来工作量过多，无法完成。选择好的亲本，采用合理的栽培条件和栽培管理技术，加强病虫害防治，使性状能充分表现，植株发育健壮，以保证母本植株和杂交用花充足，并能满足

图 5-4　番茄的花

图 5-5　黄瓜的花

图 5-6　甘蓝的花

图 5-7　桃树的花

杂交种子的生长发育，最终获得充实饱满的杂交种子。对于开花过早的亲本，可摘除已开花的花枝和花朵，达到调节开花期的目的。必要的情况下，可以适当地使用激素加快或延缓植株的生长。对于不同的作物，杂交花的选择不同，一般都是选择最能展现植株性状位置的花作为杂交用花。在杂交前还要选择健壮的花枝和花蕾、花朵和花枝，以保证杂交种子充实饱满。十字花科和伞形科植物应选主枝和一级侧枝上的花朵杂交。百合科植物以选上、中部花杂交为宜。番茄以选第二花序上的第 1～3 朵花为宜。茄子应选对茄花杂交。葫芦科植物以第 2～3 朵雌花杂交才能结出充实饱满的果实和种子。豆科植物以下部花序上的花杂交为好。菊科植物以周围的花适合。有些用营养器官繁殖的园艺植物种类，性器官发生不同程度退化乃至丧失有性生殖能力，不能用来杂交。有些重瓣类型的园艺植物性器官多严重退化，乃至雌、雄蕊全部瓣化，如牡丹品种青龙卧墨池，菊花品种大红托挂、十丈珠帘，杜鹃品种套筒重瓣，凤仙花品种平顶等，通常也不用作杂交亲本。

3. 亲本花期调节方法

防止父母本花期不遇是杂交育种中最值得注意的问题，只有保证杂交期间父母本有足够的花量，最终才能够收到足够的种子。有些植物的花期不遇问题较小，而有些品种的花期不遇问题突出，调节的办法如下。

① 调节播种期　一年生花卉和蔬菜生育期有早、中、晚熟之分，调节开花期最有效的方法就是调节播种期。通常将母本按正常时期播种，父本提前或延晚播种，时间依据母本的生育期而确定，一般为 10～30 天。也可分期播种，保证使其中的一期与母本相遇。

② 植株调整　对于开花过早的亲本，可摘除已开花的花枝和花朵，达到调节开花期的目的。对于一些蔬菜作物来说，也可通过摘心、整枝的办法，抑制顶芽的生长，促进侧芽的萌发，增加花量或延迟开花。

③ 温度、光照处理　很多园艺植物花芽分化受到温度和光照的影响。一般来说，低温促进二年生园艺植物（如萝卜、甘蓝、白菜等）花芽的形成，短日照促进短日性植物（如瓜

类、豆类作物、波斯菊、大花牵牛、一串红等）花芽的形成。形成花芽后的植株置于高温下可促进抽薹开花，低温下延迟开花。长日照促进长日性植物（如翠菊、蒲包花）提前开花。瓜叶菊花芽分化要求短日照，而开花要求长日照。

④ 栽培管理措施　通过控制氮、磷、钾施用量与比例及土壤湿度等均可在一定程度上改变花期。一般来说，氮肥可延迟开花，增加磷、钾肥可以增加花量或使植株提前开花。断根是控制开花的办法，一般有提早花期的作用。

⑤ 植物生长调节剂　植物生长调节剂（如赤霉素、萘乙酸等）可改变植物营养生长和生殖生长的平衡关系，起到调节花期的效果。10mg/L 的赤霉素对二年生作物有促进开花的作用。脱落酸（ABA）可促进牵牛、草莓等植物开花，但使万寿菊延迟开花。在诱导开花的低温期用 10mg/L 邻氯苯氧丙酸（CIPP）处理甘蓝、芹菜，可延迟抽薹；但如果在花芽形成后处理，反而会促进抽薹、开花。

⑥ 切枝　对于父本可以通过切枝贮藏、水培这一措施延迟或提早开花。对母本一般不采取这种方法。因为一般来说，切枝水培难以结出饱满的果实和种子。但杨树、柳树、榆树等的切枝在水培条件下杂交也可收到种子。

（二）隔离

隔离的目的是防止非目标花粉的混入，父本和母本都需要隔离。隔离的方法有很多种，大致上可分为空间隔离、器械隔离和时间隔离三大类。种子生产时一般采用空间隔离的方法。如大白菜制种时，要求隔离距离在 1500m 以上。在育种试验地里一般采用器械隔离，包括网室隔离、硫酸纸袋隔离等（图 5-8，彩图见插页）。对于较大的花朵也可用塑料夹将花冠夹住或用细铁丝将花冠束住（图 5-9，彩图见插页）；也可用废纸做成比即将开花的花蕾稍大的纸筒，套住第二天将要开花的花蕾。如南瓜制种多采用纸袋隔离法。因为时间隔离与花期相遇是一对矛盾，所以时间隔离法应用较少。

图 5-8　网袋隔离

图 5-9　器械隔离

（三）去雄

去雄是去除母本中的雄性器官，除掉隔离范围的花粉来源，包括雄株、雄花和雄蕊，防止因自交而得不到杂交种。去雄时间因植物种类而异。对于两性花，在花药开裂前必须去雄。一般都在开花前24～48h去雄。去雄方法因植物种类不同而不同，一般用镊子先将花瓣或花冠苞片剥开，然后用镊子将花丝一根一根地夹断去掉。如番茄（图5-10，彩图见插页）、苹果、梨等作物多采用此种方法。而对于黄瓜这样的雌雄同株异花的植物，在开花前将雄花蕾去掉就可以了。对于菠菜这样的雌雄异株作物，将母本群体内的雄株拔出即可。在去雄操作中，不能损伤子房、花柱和柱头，去雄必须彻底，不能弄破花药或有所遗漏。如果连续对两个以上材料去雄，给下一个材料去雄时，所有用具及手都必须用70%酒精处理，以杀死前一个亲本附着的花粉。

图5-10　去雄后的番茄花

（四）花粉的制备

通常在授粉前一天摘取次日将开放的父本花蕾，取回室内，挑取花药置于培养皿内，在室温和干燥条件下，经过一定时间，花药会自然开裂。将散出的花粉收集于小瓶中，贴上标签，注明品种，尽快置于盛有氯化钙或变色硅胶的干燥器内，放在低温（0～5℃）、黑暗和干燥条件下贮藏。但要注意有些植物的花粉不适宜在干燥条件下贮藏，如郁金香、君子兰等花粉贮藏的湿度不得低于40%。也可用蜂棒或海绵头在散粉时收集花粉。番茄等茄科植物也可使用电力震动采粉器采粉。

不同植物的花粉寿命不同。如百合花粉在0.5℃、35%相对湿度的条件下贮藏194天后仍有很高的萌发率；苹果、松、雪松、银杏等的花粉在一般冰箱和干燥器中保存1年以上仍有较高的发芽率；郁金香花粉在20℃、90%相对湿度下贮藏10天后，萌发率便由45%降至15%；萝卜花粉在自然条件下可保持3天的生活力；唐菖蒲花粉在室温下2天就失去发芽力；黄瓜花粉在自然条件下4～5h后便丧失生活力。

经长期贮藏或从外地寄来的花粉，在杂交前应先检验花粉的生活力。授粉之前检验花粉生活力的方法有形态检验法、化学试剂染色检验法和培养基发芽检验法等。简要介绍如下。

① 形态检验法　在显微镜下观察，一般畸形、皱缩的花粉无生活力。正常的生活力较强的花粉呈圆形，饱满，呈淡黄色。一般用于检验新鲜的花粉多用此种方法。

② 染色检验法　用过氧化氢、联苯胺和α-萘酚等化学试剂染色后，花粉呈蓝色、红色或紫红色者表示有生活力，不变色者无生活力。此外还可用碘-碘化钾、中性红和氯化三苯基四氮唑染色检验。

③ 培养基发芽检验法　采用悬滴法将花粉以适当的密度撒播或条播在5%～15%蔗糖和1%琼脂的固体培养基上，悬盖于事先制好的保湿小室玻璃杯内，在20～25℃下，经数小时至24h（因作物而异）便可开始检查花粉生活力。在培养基中加入1mg/L硼酸可促进花粉萌发。发芽的即为有生活力的花粉，依据花粉的发芽长度即可判断花粉生活力的高低。

④ 授粉花柱压片镜检　授粉后18～24h取授粉花柱压片，直接在显微镜下检查，花粉萌发表示花粉有生活力。

（五）授粉

授粉是用授粉工具将花粉传播到柱头上的操作过程（图5-11，彩图见插页）。授粉的母本花必须是在有效期内，最好是在雌蕊生活力最强的时期，父本花粉最好也是生活力最强的。大多数植物的雌、雄蕊都是开花当天生活力最强。由于受到下雨、工作量大等因素，可以提前一两天或延后一两天进行授粉，也能得到种子。少量授粉可直接将正在散粉的父本雄蕊碰触母本柱头，也可用镊子挑取花粉直接涂抹到母本柱头上。如果授粉量大或用专门贮备的花粉授粉，则需要授粉工具。授粉工具包括橡皮头、海绵头、毛笔、蜂棒等。在十字花科植物中，一个收集足量花粉的蜂棒可授粉100朵花左右。装在培养皿或指形管中的花粉，可用橡皮头或毛笔蘸取花粉授在母本的柱头上。

图5-11　人工授粉

（六）标记

为了防止收获杂交种子时发生差错，必须对套袋授粉的花枝、花朵挂牌标记。挂牌一般是授完粉后立刻挂在母本花的基部位置，标记牌上标明组合及其株号、授粉花数和授粉日期（图5-12），果实成熟后连同标牌一起收获。由于标牌较小，通常杂交组合等内容用符号代替，并记在记录本中。为了一目了然，便于找到杂交花朵，可用不同颜色的牌子加以区分。

（七）登记

除对杂交组合、花数、日期等有关杂交的情况进行挂牌标记外，还应该登记在记录本上，可供以后分析总结，同时也可防止遗漏。登记表如表5-1所示（以苹果杂交为例）。

图 5-12 授粉时的标签

表 5-1 有性杂交登记表

组合名称	去雄日期	授粉日期	母本株号	授粉花数	果 实 成熟期	结果数	种子数
富士×国光	2010.4.25	2010.4.26	2-8	8	2010.9.25	6	30

（八）杂交授粉后的管理

杂交后的头几天内应注意检查，防止因套袋不严、脱落或破损等情况造成结果准确性、可靠性差，也有利于及时采取补救措施。雌蕊的有效期过去后，应及时去除隔离物。加强母本种株的管理，提供良好的肥水条件，及时摘除没有杂交的花果等，保证杂交果实发育良好。还要注意防治病虫害、鸟害和鼠害。对易倒伏的种株，还应该在种株旁插竹竿，将种株扎缚在竹竿上。

五、杂种后代的处理

（一）杂种的培育

杂交品种性状形成除取决于选择方向和方法外，还取决于杂种后代的培育条件，因为选择的依据是性状，而性状表现离不开栽培的环境条件。杂种的培育应遵循下列原则。

1. 使杂种能正常发育

根据不同的作物和不同的生长季节的需要，提供杂种生长所需的条件，使杂种能够正常地发育，以供选择。如黄瓜，如果摘叶过多过早，前期单株结果过多，花朵质量差，后期养分供应偏少；在果实膨大时外界环境不适，结果期养分不能及时供给，过多或单一施用氮肥或鸡粪、猪牛粪，钾肥、磷肥不足，那么就会形成弯瓜。又如长果型黄瓜，在膨大时遇到叶片阻碍，高温引起的缺钾、缺硼，也可能出现尖头瓜、弯瓜，后期对果实性状选择就会比较困难。

2. 培育条件均匀一致

培育条件通常应均匀一致，减少由于环境对杂种植株的影响而产生的差异，以便正确选择。如土壤肥力不均匀，就会出现植株高矮不齐、果实大小不一等差异，选择时会出偏差。又如苹果，由于光照不均匀，着色也会有差异，一般见光多的地方色泽好；背阴地方色泽差。

3. 杂种后代培育条件应与育种主要目标相对应

选育丰产、优质的品种，要想使目标性状的遗传差异能充分表现，杂种后代应在较好的肥水条件下培育，使丰产、优质的性状得以充分表现，提高选择的可靠性。选育抗逆性强的品种，要有意识地创造发生条件，其他条件应尽可能地创造一致，降低环境条件的影响。例如：选育抗先期抽薹的春甘蓝品种时，应该比春甘蓝正常播种时间提前10天左右等。在这种条件下选育出来的品种，便能经受严峻条件的考验，即使遇上了多年难遇的不利于春甘蓝生长和结球的条件，也不至于大量抽薹。但选择压不能太大，需掌握好这个“度”。例如番茄抗病育种，要通过试验找出一个感病对照和抗病对照，创造一个使感病对照发病而抗病对照不出现明显症状的最适条件。

（二）杂种的选择

杂种后代可通过前面所讲的多种方法进行选择，都可以在常规杂交育种中使用，常用的选择有系谱选择法、混合-单株选择法和单子传代法。

1. 系谱选择法

① 杂种一代（F_1）　分别按杂交组合播种，两边种植母本和父本，每一组合种植约几十株，在 F_1 代一般不作严格的选择，只是淘汰假杂种和个别显著不良的植株、不符合要求的杂交组合。组合内 F_1 植株间不隔离，以组合为单位混收种子，但应与父母本和其他材料隔离。多亲杂交的 F_1（指最后一个亲本参与杂交所得到的杂种一代）不仅播种的株数要多，而且从 F_1 起在优良组合内就进行单株选择。

② 杂种二代（F_2）　将从 F_1 单株上收获的种子按组合播种。F_2 种植的株数要多，使每一种基因型都有表现的机会，满足此世代性状强烈分离的特点，保证获得育种目标期望的个体。在实际育种工作中，F_2 一般都要求种植1000株以上。株行距较大的植株如西瓜、冬瓜等园艺植物的 F_2 群体可适当减少。种植 F_2 可不设重复。

选择时首先进行组合间的比较，淘汰综合表现较差的组合。然后从入选的组合中进行单株选择。F_2 的选择要谨慎，选择标准不宜过高，以免丢失优良基因型。在条件许可的情况下，要多入选一些优良植株，当选植株必须自交留种。

③ 杂种三代（F_3）　每个株系（一个 F_2 单株的后代）种一个小区，按顺序排列。每小区种植30～50株，每隔5～10个小区设一个对照小区。F_3 的选择仍以质量性状选择为主，并开始对数量性状尤其是遗传力较大的数量性状进行选择。首先比较株系间的优劣，在当选的株系中选择优良单株。F_3 入选的系统（株系）应多一些，每个当选系统选留的单株可以少一些，以防优良系统漏选。如果在 F_3 中发现比较整齐一致而又优良的系统，则可系统内混合留种，下一代进行比较鉴定。

④ 杂种四代（F_4）　F_3 入选株系种一个小区，每小区种植30～100株，重复2～3次，随机排列。来自 F_3 同一系统的不同 F_4 系统为一个系统群，同一系统群内系统为姊妹系。

不同系统群之间的差异一般比同一系统群内不同姊妹系之间的差异大。因此，首先比较系统群的优劣，在当选系统群内选择优良系统，再从当选系统中选择优良单株。F_4 可能开始较多出现稳定的系统。对稳定的系统，可系统内自由授粉留种（系统间隔离），下一代升级鉴定。

⑤ 杂种五代（F_5）及其以后世代　每一个系统种一个小区，随机排列，每小区种植30～100株，3～4次重复。对数量性状进行统计分析，表现一致混合留种，性状不同的系统间仍需隔离。

2. 混合-单株选择法

又叫做改良混合选择法，前期进行混合选择，最后实行一次单株选择。这种方法适合于株行距比较小的自花授粉植物。从 F_1 开始分组合混合播种，一直到 F_4 或 F_5，只针对质量性状和遗传力大的性状进行混合选择。到 F_4 或 F_5 进行一次单株选择，F_5 或 F_6 按株系种植。在混合选择以前，入选的株数为200～500株，尽可能包括各种类型。到 F_5 或 F_6 形成系统后，每一系统种植在一个小区内，每小区30～50株，有些作物可以缩小到10～20株，随机区组设计，2～3次重复。严格入选少数优良株系，升级鉴定。

3. 单子传代法

常简写成SSD法，这是混合选择法的一种衍生形式，适用于自花授粉植物。其选择程序如下：从 F_2 开始，每代都保持相同规模的群体。一般为200～400株，单株采种。每代从每一单株上收获的种子中选一粒非常健康饱满的种子播种下一代，保证下一代仍有同样的株数。为了保证获得后代种子，一般每株取3粒，播种两份，保留1份。各代均不进行选择，繁殖到遗传性状稳定不再分离的世代为止。再从每一单株上收获种子，按株系播种，构成200～400个株系，进行株系间的比较选择。一次选出符合育种目标要求、性状整齐一致的品系。

六、常规杂交育种实例介绍

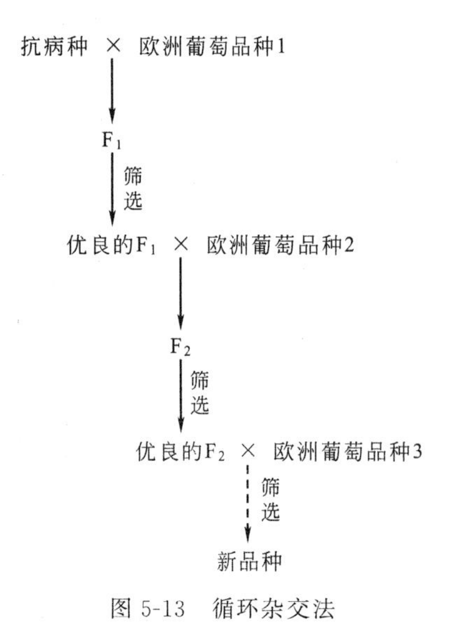

图5-13　循环杂交法

葡萄抗病育种是一个重要的育种目标，目前多采用欧洲葡萄品种与抗病的野生种杂交，所得杂种再与欧洲葡萄品种回交，或杂种之间进行综合杂交。德国葡萄育种中心选育的Phoenix品种，就是用欧美杂种S. V12-375与巴斯库回交育成的。该品种抗多种真菌病害，具有巴斯库的典型香味，将双亲的优质与抗病性较好地结合在一起。

用抗病的野生种与不抗病的欧洲品种杂交所得的杂种，如与欧洲品种连续多代回交，有可能使一些抗病基因消失，降低新品种的抗性。为此，A. Bouquet提出了循环杂交法。该法与回交法不同之处在于，不是用杂种（F_1）直接与欧洲品种杂交，而是从 F_1 中选出的优系自交，再用抗性强、品质好的自交系与欧洲品种杂交，在两次杂交之间出现一次自交，这样可以多次循环进行（见图 5-13）。自交的目的在于使抗性基因尽可能多地集中在一个基因型，并逐渐消除野生种的不良品质。

本章小结

常规杂交育种是将优势性状进行组合的育种手段。杂交亲本的选择选配影响着杂交后代表现，常用的杂交方式有单交法、回交法、多亲杂交法。植物杂交过程包括隔离、去雄、授粉、登记以及后期管理等几个阶段，对于杂种后代的选择主要采取系谱法、混合-单株选择法和单子传代法。

扩展阅读

三农专家致信袁隆平劝其放弃杂交水稻研究原文

给农民留几粒真正的种子

——致杂交水稻之父袁隆平先生的一封公开信

袁先生：

您好！我是您的粉丝。您作为杂交水稻之父，已经 80 岁高龄了，还在攀登培育杂交水稻的新高峰，相信您一定能培育出更高产的杂交水稻新品种。但我却希望您在有生之年放弃杂交水稻的研究，转向培育常规水稻品种。

我之所以这样劝说您，主要基于以下几个理由：

第一，现在的种子发展趋势是杂交化、转基因化，种子已不是传统意义上的种子了。育种科学家和种业资本家为了获得种子垄断收益，摒弃原来的种子。我在北京市平谷区一个村子里种三分地，在种子公司买不到常规种子（未杂交、转基因的种子）。我对此深感不安。如果有一天碰到天灾须补种的话，农民还能种什么呢？

第二，常规作物虽然产量比杂交作物低，但肥料、农药的使用量要少 20% 左右。现在我国杂交水稻产量虽高，但需投入的肥料、农药等也同步增加。

第三，我认为，常规稻也能高产，也可保障粮食安全。我担任乡党委书记时，有一胡姓农民选育常规中稻品种，人们都称该品种为“胡选”，产量和杂交中稻“汕优 63”差不多，亩产 1200 斤左右。1 亩地只需 2～3 斤“胡选”种子，而且种子还可以连续多年使用，深受当地农民欢迎。但是，由于种子研发部门为追求种子垄断利润，视“胡选”为眼中钉、肉中刺，后来“胡选”再也见不着了。

第四，常规稻种了应对自然灾害能力强。我家乡湖北监利经常遭受水灾，水灾过后，灾民们都会用自家的常规早稻“翻秋”（把早稻当晚稻种）自救，1 亩翻秋稻能收 500 斤左右粮食，解决灾民的口粮没有问题。去年，我家乡有些地方中稻被水淹了，由于农民没有常规稻谷，稻田只能被撂荒，等吃政府救济粮。

第五，常规稻种子便宜。上世纪 80 年代，杂交稻未普及时，农民多用常规种子，当时

3斤稻谷可换1斤杂交稻种子，而2斤稻谷就可换1斤常规稻种子，而且常规稻种子可以连续种3～4年。现在，20斤稻谷换1斤杂交稻种子，而且只能种一季，不能留种。杂交稻种子价格越来越高，也在一定程度上导致了农民增收难。

第六，在您的带领下，攀登培育杂交种子新高峰的后来者越来越多。以您为代表的育种科学家群体，对此做出不少贡献，但别忘了农民也有自由选择种子的权利。

近些年来，我国种子战略混乱，对此，请您呼吁有关部门进行立法规定——保留30%的常规种子，确立10个县为常规种子种植区，设立国家种子粮库，等等。

我相信袁先生能听取相关意见，认真对待这样的呼吁。

李昌平（三农问题研究者）

复习思考题

1. 常规杂交育种的杂交方式有哪些？
2. 有性杂交技术环节有哪些？应注意哪些问题？
3. 回交育种的作用是什么？
4. 杂种后代的培育方法有哪些？应注意哪些问题？
5. 如何选择选配有性杂交的亲本？
6. 关于本章提供的案例，如果你作为一个农民会如何看待？请收集相关资料进行阐述。

第六章　优势杂交育种

学习目标

1. 了解优势杂交育种的概念与应用概况；
2. 掌握杂种优势的基本概念、衡量方法；
3. 了解自交系的概念以及应用；
4. 掌握杂交种选育的一般程序；
5. 掌握杂交种与常规种的区别；
6. 了解远缘杂交育种原理及技术、远缘杂交的特点；
7. 掌握克服远缘杂交障碍的途径、远缘杂交的应用；
8. 掌握杂交种种子的生产基本技术；
9. 掌握自交不亲和系、雄性不育系的概念及应用。

案例导入

千亿元身价的袁隆平

习惯了用价格衡量价值的少数人最近将目光盯上了科技富豪袁隆平，这位83岁的“杂交水稻之父”，几乎是一夜之间就引发了许多人的艳羡。“首富”，这的确是一个让人眼红心热的词汇：“袁隆平”这三个字被估算出得到品牌市值达到1008.9亿元，而且这是十多年前的估算。

这是个让人联想纷纷的数字，科学家富豪是怎样炼成的？我们可以回顾一下历史。

出生于1930年的袁隆平，和历史上那些“出名要趁早”的天才科学家不同，他研究杂交水稻时，已是而立之年，在中国的传统里，这是一个分水岭式的年龄。

1960年，袁隆平根据一些报道了解到杂交高粱、杂交玉米、无籽西瓜等，都已广泛应用。既然如此，水稻是否也可以杂交呢？彼时，毕业于西南农学院的袁隆平正在安江农校教书，此后，他开始进行水稻的有性杂交试验。同年7月，在安江农校实习农场早稻田中，袁隆平发现了一株与众不同的特异稻株。1961年春天，他把这株变异株的种子播到创业试验田里，结果证明了1960年发现的那个另类的植株，是“天然杂交稻”。

熟悉中国历史的读者不难发现，袁隆平开始研究杂交水稻的时期，也正是饥荒严重的年头，许多人后来想起那些日子，仍会心有戚戚然，身为一个农业科研人员，袁隆平立志要用农业技术打败饥饿。

1964年，袁隆平在安江农校实习农场的洞庭早籼稻田中，找到一株奇异的“天然雄性不育株”，这是中国首次发现。经人工授粉，结出了数百粒第一代雄性不育材料的种子。这数百粒种子就像星星之火一样，承载着袁隆平的农业报国梦。

历经坎坷之后，在1966年，袁隆平发表第一篇论文《水稻的雄性不孕性》，这引起了高度重视，如果成功，将使水稻大幅度增产。但是，阶段性的重大胜利，随后遭遇的却是毁灭性的打击。有段时间，研究被迫中断。但是，当时省科委还是要求学校将水稻雄性不孕研究列入计划，并在1967年，成立了由袁隆平、李必湖、尹华奇组成的水稻雄性不孕科研小组。

但是，另一个打击很快来临：1968年5月18日晚上，科研小组培育的珍贵秧苗，被人全部毁坏，事发第四天，袁隆平在一口废井里找到了残存的5根秧苗。这件事情，据说至今都是未破的悬案。

打击在继续，科研也在继续。

从1965年到1973年，8年历经磨难的“过五关”（提高雄性不育率关、三系配套关、育性稳定关、杂交优势关、繁殖制种关），袁隆平的科研小组坚持了下来。直到1974年配制种子成功，并组织了优势鉴定，次年，又获得大面积制种成功。

万事俱备，大面积推广验证的时机到来了。

公开资料显示，1975年冬，国务院作出了迅速扩大试种和大量推广杂交水稻的决定，国家投入了大量人力、物力、财力，一年三代地进行繁殖制种，以最快的速度推广。1976年定点示范208万亩，在全国范围开始应用于生产，到1988年全国杂交稻面积1.94亿亩，占水稻面积的39.6%，而总产量占18.5%。10年全国累计种植杂交稻面积12.56亿亩，累计增产稻谷1000亿公斤以上。

从最初研究杂交水稻，到可以大面积推广，袁隆平历经十多年，而在这十多年里，科研过程十分艰辛。一个从事农业研究的科学家，如果不能扛住压力、坚定信念，想要在稻田里扎根并研究出成果来，十分不易，这是我们将上述众所周知的复杂故事，再简单讲述给读者听的原因所在。

杂交水稻的大面积推广，也为科研人员带来了荣誉收获期。

全国先进科技工作者、全国劳动模范、中国第一个特等发明奖、法国最高农业成就勋章、世界粮食奖、何梁何利基金奖、拯救世界饥饿（研究）荣誉奖……这些荣誉都成了袁隆平科研的见证。

在荣誉面前，袁隆平坚持急流勇退，并选择面对事业勇往直前。

随着杂交水稻的培育成功和在全国大面积推广，袁隆平名声大震。许多人在成功后会总结经验总结教训，袁隆平选择总结不足。他公开声称现阶段培育的杂交稻的缺点是“三个有余、三个不足”，即“前劲有余、后劲不足；分蘖有余，成穗不足；穗大有余，结实不足”，并组织助手们，从育种与栽培两个方面，采取措施加以解决。

上世纪的80年代，世界性饥荒让许多人胆战心惊，袁隆平心中再一次萌发了一个惊人的设想，大胆提出了杂交水稻超高产育种的课题，试图解决更大范围内的饥饿问题。

从这一点上看，可能说是饥荒成就了杂交水稻之父，科学，总是能够成为拯救灾难的英雄。

袁隆平也为自己迎来了更广阔的舞台。公开报道中提及，在马尼拉召开的一个重大国际会议上，时任国际水稻研究所所长的斯瓦米纳森博士，在会场大屏幕上用英文打出“杂交水稻之父袁隆平”几个字，同时说道：“我们把袁隆平先生称为‘杂交水稻之父’，他的成就给人类带来了福音。”会场立刻响起热烈的掌声，完成了对这位中国科学家走上世界舞台的“加冕”。

从这个时候开始，袁隆平和杂交水稻，基本实现了科研的升华。

不过，他并未止步。2014 年 1 月 10 日，袁隆平第二次登上国家最高科技奖的领奖台，捧回了国家科技进步特等奖。荣誉面前，他念念不忘的却是新目标：“我希望在 2015 年前杂交水稻大面积突破亩产 1000 公斤，这是我 90 岁的心愿。”

袁隆平的确有资格展望这样的壮志：数据显示，2013 年，湖南实际推广杂交水稻 1496.32 万亩，其中早稻推广 456.26 万亩，平均亩产 490.5 公斤，每亩增产 72.1 公斤；中稻（含一季晚稻）推广 530.82 万亩，平均亩产 578.3 公斤，每亩增产 102.8 公斤；晚稻推广面积 509.24 万亩，平均亩产 532 公斤，每亩增产 67.7 公斤。超级杂交水稻平均产量 533.25 公斤，比全省水稻平均亩产增产 79.5 公斤。而让袁隆平第二次荣获国家科技进步特等奖的“两系法杂交水稻技术研究与应用”，历经 20 多年的研究和实践，在关键技术上得到了突破，确保了我国杂交水稻技术居于世界领先地位。

同样来自媒体的报道显示，截止到 2012 年，全国累计推广两系杂交稻 4.99 亿亩，增产稻谷 110.99 亿公斤，增收 271.93 亿元，推广区域遍及全国 16 个省、市、自治区，为我国粮食生产持续稳定发展提供了强力技术支撑。

在这样的成果面前，“首富”之称就成了顺理成章的事情。但是，袁隆平对于荣誉和金钱，仿佛天生就是个“绝缘体”：几十年来，他获得的重量级勋章、奖杯不胜枚举，但都被一一锁进书橱。他常说，荣誉不能当饭吃，这很有意思，在中国的科学家中，袁隆平被关注，恰恰是因为他服务的领域是吃饭问题。

不爱荣誉，据说花钱也颇为“小气”：出行要坐经济舱，你若是定了头等舱，他得沉下脸让你去换掉；衣服也不穿名牌的，因为要考虑到下田方便；科研经费卡得严，花销不合理，甭打算从他手里扒拉到钱……

当然，他不奢侈，也不吝啬。在袁隆平看来，金钱的多少，无非是一个数字。不在乎钱的人，却成了“首富”，为什么呢？

（来源：证券日报，2014-01-18. 作者：桂小笋）

讨论一下

1. 为什么袁隆平会获得这么多的荣誉和尊敬？
2. 水稻杂交育种给中国解决了什么问题？给世界人民带来了什么好处？
3. 袁隆平为什么大力发展杂交水稻？

人类认识到杂种优势的时间并不是很长，只是意识到异花受精对植物是有利的，而自花授粉受精常常对后代有害。直到 18 世纪中期首先在烟草植物中发现有杂种的优势存在，但是其利用率很低，人们没有意识到这是一种革命性的选种方式。1900 年前后，G. H. Shull 等多位科学家，利用两个玉米自交系进行杂交，产生了极为强大的生长优势，玉米的产量几乎是爆发式的显著地提高了，震惊了育种界，杂种优势才被人们广泛重视。在 1914 年，他首次提出“杂种优势”的术语和选育单交种的基本程序，从此进入了优势杂交育种的时代，杂交种开始在世界得到了广泛的利用。

一、杂种优势与利用

（一）优势育种的概念

杂交种品种在某一方面或多方面优于双亲或某一亲本的现象叫杂种优势。广义的杂种优势包括正、负向两个方面，杂种优势与人工选择方向一致者叫正向优势，不一致者为负向优势。狭义的杂种优势仅指正向优势。在育种实践中，如果不特别说明则一般指正向杂种优势。杂种优势的表现是多方面的，如外观表现为生长势增强，产量增加，抗病性增强，品质变好，分配到经济产量中的生物量增加等；在生理代谢上表现在杂种合成某种物质的能力增强，抗逆能力和光合作用增强等。当然并不是任何两个亲本配组得到的杂种都有优势，如李鸿渐等对 34 个萝卜杂交组合进行配合力分析，有 11%组合的单根重接近双亲平均值，9%组合的单根重低于双亲平均值。实际工作中，需要配制大量的杂交组合，才能从中筛选到理想的优势组合。

优势杂交育种是利用生物界普遍存在的杂种优势，选育用于生产的杂交种品种的过程。由于杂种一代与一般品种相比具有明显的抗性强、产量高、整齐度好等优点，近年优势育种选育的杂交新品种越来越多，也越来越受到重视。

对大多数异花授粉植物来说，如果令其连续自交，其后代往往会发生自交衰退的现象，表现为生长势变弱、植株变小、抗性下降、产量下降等。这是因为异花授粉植物由于长期异交，不利的隐性基因有较多机会以杂合形式被保存下来。一旦自交，隐性不利基因趋于纯合，就会表现出衰退现象。衰退程度因植物种类的不同而不同，如十字花科作物多数自交衰退较重，而瓜类衰退程度较轻。因此，这些作物更适于应用杂种优势育种。

（二）杂种优势的应用概况

目前世界各国杂交种品种都有较高的使用率。在日本，番茄、白菜、甘蓝杂交种品种的种植面积占同类作物栽培面积的 90%以上，黄瓜为 100%。美国的胡萝卜、洋葱、黄瓜杂种一代占 85%左右，菠菜为 100%。我国对园艺植物开展杂种优势利用是从 20 世纪 50 年代初期开始的，取得了一些成果，但推广面积不大。到 80 年代前进展缓慢，生产上应用的杂交种较少，主要是常规品种，然后进入了一个快速发展期，大量的杂交种涌现，现在已经成为种子市场的主体。近年来，林木及有性繁殖观赏植物开始利用杂种优势的杂交品种，杂交种品种在生产中的比重有迅速上升的趋势。如金鱼草、三色堇、紫罗兰、樱草类、蒲包花、四季海棠、藿香蓟、耧斗菜、雏菊、锦紫苏、石竹、凤仙花、花烟草、丽春花、天竺葵、矮牵牛、报春、大岩桐、万寿菊、百日草及羽衣甘蓝等的杂种一代种子。据不完全统计，中国自

20 世纪 70 年代以来，甘蓝、白菜、番茄、茄子、辣椒、黄瓜、西瓜、甜瓜等的杂交种品种已大面积应用于生产，已育成 20 种园艺植物的杂交种品种 1000 余个，推广面积 2000 万公顷以上。

杂交种品种之所以如此占主导地位，主要有三个原因：一是杂种优势强，生产者愿意种；二是育种者的权益容易得到保护；三是育种周期短，效益好。利用现有的配合力高的亲本组配杂交种品种，育种周期短，投入少，奏效快。因此，凡是有条件利用 F_1 的蔬菜、瓜类作物，几乎都在选育和使用杂交种品种。

（三）杂种优势的衡量方法

衡量杂种优势的强弱是为了有效地开展育种工作，提供选择亲本的一些理论依据。通过对杂种优势的衡量也可以对杂交种进行有效地评价，有利于杂交种尽快地应用于生产。简便的度量方法有以下几种。

1. 超中优势

又称中亲值优势。以中亲值（某一性状的双亲平均值的平均）作为尺度来衡量 F_1 平均值与中亲值之差的度量方法。计算公式：

$$H=\frac{F_1-\frac{1}{2}(P_1+P_2)}{\frac{1}{2}(P_1+P_2)}$$

式中，H 表示为杂种优势；F_1 表示杂种一代的平均值；P_1 表示第一个亲本的平均值；P_2 表示第二个亲本的平均值。

一般情况下，H 值在 0～1 之间，当 $H=0$ 时无优势。这种衡量方法的实用价值不大，因为如双亲相差比较大，F_1 即使超中优势比较强，如未超过大值亲本，也没有推广价值，不如直接应用大值亲本。

2. 超亲优势

这是利用双亲中较优良的一个亲本的平均值（P_h）作为标准，衡量 F_1 平均值与高亲平均值之差的方法。计算公式是：

$$H=\frac{F_1-P_h}{P_h}$$

应用这种方法的理由是如果 F_1 的性状不超过优良亲本就没有利用价值。因此用该法可直接衡量杂种的推广价值，但是超过亲本并不意味着超过当地的主栽品种，如果性状的优良程度低于生产上正在使用的品种，也没有推广价值。

3. 超标优势

这是以标准品种（生产上正在应用的同类优良品种）的平均值（CK）作为尺度衡量 F_1 与标准品种之差的方法。计算公式是：

$$H=\frac{F_1-CK}{CK}$$

这种方法因为利用标准品种来对比，而标准品种是当时当地大面积栽培的品种，所以更能反映杂种在生产上的应用价值，如果所选育的杂种一代不能超过标准品种就没有推广价值。但这种方法根本不是对杂种优势的度量，不能提供任何与亲本有关的遗传信息。因为即使对同一组合同一性状来讲，一旦所用的标准品种不同，H 值也变了，没有固定的可比性。

4. 离中优势

它是以双亲平均数之差的一半作为尺度衡量 F_1 杂种优势的方法，是以遗传效应来度量杂种优势的。用公式表示为：

$$H=\frac{F_1-\frac{1}{2}(P_1+P_2)}{\frac{1}{2}(P_1-P_2)}$$

这种方法反映了杂种优势的遗传本质，便于在各种组合和各种性状间进行单独的或综合的比较。它同时反映了 H 值和亲本双亲值之差呈负相关，也就是说双亲差异越小越容易出现杂种优势，但是如果亲本完全一致则公式的分母为零，则没有任何意义。这种衡量方法目前得到了育种实践的验证。

（四）优势杂交育种与常规杂交育种的比较

优势育种与常规杂交育种从育种程序上来说有很多相似的地方。例如：需大量收集种质资源，选择选配亲本，都经过有性杂交、品种比较试验、区域试验、生产试验等。区别在于以下几个方面。

① 从理论上看，有性杂交育种利用的主要是群体或作物可以固定遗传的部分，一旦育成品种，可长期稳定地遗传，其后代自交没有分离的现象。优势育种利用的是不能固定遗传的非加性效应，后代自交发生分离，杂种优势衰退。

② 从育种程序上来看，常规杂交育种是先进行亲本间杂交，然后自交分离选择，最后得到基因型纯合的定型品种，即先杂后纯。优势育种是首先选育自交系，经多代纯合稳定后，进行配对杂交，通过品种比较试验，最后选育出优良的基因型杂合的杂交种，即先纯后杂。

③ 在种子生产上，经有性杂交育种获得的品种留种容易，每年从生产田或种子田内植株上可收获种子，即可供下一代生产播种之用。优势育种选育的杂交种品种不能直接留种，每年必须专设亲本繁殖区和生产用种地。

二、优势杂交育种的程序

（一）选育自交系

要想使 F_1 代出现 100％的同型杂合体，首先要保证亲本性状的高度一致，所以优势育种一般应首先选育自交系，使基因型纯合或接近纯合。自交系是指经过多代自交，经选择淘汰不良的性状而产生的性状整齐一致、遗传稳定的系统。选育自交系的方法有系谱选择法和轮回选择法。

1. 系谱选择法

① 基础材料选择　选育自交系首先必须收集大量的原始材料，原始材料最好是具有栽培价值的农家定型品种和大面积推广的优良定型品种。因为它们本身的经济性状比较优良，基因型的杂合度不高，选育自交系所需的时间相对较短。其他类型的材料需花较长的时间，如用杂种一代需要自交 5 代以上才能纯合。而半栽培种或野生种中的个别优良性状必须通过杂交、回交转到栽培种中才能应用。有些带有不良性状的育种材料往往难以改进，育种时间较长，应慎重使用。

② 选株自交　在选定的基础材料中选择无病虫害的优良单株自交。自交株数取决于基础材料的一致性程度，一致性好的，通常自交 5～10 株，一致性差的需酌情增加。每一变异类型至少自交 2～3 株，每株自交种子数应保证后代可种 50～100 株。

③ 逐代选择淘汰　首先进行株系间的比较鉴定，然后在当选的株系内选择优良单株自交。优良单株多的当选自交系应多选单株自交，但不能超过 10 株。每个 S_2（自交二代）株系一般种植 20～200 株，以后仍按这个方法和程序逐渐继续选择淘汰，但选留的自交株系数应逐渐减少直到几十个。每一自交株系种植的株数可随着当选自交株系的减少而增加。总的原则是主要经济性状不再分离，生活力不再继续明显衰退。自交系选育出来后，每个自交系种一个小区进行隔离繁殖，系内株间可以自由授粉。

2. 轮回选择法

系谱选择法只能根据自身的直观经济性状进行选择。选择得到的自交系与其他亲本配组的杂种后代的表现并不知道。通过轮回选择法培育的自交系不仅可保证自身经济性状优良，而且可提高自交系的配合力。轮回选择的方法有很多种。现分别介绍两种配合力的轮回选择。

① 一般配合力轮回选择　与系谱选择法一样，首先应该选择优良的品种作为基础材料，其要求与系谱法一样。然后按下列程序选择：第一代在基础材料中选择百余株至数百株自交，同时，作为父本与测验种进行测交。测验种是测交用共同亲本，宜选用杂合型群体如自然授粉品种、双交种等。测交种子分别单独收获贮存。第二代将每个测交组合播种一个小区，设 3～4 次重复，按随机区组设计排列。比较测交组合性状的优劣，选出 10%最优测交组合。测交组合的父本自交种子在这一代不播种而是保留在室内干燥条件下，用于下一代播种。第三代把当选的优良测交组合的相应父本自交种子分区播种。用半轮配法配成 $\frac{n(n-1)}{2}$ 个单交种，n 指亲本数，或用等量种子在隔离区内繁殖，合成改良群体。如果经过这一轮选择尚未达到要求，则第三代的合成改良群体作基础材料，按上述方法进行第一轮或更多轮的选择。从上述轮回选择的程序来看，选择的依据不是自交植株本身的直观经济性状，而是它与基因型处于杂合状态的测交后代的表现。因此，可以反映该自交植株的一般配合力，所以把它叫一般配合力轮回选择

② 特殊配合力轮回选择　特殊配合力轮回选择要求用基因型纯合的自交系或纯育品种作测验种。其他方面与一般配合力轮回选择完全一样。如果轮回选择得到的自交系，个体间差异 F_1 较大，可以从中选优良单株自交 1～2 代或多代。

（二）配合力

1. 配合力的概念

所谓配合力是指作为亲本杂交后 F_1 表现优良与否的能力。配合力分一般配合力（gca）

和特殊配合力（sca）两种。一般配合力是指一个自交系在一系列杂交组合中的平均表现；特殊配合力是指某特定组合某性状的观测值与根据双亲的一般配合力所预测的值之差。

2. 配合力分析的意义

在上述选育自交系的过程中，只是根据亲本本身的表现进行选择的。亲本本身的表现固然与 F_1 的表现有关，但用它来预测 F_1 的表现很不准确。有些亲本本身表现好，其 F_1 的表现不一定很好。相反，有些 F_1 的优势强，而它的两个亲本表现并不是最好的。因此，自交系选育出来后，要进行配合力分析。配合力分析结果出来后，便可确定哪些组合该采用哪种育种方案。当一般配合力高而特殊配合力低时，宜用于常规杂交育种；两者均高时，宜用于优势育种；当一般配合力低而特殊配合力高时，宜采取优势育种；两者均低时，这样的株系和组合就应淘汰。

（三）配组方式的确定

配组方式是指杂交组合父母本的确定和参与配组的亲本数。根据参与杂交的亲本数可分为单交种、双交种、三交种和综合品种四种配组方式。

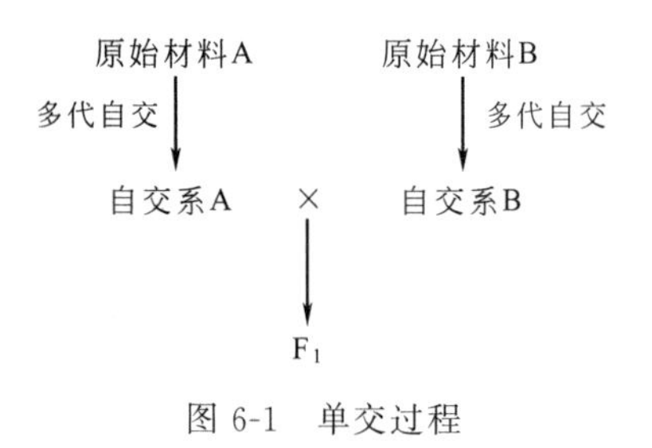

图 6-1 单交过程

1. 单交种

单交种是指用两个自交系杂交配成的杂种一代，这是目前用得最多的一种配组方式（见图 6-1）。主要优点是：①基因型杂合程度最高；②株间一致性强；③制种程序简单。应考虑正反交在种子产量上甚至杂种优势方面的差异。通常在双亲本身生产力差异大时，以繁殖力强的高产者作母本；双亲的经济性状差异大时，以优良性状多者作母本；以花粉量大、花期长的自交系作父本，以便保证母本充分授粉；以具有苗期隐性性状的自交系作母本，以便在苗期间苗时，淘汰假杂种。

2. 双交种

双交种是由四个自交系先配成两个单交种，再用两个单交种配成用于生产的杂种一代品种（见图 6-2）。利用双交种的主要优点是降低了杂种种子生产成本。与单交种相比，它的杂种优势和群体的整齐性不如单交种。而整齐度对商品化要求较高的园艺植物十分重要，因此，该方法现在已较少采用。

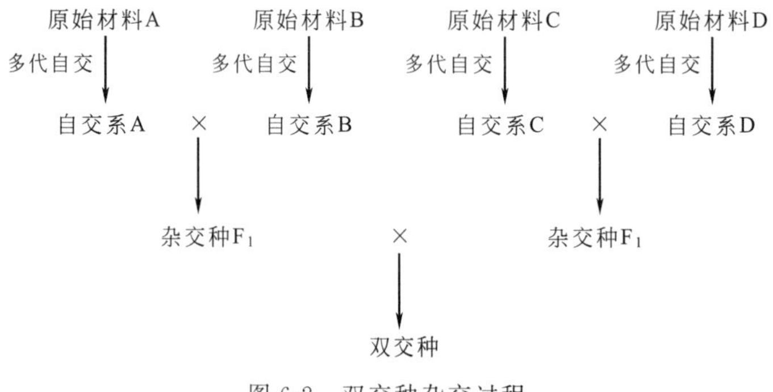

图 6-2 双交种杂交过程

3. 三交种

先用两个自交系配成单交种，再用另一个自交系与单交种杂交得到的杂交种品种叫三交种（见图 6-3）。利用三交种的目的主要是为了降低杂种种子生产成本，与双交种一样也存在杂种优势和群体的整齐度不及单交种等缺点。

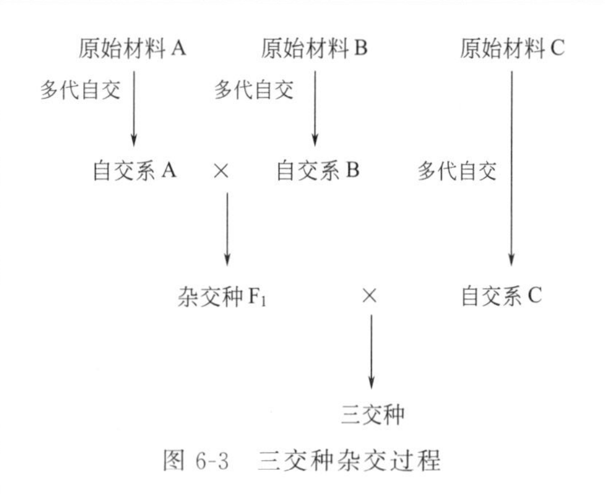

图 6-3　三交种杂交过程

4. 综合品种

将多个配合力高的异花授粉或自由授粉植物亲本在隔离区内任其自由传粉所得到的品种，适应性更强，但整齐度较差。可连续繁殖 2～4 代，保持杂种优势，由于授粉的随机性，不同年份所获得的种子的遗传组成不尽相同，因而在生产中表现不太稳定。

三、杂种一代种子生产

与其他育种途径相比，优势育种的种子需要每年重新生产繁殖，包括杂交种 F_1 和亲本，因而特别重要，生产技术环节因作物的种类不同而有所区别。

1. 人工去雄制种法

人工去雄是一种最原始的制种法，但在园艺植物中仍然大量采用，如黄瓜、番茄、茄子、辣椒等，具体操作依植物种类而异。在雌雄同花的植物中，尤其对于茄科、葫芦科园艺植物，因花器较大，繁殖系数高，授粉一朵花所结种子数较多，单位面积产量高，完全可以采用此法。有些雌雄异株或同株异花植物在开花之前便能区别雌雄株和雌雄花，制种时，把母本行内雄株和母本株上的雄花去掉，任其自由授粉，杂种优势所产生的效益远远超过因制种所增加的费用。雌雄异株植物制种比较简单，将双亲在隔离区内（1500～2000m 以内不应有同种植物的其他品种）相邻种植。雌雄株的行比为 1∶(3～4)，在雌雄可辨时，把母本行的雄株拔掉即可，每隔 2～3 天拔一次，连续 2～3 周，开花时依靠风力或昆虫传粉。对于番茄等雌雄同花同株的植物，按照行比为 1∶(3～4）的父母本比例种植，在开花前进行去雄，人工授粉即可。在母本株上收获的种子便是 F_1 种子，父本行中的雌株所结的种子即可用作下一年制种用的父本种子，母本需设单独繁殖区。

2. 利用苗期标记性状制种

在苗期容易目测，可以直接用来鉴别亲本和杂种的植物学性状叫苗期标记性状。如结球白菜的叶片无毛，西瓜的全绿叶，甜瓜的裂叶，番茄的叶、绿茎、黄叶等。使用时以隐性纯合的类型作为母本，相应的显性类型作为父本，如以叶番茄自交系作母本，裂叶番茄自交系作父本，从母本上所收的 F_1 种子，在苗期如果表现为叶，则为假杂种。该法多用于异花授粉植物和自由授粉植物，方法是：在制种区内，父母本按 1∶2 的行比种植，任其自由授粉，在母本上所收获的种子为杂种一代种子。父本株只提供花粉，单独设母本繁殖区和父本繁殖区。

种植 F_1 时，在苗床中将具有母本隐性性状的假杂种拔除。这种方法简单易行，杂种种子生产成本低，能在较短的时间内生产大量杂种一代种子。但由于苗期标记性状不是任何杂交组合中都存在，加之幼苗期拔除假杂种的工作量大，不容易被生产者接受，故应用不广。

3. 化学去雄制种

选育雄性不育系、自交不亲和系或雌性系并非轻而易举。在没有选育出上述材料时，生物学家研究如何利用化学试剂杀雄，同样可以免除人工去雄杂交的工作量。现在已发现二氯乙酸、三氯丙酸、矮壮素等多种药品具有一定的杀雄效果。但由于化学杀雄剂杀雄常不彻底、易受环境影响、效果不稳定、还有一些副作用（损伤雌性器官，影响正常生长发育或对人畜有害）或太昂贵，至今尚未在生产上实际应用。目前，在生产中利用较为广泛的是利用乙烯利诱导黄瓜母本产生雌花，不产生雄花或数量极少，然后利用父本花粉进行杂交授粉制种，该法同样存在着去雄不彻底的问题，同时也会引起植株老化。

4. 利用单性株制种

黄瓜雌雄株与完全花株（纯全株）或雌全株通过自交或杂交，在其后代中通过选择，可以获得纯雌株，通过进一步选择可获得只有雌株的雌性系，用作母本可免去去雄操作。制种时，按 1∶3 的行比种植父母本。在 F_1 制种隔离区内（1500～2000m 以内不应有同种植物的其他品种）任其自由授粉。在母本株上收获的种子即为杂种一代种子，在父本株收获的种子下一代继续作父本种子用。另设母本繁殖区，由于雌性系几乎没有雄花，因此必须在苗期用赤霉素或硝酸银处理，喷洒叶面 1～2 次，每隔 5 天喷一次，促其产生雄花，在隔离区内任其自由授粉即可得到母本种子。

在菠菜中，通过选择有可能获得雌株系，用作母本可免去拔雄株的工作。制种时，雌株系（母本）与父本按 1∶(2～3) 的行比种植在 F_1 代制种隔离区内（1500～2000m 内不应有同种植物的其他品种），任其自由授粉。在雌株系上收获的种子即为 F_1 种子，在父本上收获的种子下一年继续作父本种子，另设母本繁殖区。

天门冬（石刁柏）为典型的雌雄异株植物，雄株的性染色体为 XY 型，雌株的为 XX 型，雄株的产量高于雌株。正常情况下，群体中雌雄株各占 50%。如果雄株的性染色体为 YY 型，则为超雄株。用它与 XX 型的雌株杂交得到的 F_1 则全部为 XY 型的雄株。通过花药或花粉培养有可能获得 Y 型的单倍体植株，将它加倍则成为 YY 型的超雄株。在制种区按 1∶(2～3) 的行比种植超雄株和雌株，在雌株上收获的种子作生产用种，然后将超雄株用无性繁殖法固定下来。

5. 利用雄性不育系和自交不亲和系制种

雄性不育系和自交不亲和系的内容很多，后面将专门用两节阐述。

四、雄性不育系的选育和利用

（一）利用雄性不育系制种的意义

1. 雄性不育系的概念

在两性花植物中雄蕊败育现象叫做雄性不育，园艺植物中有些雄性不育现象是可以遗传的，采用一定的方法可育成稳定遗传的雄性不育群体，称之为雄性不育系。目前，在大白菜、萝卜、甘蓝等十字花科作物中已经选育出了稳定的雄性不育系统；在番茄等茄科植物中已经发现了雄性不育植株，并育成雄性不育系，但还没有在生产上大面积应用。

2. 雄性不育系在杂种种子生产中的作用

杂种优势普遍存在，但很多作物由于单花结籽量少，获得杂交种子难，杂交种子生产成本太高而难以在生产应用。例如，大白菜的花多而小，单荚的种子数少，如果要是利用人工去雄法进行制种，那么每天每个人大约只能给2000多花授粉，也就得到20～30克种子，还不够种植一亩地。总体计算下来，种子成本就相当昂贵，根本无法被农民所接受。如果任其天然授粉，则杂交率很低。所以利用雄性不育系配制杂交种是简化制种的有效手段，可以降低杂交种子生产成本，提高杂种率，扩大杂种优势的利用范围。

（二）雄性不育系的选育

雄性不育系的选育工作是一项十分庞大而繁杂的工作，需要的科技含量较高，首先要有雄性不育材料，而且必须明确材料的不育性质。根据材料的不同，选育方法简介如下。

1. 细胞质雄性不育系的选育

细胞质雄性不育系的选育实际上是饱和回交的过程。在园艺植物中已知在结球白菜中获得了典型的细胞质雄性不育材料，即含萝卜雄性不育异胞质的白菜材料，以待转育的可育白菜品系作为轮回杂交父本，经连续4～5代回交，即可育成新的雄性不育系。

2. 核基因雄性不育系选育

目前认为在园艺植物细胞内控制雄性不育的有三个复等位核基因，Ms^f 为显性恢复基因，Ms 为显性不育基因，ms 为隐性可育基因，显隐关系为可育 Ms^f 对不育 Ms 为显性，不育 Ms 对可育 ms 为显性。在核不育基因转育过程中，应首先了解待转育品系在核不育复等位基因位点上的基因型，所用不育源的基因应与待转育材料的基因互补，凑齐三个复等位基因，按遗传模式转育即可。

3. 质核互作雄性不育系的选育

质核互作不育存在于部分园艺植物中。不育源可在自然群体中寻找，通过杂交转育，也可以从近缘种引入不育细胞质。如甘蓝型油菜的质核互作雄性不育系Polima的不育细胞质已被成功地转入白菜中，育成了结球和不结球白菜的质核互作雄性不育系。

（三）利用雄性不育系制种的方法和步骤

1. 利用质核互作雄性不育系生产一代杂种种子

制种方法为：设立两个隔离区。一个为雄性不育系和保持系繁殖区。在这个区内按1∶(3～4)的行比种植保持系和不育系，隔离区内任其自由授粉或人工辅助授粉。在不育系上收的种子大部分用作下一年杂交种种子生产的母本，少部分用作不育系的繁殖，在保持系上收的种子仍作保持系用。

另一个隔离区为 F_1 制种区，在这个区内，仍按 1∶(3～4) 的行比栽植父本（或恢复系）和雄性不育系。隔离区内任其自由授粉或人工辅助授粉。在不育系上收获的种子即为 F_1 种子，下一年用于栽培生产。在父本行或恢复系上收获的种子，下一年继续作父本用于 F_1 制种。

2. 利用核基因互作雄性不育系生产杂种一代种子

需设立 3 个隔离区，一个为甲型两用系繁殖区。在这个区内只种植甲型两用系；开花时，标记好不育株和可育株，只从不育株上收种子，可育株在花谢后便可拔掉（不需留种）。从不育株上收获的种子一部分下一年继续繁殖甲型两用系，一部分下一年用于生产雄性不育系。第二个隔离区为雄性不育系生产区。在这个区内按 1∶(3～4) 的行比种植乙型可育系（保持系）和甲型两用系，而且甲型两用系的株距比正常栽培的小一半。快开花时，根据花蕾特征（不育株的花蕾黄而小）去掉甲型两用系中的可育株，任其授粉。在甲型两用系的不育株上收获的种子为雄性不育系种子，下一年用于 F_1 种子生产。在可育株上收获的种子，下一年继续用于生产雄性不育系种子。第三个隔离区为 F_1 制种区，在这个区内按 1∶(3～4) 的行比种植 F_1 的父本和雄性不育系，任其自由授粉。在不育系上收获的种子为 F_1 种子；在父本植株上收获的种子，下一年继续作父本种子用于生产 F_1 种子。

利用雄性不育制种法，在生产上常被称为“三系配套制种法”，见图 6-4。

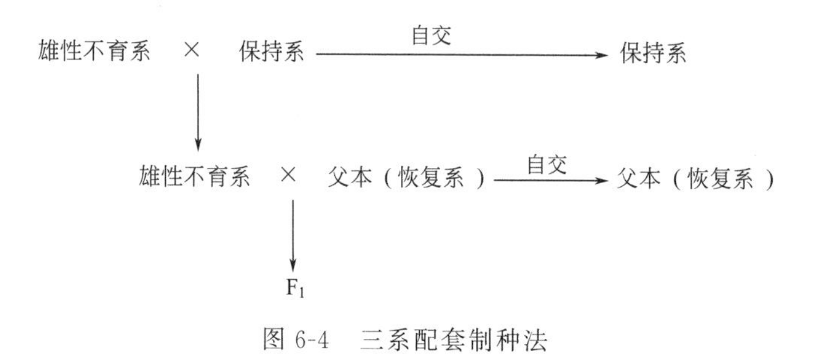

图 6-4 三系配套制种法

五、自交不亲和系的选育和利用

（一）自交不亲和系的概念和意义

自交不亲和性在白菜、甘蓝、雏菊和藿香蓟等植物中普遍存在。具有自交不亲和性的系统或品系叫自交不亲和系。自交不亲和系不仅指植株自交不亲和，而且也指基因型相同的同一系统内植株之间相互交配的不亲和。利用自交不亲和系制种与利用雄性不育系制种一样，可以节省人工去雄的劳力，降低种子生产成本，保证较高的杂种率。但是自交不亲和系同雄性不育系一样，因为不能自交，也存在着亲本繁殖困难的问题。

（二）选育自交不亲和系的方法

1. 优良自交不亲和系应具备的条件

白菜、甘蓝这一类植物自交存在着后代衰退的问题，天然杂交率很高，所以自交不亲和性是普遍存在的。但自然界的群体自交不亲和系是多样的，不是每一种都可以利用，人工选育的自交不亲和系必须具备以下条件才能满足制种的需要：

① 花期内系统株间交配和自交高度不亲和性相当稳定，不受环境条件的影响；

② 蕾期控制自交结实率高；

③ 胚珠和花粉生活力正常；

④ 经济性状优良；

⑤ 配合力强。

2. 选育方法

除直接从外地引进已育成的自交不亲和系外，从现有品种内选育也是可行的。在选育过程中，需要对经济性状、配合力和自交不亲和性三方面进行选择。经济性状和配合力的遗传比自交不亲和性复杂得多，所以应该先针对经济性状和配合力进行选择。实际育种工作中，一般都是对初选配合力高的亲本进行自交不亲和性的测定。方法是选择优良单株分别进行花期自交和蕾期授粉，以测定亲和指数和留种。计算亲和指数的公式为：

亲和指数＝花期自交平均每花结籽数/花期混合花粉异交平均每花结籽数

亲和指数≤0.05为不亲和，＞0.05为亲和。初步获得的自交不亲和株系是不纯的，必须经过多代（一般为4～5代）自交选择。这样选育出来的系统还要测定系内兄妹交的亲和指数，淘汰系内兄妹交亲和指数大于2的系统。常用的方法是全组混合授粉法，也可采用轮配法和隔离区内自然授粉法。

① 全组混合授粉法　将10株的花药等量混合均匀后采粉，授到提供花粉的10株的柱头上，测定亲和指数，这种方法的优点是比较省工。测验一个不亲和系，只要配制10个组合，而在理论上包括了与轮配法相同的全部株间正反交组合和自交共100个自交组合。缺点是如果发现有结实指数超标的组合时，不易判定哪一个或哪几个父本有问题，不便于基因型分析和选择淘汰。另外，有可能由于花粉混合不均匀而影响试验的准确性。

② 轮配法　每一株既作父本又作母本，分别与其他各株交配，包括全部株间组合的正反交和自交。每个自交系选10株，如果认为该株自交的亲和性已不用测定，则可省去10株自交而只做杂交。此法的优点是测定结果最可靠，并且发现亲和组合时能判定各株的基因型，因此可用于基因型分析。缺点是组合数太多，工作量大。

③ 隔离区内自然授粉法　把10株栽在一隔离区内，任其自由授粉。这种方法的优点是省工省事，并且测验条件与实际制种条件相似，不像前两种方法都用人工授粉，只局限于某一时期有限的花而不是整个花期的全部花。缺点是要同时测验几个株系时需要几个隔离区，而网室和温室隔离往往使结实指数偏低。如果发现结实指数较高，则与混合授粉法一样，难以判断株间的基因型异同。

（三）利用自交不亲和系制种的方法

为了降低杂种种子生产成本，最好选用正反交杂种优势都强的组合。这样的组合，正反交种子都能利用。如果正反交都有较强的杂种优势，并且双亲的亲和指数、种子产量相近时，则按1∶1的行比在制种区内定植父母本。如果正反交优势一样，但两亲本植株上杂种种子产量不一样，则按1∶(2～3)的行比种植低产亲本和高产亲本。如果一个亲本的植株比另一个亲本植株高很多，以至于按1∶1的行比栽植时高亲本会遮盖矮亲本，则按2∶2或1∶2的行比种植高亲本和矮亲本，以免影响昆虫的传粉。如果正反交杂种的经济性状完全一样，则正反交种子可以混收，否则分开收获或者是只收获母本株上的种子。

(四) 自交不亲和系的繁殖

自交不亲和系在正常授粉情况下是不能结实的，所以亲本的繁殖和提高繁殖系数是育种者不得不面对的问题，育种家们探索了很多种亲本种子生产的办法。下面介绍几种有代表性的方法。

1. 蕾期授粉

目前，蕾期授粉是繁殖亲本采用最多的办法，效果比较好，但费时费工，种子生产成本高，种子的产量比较低。蕾期授粉主要是利用雌蕊柱头在开花前4～5天就具有接受花粉的能力来进行繁殖，花粉以开花当天的花粉最好。为了防止生活力严重衰退，最好用系内其他植株的花粉授粉，授粉前可用剥蕾器或镊子剥开花蕾以便授粉。

2. 食盐水处理

开花期用5%的食盐水喷雾处理，每隔2～3天喷一次，任其自由授粉，虽然结实率不如蕾期授粉，但生产成本低得多（张文邦，1984）。这种方法已在部分甘蓝亲本种子生产中应用。

3. 破坏蜡质层

对开放的花，用钢刷刷柱头以破坏柱头的蜡质层，可以提高花期自交结实率。这种方法对于大白菜、甘蓝这样花小而多的作物应用也存在着局限性。也可在开花期对花柱通直流电以破坏柱头的蜡质层，用于提高花期自交结实率。此外，还可通过热助授粉，通过提高温度等措施来提高花期自交结实率。但多数方法操作麻烦或需要特殊设备，其效果都未达到能在生产上应用的水平。

4. 化学药剂处理

开花期用乙醚、氢氧化钾溶液处理花柱也有一定的效果。

六、远缘杂交及其在园艺植物育种中的应用

(一) 远缘杂交的概念

远缘杂交通常指植物分类学上不同种、属以上类型间的杂交。它实质上和前面讲到的常规杂交和优势杂交没有本质上的不同，但是由于亲缘关系较远，杂交过程和杂种后代表现出来的特点有所不同。远缘杂交包括有性的和无性的两种方式，如常见的嫁接就是一种无性远缘杂交，随着现代原生质体细胞融合技术的发展，无性远缘杂交的方式越来越多，利用范围也越来越广。

植物在长期进化的过程中，由于各种因素形成了不同的隔离的种群，这些隔离的种群由

于长期缺乏基因交流，所以亲缘关系相对较远，形成了相对独立的种。自然界最常见的是地理隔离和季节隔离，导致了植物间不能发生杂交，如欧洲葡萄和美洲葡萄在地理分布上远隔重洋。但是，植物的种、属间并不是完全孤立的，基因间也不是没有任何的亲缘关系，当给予一定的条件时，就有可能发生杂交结实。如生长在一起的银槭和红槭由于红槭开花时银槭花期已过，并不发生杂交，当人们把早花的银槭花粉保存起来给红槭授粉时，就很容易得到种间杂种。

（二）远缘杂交的意义

1. 创造新的作物类型，探索研究生物进化

大量实践证明，现有很多物种都是来自天然远缘杂交，远缘杂交后代中可再现物种进化过程中所出现的一系列中间类型和新种类型。如芥菜来自油菜和黑芥的杂交；欧洲李起源于樱桃李和黑刺李的杂交。因此，人类完全可以有意识地通过远缘杂交创造新的作物类型。如我国农民很早就开始利用驴和马进行杂交，得到的骡子继承了其父母的优点，成为日常生活的得力助手。通过远缘杂交过程，也可以研究物种进化过程和确定物种间的亲缘关系，有助于进一步阐明某些物种或类型形成与演变的规律。例如以黑刺李与樱桃李杂交，F_1 加倍后，得到双二倍体，其特征与欧洲李相似，而且和欧洲李杂交亲和性良好，从而提出了关于欧洲李起源于上述种间杂交的观点。

2. 提高植物的抗性

园艺植物通过长期的栽培和人工选择，对自然环境的抵抗力已经降低了，对某些病害的抗性已经极大地弱化；而野生植物由于经常处于不利环境（高温、寒冷、干旱）下，对逆境有一定的适应性，因此通过远缘杂交，利用野生类型的高度抗病性和对环境胁迫条件的抵抗能力，是改良栽培品种很有效的途径。如 19 世纪中叶欧洲育种者利用含抗晚疫病基因的野生马铃薯与栽培种杂交，获得了抗晚疫病的品种，解决了爱尔兰因马铃薯晚疫病流行而遭受的饥荒。黄善武等用现代月季与蔷薇杂交，已筛选出部分抗寒性很强的新类型。

3. 丰富作物的变异类型，改良园艺植物的产品品质

通过种、属间杂交可显著丰富园艺植物变异的多样性。以花卉的色泽为例，由单一物种起源的花卉如香豌豆、翠菊、旱金莲、牵牛花等花色往往比较单调，而由若干个野生种杂交起源的花卉如唐菖蒲、香石竹、大丽花、蔷薇类则花色丰富多彩。因此，远缘杂交是丰富作物多样性的重要手段，是改良观赏植物外观品质的一个重要方法。另外，植物的野生种往往干物质含量较高，某些营养物质的含量显著地高于现有的栽培品种。在品质育种方面，美国的育种家用秘鲁番茄做亲本育成了高维生素 C 含量的品种，用多毛番茄做亲本育成了高维生素 A 含量的品种；保加利亚的育种家用醋栗番茄做亲本育成了干物质含量比一般品种高 2%、维生素 C 含量高一倍的保加利亚 10 号番茄品种等。

4. 创造新的雄性不育源

前面讲过，利用雄性不育系是简化育种手续的重要手段，但是雄性不育系的选育仍然是一件很困难的事。很多植物当中雄性不育类型单一，利用现有条件，在栽培品种中很难找到

保持系，无法培育出稳定的雄性不育系。现代育种学利用远缘杂交的手段导入胞质不育基因或破坏原来的质核协调关系，扩大了雄性不育的来源，已经育成番茄、南瓜、白菜等多种作物质核不育的雄性不育系和保持系。

（三）远缘杂交的特点

远缘杂交的亲本选择和选配除了遵循一般的杂交原则和规律外，还必须要注意到其特殊性。目前，由于杂交在不同类群植物种间、属间进行，远缘杂交育种存在诸多障碍，表现突出的有以下几方面。

1. 远缘杂交的不亲和性

由于双亲的亲缘关系较远，遗传差异大，存在生殖隔离机制而导致杂交中雌、雄配子不能正常受精形成合子。人们将远缘杂交时园艺植物表现出的不能结籽或结籽不正常的现象称为杂交不亲和性。

不亲和性是物种间存在生殖隔离的表现形式。具体体现在花粉落到异种植物的柱头上不能发芽；即使花粉能够发芽，花粉管生长缓慢或花粉管太短，不能进入子房到达胚囊；有的种类花粉管虽能进入子房到达胚囊，但不能正常受精，或只有卵核或极核发生单受精等。这是因为不同种间柱头环境和柱头分泌物差异太大，存在相互排斥或抑制作用。花粉粒的萌发、花粉管的生长和雌雄配子的结合，受到父母本遗传差异大小和外部因素的影响。

为了克服远缘杂交的不亲和性，中外的专家学者进行了各种尝试，但还没有取得完全一致的通用方法，目前解决不亲和性的途径有以下几种。

① 混合授粉法　外来花粉不能萌发的一个重要原因是母本柱头上的特殊分泌物。混合授粉就是在选定类型的父本花粉中混入经杀死的母本花粉或者混入未经杀死的母本花粉。利用不同种类花粉间的相互影响，改变授粉的生理环境，可以解除妨碍异种花粉萌发物质的影响，提高父本花粉的发芽几率，改善母本的受精环境，因此可以增加亲和性。如在大白菜与甘蓝的远缘杂交中，将白菜和甘蓝花粉混合授粉，提高了杂种种子的结籽率。但是因为混合未经杀死的母本花粉，应对杂交后代进行鉴定，以确定是远缘杂种还是自交种。北京林业大学（1986）在山茶花远缘杂交中，用山茶中的五宝和星桃两品种花粉，外加部分经高剂量射线杀死的防城金花茶花粉给防城金花茶授粉，效果良好。

② 重复授粉法　由于雌蕊发育程度不同，柱头分泌物对于外源花粉的排斥或抑制作用不同，受精选择性也不同，因此在同一母本花的花蕾期、始花期和临谢期等不同时期，进行多次重复授粉，可以促进远缘杂交受精结籽。

③ 染色体加倍法　远缘杂交以后，在联会的时候由于缺乏同源染色体，异源染色体之间相互排斥而出现紊乱，因此远缘杂交不易成功。将双亲或亲本之一的染色体加倍，增加了染色体的配对机会，因此常常是克服不亲和性最有效的办法。染色体倍数高低与远缘杂交的结实率高低有一定的关系，但并不是倍数越高越好。例如 G. Darrow 曾以八倍体的凤梨草莓和二倍体森林草莓杂交，未能成功；但将森林草莓加倍成四倍体后再与八倍体凤梨品种杂交，则获得了六倍体的杂种。二倍体甘蓝和白菜、油菜、芥菜等二倍体相互不能杂交，但是

作为四倍体可杂交成功。秘鲁番茄与多腺番茄杂交中，如将母本植株先诱导成同源四倍体，可显著提高结籽率。

④ 嫁接 通过亲本双方嫁接的方法，可以增加接穗和砧木间的营养交流，使种间差异得到缓和，开花后再进行有性杂交，可以提高亲和性。如中国农业大学曾用黄瓜与丝瓜进行属间杂交，没有成功，但将黄瓜接穗先嫁接到丝瓜上，然后再用丝瓜和黄瓜的混合花粉给黄瓜授粉，收到较好的效果。

⑤ 媒介法 当两个远缘亲本直接杂交比较困难时，可以采用“桥梁种”作为媒介，从而改善结实情况。首先这个种和两个亲本亲缘关系都较近，而且杂交的成功率较高；然后让这第三个种作为桥梁，先与某一亲本杂交产生杂种，然后用这个杂种再与另一亲本杂交。M. L. Besley（1943）报道用普通番茄×秘鲁番茄得到32粒种子，只有4粒发芽；先用醋栗番茄作桥梁种，和普通番茄杂交，得到的杂种再和秘鲁番茄杂交，得到152粒种子，有82粒发芽，并且 F_1 的育性和稔性都比前一组合显著提高。

⑥ 柱头移植和花柱短截法 柱头移植的方法通常有两种：一是将父本花粉先授于同种植物柱头上，在花粉管尚未完全伸长前，切下柱头，移植到异种的母本花柱上；二是先进行异种柱头嫁接，待一两天愈合后再行授粉。花柱短截法是将母本花柱切除或剪短，将父本花粉直接撒在切面上或将花粉的悬浮液注入子房，使花粉不需要通过柱头和花柱，直接使胚珠受精。但采用这些方法时，操作必须细致，通常在具有较大的柱头的植物中使用。如上海市园林科学研究所在百合花远缘杂交中，应用切短花柱头和父本柱头移植等方法，使远缘杂交获得了成功。

⑦ 化学药剂的应用 一般多用赤霉酸、萘乙酸、硼酸、维生素等化学药剂，涂抹或喷洒处理母本雌蕊，能促进花粉发芽和花粉管生长，有利于杂交的成功。试验表明：用萘乙酸处理梨花柱和子房基部，授以苹果花粉，获得的杂交果实平均种子数接近正常的结籽率。通过喷洒外源激素，主要是促进了花粉的萌发和胚乳的发育，为胚胎发育提供了必要的生理条件，也有可能是破坏了柱头上的特殊分泌物的抑制作用。

⑧ 试管受精与雌蕊培养 组织培养的技术发展，为克服远缘杂交花粉不能萌发、花粉管不能伸长或伸长过慢等障碍提供了新的途径。试管受精技术是从母本花朵中取出带胎座或没有带胎座的胚珠，置于试管中培养，并在试管中进行人工授精。目前该种方法已在烟草属、石竹属、芸薹属、矮牵牛属等植物的远缘杂交中获得成功。有时为避免受精后的子房早期脱落，也可在母本花药未开裂前切取花蕾，剥去花冠、花萼和雄蕊，消毒后将雌蕊接种在培养基上进行人工授粉和培养。

此外，应用温室或保护地改善授粉受精条件，以及预先辐射处理花粉或植株，可能在不同程度上有利于克服远缘杂交的不亲和性。近些年来发展起来的体细胞融合技术、外源DNA导入技术，可绕过有性杂交过程使亲本基因重组，也是克服远缘杂交不亲和的有效方法。

2. 远缘杂种的不育性

应用远缘杂交后，克服了不亲和性，雌、雄配子能够交配产生了受精卵，这只是完成了远缘杂交的第一步。由于这种受精卵与胚乳或与母体的生理机能不协调，一般不能发育成健全的种子；或者种子在形态上形成，但是不能发芽或发芽后不能发育成正常的植株，人们把这种现象称之为远缘杂种的不育性。其具体表现为：受精后幼胚发育不正常、中途停止；杂种幼胚、胚乳和子房组织之间缺乏协调性，特别是胚乳不正常，影响胚的正常发育，致使杂种胚部分或全部坏死；虽然得到包含杂种胚的种子，但种子不能发芽；或虽能发芽，但在苗期死亡。

克服远缘杂种的不育性，依据不同原因，可采用下列方法。

① 离体培养　对于受精后幼胚发育不正常、中途停止的情况，可以采用胚的离体培养技术，获得杂种苗。方法是将授粉十几天（或更长）的幼胚在无菌条件下接种到适宜的培养基中，加少许植物激素，在室温、弱光下培养，直至长出根和叶，能够自养时再移入土壤。目前，在北京玉蝶梅×山桃的属间杂种、毛樱桃×梅花等许多果树作物的杂交中得到应用。

② 嫁接　幼苗出土后如果发现是由于根系发育不良而引起的夭亡，可将杂种幼苗嫁接在母本幼苗上，使之正常生长发育。

③ 改善发芽与生长条件　远缘杂种由于生理不协调而引起的不正常生长，在某些情况下提供优良的生长条件时，可能逐步恢复正常。远缘杂交种子发芽能力弱时，可刺破种皮以利幼胚吸水和促进呼吸。如种子秕小，可用腐殖质含量高、经过消毒的土壤在温室内盆栽，为种子发芽生长创造良好的条件。

3. 远缘杂种的不稔性

远缘杂种虽能形成一个完整的植株，但由于生理上的机能不协调，一般不能形成正常的生殖器官，即使开花，也往往是不能结果产生种子，人们将这种现象称为远缘杂种的不稔性。

远缘杂种不稔性的产生是由于形成配子时减数分裂过程中染色体不能正常联会，染色体分配不平衡，不能产生正常的配子，导致不能繁衍后代。其主要表现有：杂种营养体生长繁茂，但不能正常开花；或者能正常开花，但其构造、功能不正常，产生的花粉都是败育的；即使花粉有活力也不能完成正常的受精过程，不能结果和产生正常的种子。所以，远缘杂交的后代往往表现出高度的不育。

克服远缘杂种不稔性的途径有以下几种。

① 染色体加倍法　前面已经提到，采用染色体加倍法可以克服杂种减数分裂过程中染色体不能正常联会的问题，加倍的方法一般是用秋水仙碱液处理。如白菜×甘蓝正反交，122 朵和 70 朵杂交花都没有得到种子，但将甘蓝的染色体数加倍成为同源四倍体后和白菜杂交，结果是当四倍体甘蓝为父本时，155 朵杂交花，结了 209 粒种子，长出了 127 棵杂种植株；反交时，131 朵杂交花，结了 4 粒种子，都长成杂种植株。

② 回交法　Cochran（1950）报道洋葱×大葱的 F_1，生长强健，卵败育，但花粉有 6.2%～9.7%能染色，以 F_1 作为父本和亲本之一回交，后代兼有双亲遗传特性，不稔性得到改善。

③ 蒙导法　将远缘杂种嫁接在亲本或第三种类型的砧木上，或用已结实的带花芽亲本以及第三种类型的芽条作接穗嫁接在杂种植株上，也可以克服杂种由于生理不协调引起的难稔性。如米丘林用斑叶稠李和酸樱桃杂交获得的属间杂种，只开花而不结实，后来将杂种嫁

接在甜樱桃上，第二年就结了果。

④ 逐代选择　远缘杂种的难稳性在个体间存在差异，同时在不同世代或同一世代的不同发育时期也有差异，所以采取逐代选择可提高稔性。欧洲红树莓与黑树莓的种间杂种大多数只开花不结实，只有少数能结少量的果实，但经四个世代的连续选择，终于获得优质丰产的新品种“奇异”。实践表明，有的杂种个体可通过延长寿命提高稔性，如采用多次扦插繁殖可克服秘鲁番茄与栽培番茄杂种的难稔性。

⑤ 改善营养条件　杂种个体的发育和受精过程与营养条件和生态环境密切相关。在花期喷施磷、钾、硼等具有高度生理活性的微量元素，以及采取整枝、修剪和摘心等措施对促进杂种的生理机能协调、提高稔性有一定效果。通过混合花粉的人工辅助授粉，也可使杂种的受精选择性得到较大的满足，往往可提高杂种的结实率。

4. 返亲现象和剧烈分离

远缘杂交由于亲本间的基因组成存在着较大差异，杂种的染色体组型也往往有所不同，因而造成杂种后代不规则的分离。远缘杂种从 F_1 起就可能出现分离，F_2 起分离的范围更为广泛，分离的后代中不仅有杂种类型、与亲本相似的类型，还有亲本祖先类型及亲本所没有的新类型。同时，由于孤雌和孤雄生殖的存在，还可能出现假杂种，这种分离的多样性往往可以延续许多世代，从而为选择提供宝贵机遇，同时也带来不少困难。

七、优势杂交育种实例介绍

现在利用优势杂交育种的园艺植物有很多，而且育种手段和方法多样，下面以萝卜丰产性育种为例简要介绍一下优势育种方法和过程。

（一）育种目标

丰产性是萝卜现代育种的主要目标性状之一。决定丰产性的主要因素是单根重量和每公顷株数。与这两个因素相关的性状有以下几种。

1. 株型

株型分为直立型和开展型两种，直立型多为中小型萝卜，适宜于密植；开展型单株丰产性好，不宜密植。

2. 叶数

不论何种株型的萝卜品种，其叶数少的适合密植，叶数多的不适合密植。

3. 单株肉质根重

单株肉质根实际重量大小对丰产性影响很大，一般来说，肉质根越重，产量越好。

此外，对丰产性的衡量还应考虑到生长期的长短、根叶比等。同样生长期内，单株肉质根长得大，根/叶比值高，品种的丰产性才好。

因此，必须考虑到丰产性状是多个相关因素的组合，不能只考虑单一因素。通过配组，将有利性状组合在一起，就有可能培育出高产品种。

（二）选育自交系与自交不亲和系

1. 自交系的选育

萝卜是典型的异花授粉作物，自交容易引起性状衰退，天然杂交率高。因此，品种内植株的遗传基础比较复杂，纯合基因型少。必须从一个品种中选株进行连续多代自交，使有害的隐性基因纯合并予以淘汰，使有利的显性基因尽可能纯合一致，获得性状整齐、遗传性相对稳定的自交系；然后通过自交系间杂交，得到不同基因互补和高度杂合性的杂种。

用来分离自交系的材料一般是品种，也可以是 F_1。萝卜植株在连续自交的过程中存在明显的生活力衰退现象，而且性状发生明显分离，但系内株间的整齐度越来越高。在自交后代材料的选择中，应重视自交早代（前 2～3 代）的选择，在性状较整齐、主要经济性状符合或部分符合育种目标要求的株系中，选出若干优良单株继续自交；在以后继续自交、选择中，多数自交后代材料生活力衰退缓慢，至 4～6 代时已基本稳定下来。

2. 萝卜自交不亲和系的选育

为了能够大面积推广杂交种，在种子繁殖中，萝卜多采用自交不亲和系制种法和雄性不育系制种法，这里对自交不亲和系的选育过程做一个简单的介绍。在一些经济性状优良和配合力好的亲本材料中，选择一些优良单株（10～20 株），在植株开花前，每一单株选 2～3 个花枝套袋隔离。在开花当天，取本株袋内的新鲜花粉进行花期自交，以测定它们的花期自交亲和指数；在花期自交的同时，对每株另一些花枝的花蕾，用同株事先套袋隔离的“纯净”花粉进行剥蕾，人工授粉并套袋，获得这些花期自交不亲和株的自交后代。

从中选出花期自交亲和指数低（萝卜为低于 0.5）的植株，初步中选的不亲和性植株还会分离，还需连续多次进行花期自交不亲和性测定及同株蕾期授粉自交。每代都选择那些亲和指数低的植株留种（每系统 10 株左右），直到自交不亲和性稳定（一般经 6 代自交）。育成的自交不亲和株系，除植株本身自交不亲和或亲和指数低外，还要求同一系统内所有植株间花期相互授粉也表现不亲和。为了提高自交不亲和系的繁殖系数，还要求入选的自交不亲和系具有较高的蕾期自交结实率。

（三）确定亲本的杂交方式

一般萝卜主要采用单交种，可以用不亲和系与亲和系杂交，也可以用不亲和系与不亲和系杂交。杂交时注意正反交效应，如果正反交结果一致，那么可以互为父母本；如果结果差异较大，应注意正反交母本植株的性状表现。

（四）性状鉴定

将自交系进行有性杂交后，一般要进行品种预备试验圃，对其产量、品质抗病性进行鉴定，并进行栽培技术的研究。

（五）品种利用和推广

通过品种比较试验、区域试验、生产试验后，在相关的管理部门进行登记，申请审定合格后，可以进行新品种推广。同时应提供配套的栽培技术和一定数量的优质种子。

本章小结

优势杂交育种是目前生产中应用最多的育种方法，单交种是生产中使用频率最高的杂交方式。通过正确地衡量杂种优势，可以提高育种效率。而自交系的选育是优势育种的前提和必要条件。种子生产是杂交种推广应用的必然环节，利用雄性不育系和自交不亲和系可以提高种子生产的效率，降低生产成本。远缘杂交是创造新物种的一个手段，是改良栽培品种的一个方法，但是存在着杂交障碍。

扩展阅读

“油菜花父子”当选“感动中国”2013年度人物

本报2月10日讯（记者 周勇军 李寒露）2月10日晚，在央视一套首播的“感动中国”2013年度人物颁奖典礼上，常德市临澧县杨桥村村民沈克泉、沈昌健父子光荣当选“感动中国”2013年度人物。

“沈家父子用行动让我们清晰地看到未来中国的农民、农业、农村是什么样的。”“这一对前仆后继的农民父子，顽强地进行着堪称伟大的科学实践。他们接续和光大中国伟大农耕传统的壮举，足以感动中国。”《感动中国》推选委员刘姝威和阿来这样评价。

1978年，常德市临澧县杨桥村村民、养蜂人沈克泉在贵州山区发现了3株花期长，生长结构好的野生油菜，将其带回家乡播种，想为养蜂场提供新的蜜源。继而想到改良培育出产量高的油菜品种，为家乡解决吃油难的问题。一开始，乡亲们嘲笑他“泥腿子想当科学家”。上世纪80年代，沈克泉培育出了优质油菜种，得到了乡亲们的认可。上世纪90年代，由于沈克泉的油菜品种未经国家审定，当地部门对沈克泉进行了罚款、拘留。但他仍刻苦自学有关油菜遗传育种和生产栽培的知识。在没有专业分析、没有专业仪器的情况下，父子俩用肉眼观察，凭记录总结规律。1996年，家里为搞油菜研究欠债不少。沈昌健卖掉中巴，带着卖车款回家投入油菜研发。2004年，沈克泉父子繁育的“贵野A”不育系获国家发明专利证书。2007年，沈克泉带着自己培育的巨型油菜“独闯”在武汉召开的第12届国际油菜大会，引起了不小的轰动。

2009年，沈克泉去世，享年74岁，沈昌健依然坚持着油菜育种。如今，沈昌健的“沈油杂”202、819已进入区域试验环节。几十年来，沈克泉、沈昌健父子自筹资金150多万元，这几年政府也常有资助，可沈家里欠下了不少债，家里最值钱的是两台用来贮藏油菜种子的冰箱。

（来源：湖南日报，2014-02-11.）

复习思考题

1. 什么是杂种优势和自交衰退？其性状表现是什么？
2. 自交系的选育程序有哪些？
3. 杂种种子生产的方法有哪些？每种方法的应用范围是什么？

4. 自交不亲和系的选育方法有哪些？
5. 如何利用雄性不育系进行种子生产？
6. 如何衡量杂种优势？
7. 远缘杂交的杂交障碍是什么？如何在杂交过程中进行克服？
8. 育种家的故事还有很多，你知道几个呢？上网搜一搜吧！

第七章　诱变育种

学习目标

1. 了解诱变育种的特点、意义、类别；
2. 掌握辐射处理的方法和过程；
3. 了解化学诱变的药剂种类，掌握化学诱变的方法；
4. 了解园艺植物诱变材料的培育、选择方法；
5. 掌握园艺植物诱变育种的程序。

案例导入

海南文昌航天育种产业显优势

形形色色的辣椒、圆圆乌黑的茄子、硕大鲜紫的兰花……在海南省文昌市东路镇的海南航天工程育种研发中心，记者看到多个种类的航天育种新品种，既有果蔬也有花卉。

该中心副主任周天宇向记者介绍，该中心隶属中国航天科技集团公司旗下的中国空间技术研究院。2001 年，该院和文昌市签署战略框架协议，2011 年开建，2013 年建成运营。截至目前，他们试验了上百个航天育种品种，其中 17 个品种在海南试验较为成功，推广种植面积达到 8000 亩左右。

海南航天工程育种研发中心占地百亩，建成了一个温室参观室，多个育苗育种大棚。周天宇表示，该中心有两大优势。一是农业设施优势。中心内的大棚都是全自动育苗温室，单栋大棚。海南多雨、多台风，设施农业最大程度降低了农民种植风险，可为农民稳定提供种苗。二是太空种子优势。其中辣椒、茄子、番茄等优势明显，质量和产量均高于常规品种，对下一步大规模种植推广非常有信心。中心对推动海南农业增效、农民增收有充足的准备。据悉，太空育种是物理诱变，不是转基因。1987 年 8 月，一批农作物种子、菌种和昆虫等搭乘中国第 9 颗返回式科学实施卫星升入太空，拉开了中国航天育种序幕。2005 年 7 月，中国国防科工委正式批准《航天育种系统工程研制总要求》，工程开始实施。2006 年 7 月，中国首颗育种卫星和运载火箭研制成功，装载种子完成筛选和初步分析。当年 9 月，“实践八号”育种卫星在酒泉卫星发射中心升空，搭载了 215kg 蔬菜、水果、谷物和棉花种子上天。2013 年 6 月，神舟十号飞船升空，搭载了玉米、辣椒、茄子、番茄、甜瓜、水稻、茶叶、药材等种子，还搭载了胡椒、番石榴等海南热带地区的种子进入太空。2013 年夏季，应文昌市农业局等要求，航天工程育种基地承担“文昌市常年蔬菜育苗项目”推进工作，发挥基地先进的自动播种生产线优势，提高了育苗生产效率，同时降低育苗成本，并借助基地智能化玻璃温室的自动气象检测系统，遮阳增湿通风全智能化操作，实现单批次 300 至 350

万株育苗生产能力，严格执行航天育苗标准，确保全天候不间断地为文昌市常年蔬菜基地提供白菜、菜心、茄子等多种类常蔬苗150万株，为文昌市夏季蔬菜市场价格稳定发挥了作用。周天宇称，航天种子的优点主要是高产及抗病虫害能力强。除了夏季蔬菜，该中心还承担了文昌和昌江两用人才冬季瓜菜种植大户的“100万株嫁接苗”项目，小番茄、青瓜、苦瓜等多品种嫁接苗，实施冬季瓜菜大规模高品质种植，提高当地种植户收益。

（来源：中国侨网，2017-04-21.）

讨论一下

1. 航天飞行中的哪些因素会对种子产生影响呢？
2. 太空环境会影响或改变生物的遗传基因吗？
3. 太空育种获得的生物是转基因生物吗？
4. 除了太空环境，我们日常生活中还有哪些因素会产生类似的效果呢？

诱变育种是20世纪新发现和使用的一种育种新技术。这种新技术的应用对推动世界植物优良品种的选育工作具有重要的意义。

最早发现诱变作用的是穆勒，1927年他发现了X射线能够诱导果蝇产生可遗传的变异。随后1928年斯塔特勒、1930年尼尔松·埃赫勒和古斯塔夫森、1934年托伦纳等相继利用各种射线在玉米、大麦、烟草等植物上诱发出有应用价值的突变体。化学因素诱变育种相对于物理诱变发展较慢。一般认为在植物上利用化学物质诱发突变的工作应从1943年奥尔科斯用乌来糖（氨基甲酸乙酯）诱发月见草、百合及风铃草染色体畸变开始。一直到20世纪50年代，诱发突变研究的进展都比较缓慢。进入20世纪60年代，核技术的应用研究得到快速发展，诱变作用规律逐渐为人们所认识，从而使物理诱变中的辐射诱变产生了突破性的进展。20世纪70年代后期，植物辐射育种开始广泛应用于蔬菜、糖料、瓜果、饲料、药用和观赏植物育种。据FAO / IAEA官方网站统计，截至2008年3月，共育成2543个新品种，其中水果新品种62个（我国育成11个），具体为苹果11个，欧洲甜樱桃9个，梨8个，柑橘5个，欧洲酸樱桃4个，桃4个，石榴、枣、柚、香蕉各2个，枇杷、无花果、柠檬、李、杏、甜橙、黑穗醋栗、醋栗、葡萄、扁桃、树莓、沙棘及木瓜各1个，共涉及20多种果树。

我国在诱变育种方面开始较早，在宋朝宣和年间，公元1119～1125年，就有用某种药物处理牡丹根诱导花色改变的育种记载，但是大量地开展诱变育种工作还是从20世纪60年代开始，并且取得了丰硕的成果。据不完全统计，到1983年全国通过诱变育种育成的植物栽培品种有170个，种植面积达到$8.66\times10^{6}hm^{2}$。到20世纪90年代，利用辐射育成了包括苹果、樱桃、李、梨、柑橘、板栗、萝卜、大白菜、甜瓜、黄瓜、番茄、月季、菊花、石竹、美人蕉、杜鹃等园艺植物的新品种100余个，在生产上发挥了重要的作用。

一、诱变育种的概念及特点

（一）诱变育种的概念

诱变育种是人为地采用物理、化学的因素，诱发植物体产生遗传物质的突变，然后从变异后代中选育成为新品种的途径。诱变育种的特点在于突破原有基因库的限制，用各种物理和化学的方法，诱发和利用新的基因，用以丰富种质资源和创造新品种。

诱变育种分为物理诱变和化学诱变两种。物理诱变是利用物理因素，例如各种射线、超声波、激光等处理植物而诱发可遗传变异的方法。当前应用最广泛的是辐射育种。化学诱变是用化学药品处理植株，使之遗传性发生变异的方法。

（二）诱变育种的特点

1. 提高突变率，丰富作物原有“基因库”

自然突变的频率低，范围狭窄，能够被人类所利用的变异就更窄了。据研究，采用人工理化因素诱变可使突变率提高100～1000倍，并且变异的范围广、类型多，往往超出一般的变异范围，有些是自然界中已经存在的，有些是罕见的，甚至出现自然界尚未出现或者的新基因源，使人们可以不完全依靠原有的基因库。例如通过诱变处理可以产生不同类型的矮秆水稻种质；利用人工诱变月季获得了当时自然界罕见的攀缘型；用γ射线处理菊花，选出了每年开花两次的菊花新品种。又如奥格兰等用γ射线和其他诱变因素，获得了一种具有改变了酶系的“非光呼吸”大豆新类型。诱变育种可诱发性状出现某些“新”、“奇”的变异，这对仅供观赏用的植物更具有特殊价值。

诱变育种不仅直接培育了大量的优良品种，同时诱变也创造了许多有价值的种质资源，供育种利用。例如，利用突变体作为亲本，间接培育品种的比重在1966～1983年间占突变品种的16.9%，而在1984～1991年间占了41.7%。

2. 适合改良品种的个别性状

现有的优良品种都或多或少地存在一些缺点，要改良个别不良性状，通过杂交和选择等常规育种方法也能达到目的，但是由于基因的分离和重组，往往会引起原有优良性状组合的解体，或者因为基因间的连锁关系，而使得原有品种在获得所需要的优良性状的同时，不可避免地引入了一些不良性状。而诱变处理容易诱发点突变，正确选择亲本和剂量的诱变处理，可以只改变品种的某一缺点，而不致损害或改变该品种的其他优良性状，甚至可以打破与不良性状之间的连锁，获得比较理想的突变体。例如，浙江省农科院用γ射线处理水稻品种二九矮7号，获得了比原品种早熟15天的辐育1号新品种，而其他性状与原品种相似；通过γ射线诱变苹果品种旭红，得到的苹果短枝型突变体，既保留了原品种的优良性状，又获得了矮化型变异；对郁金香进行辐射诱变处理，获得了各种花色的突变类型，这些突变类型既保持了原始亲本的开花早的特性，又增强了无性繁殖的能力。

3. 诱变处理简单，育种年限缩短

园艺植物中的多年生营养系品种，常规育种时需要经历杂交、播种等程序，而且需经历杂种实生苗的童期，因此育种的时间长，工作量大。诱变育种处理营养器官，诱发的变异大多是一个主基因的改变，可省去获得的优良突变体经分离繁殖，因此可较快地将优良性状固定下来而成为新品种，稳定较快，一般经过3～4代选择就能够基本稳定，在较短的时间内育成新品种。例如，山东农业大学于1974年用γ射线处理小麦品种F_4的一个株系，经过4

代选育，于1978年育成山农辐63小麦品种。荷兰的布洛尔蒂斯在1975～1979年4年内，用X射线重复照射菊花，选出了几百个花色突变的菊花品种或类型；如果采用其他育种方法，要获得同样的结果，至少需要20年的时间。在抗病育种中，可利用诱变育种方法，获得保持原品种优良性状基础上的抗性突变体，从而避免杂交育种中在获得野生种抗性基因的同时，为消除由野生亲本带来的不良性状所需要进行的多次回交。法国L. Decourtye（1970）用辐射育诱变成的苹果品种Lysgolden，从处理树苗到定为商品品种仅8年，而用杂交育种法育成一个苹果品种一般需15～20年。

4. 与其他育种方法相结合，提高育种效果

① 与杂交育种相结合　诱发突变获得的突变体，具有所需的性状，可以通过选择和杂交的手段转移到另一个品种上，或者将某个品种的优良性状转移给突变体，或通过突变体的杂交，有可能创造更优良的新品种。辐射诱变还可以改变植物远缘杂交不亲和性、自交不亲和性及改变植物的授粉受精特性，从而使得远缘杂交能够成功，或者使异花授粉植物（自交不亲和）自交可实。用适宜的剂量辐射花粉，可克服某些远缘杂交不亲和的困难，促进受精结实。例如在梨×山楂、苹果×梨中有人用500～800R辐照花粉后授粉，获得了种子和幼苗，而用未经辐照的花粉授粉却未能获得种子。D. Lewis等（1954）报道，通过辐射获得欧洲甜樱桃自交可孕突变体。反之，辐射也可使某些正常可育的植物变成不育而获得少籽或无籽果实类型、雄性不育系、孤雌生殖等材料。

② 与组织培养技术结合　植物的组织、花粉和原生质体通过组织培养再生植株，在培养过程中也可能发生突变；也可以通过人工诱变的方法处理植物组织和细胞，使之发生变异，创造更多的变异选择机会。

③ 与染色体工程结合使用　可进行染色体的片段移植，重建染色体。

5. 诱变育种的局限性

由于对其内在规律掌握得很少，因此很难实现定向突变。诱变后代劣变多，有利突变少，诱变的方向和性质难以有效地预测和控制。因此，如何提高突变频率，定向改良品种的性状，还需要进行大量的深入研究。关于突变的范围，即突变谱通常遵循突变本身的规律。瓦维洛夫揭示的同源平行变异律有重要的指导意义，有些著述夸大诱变对“扩大突变谱”的作用，实际上没有证据表明诱变能产生生物在漫长岁月中没有发生过的突变。没有依据可以设想诱变能使苹果或山茶突变为草本或蔓生类型。

诱变效果常限于个别基因的表型效应，而且基因型间对诱变因素的敏感性差异很大。因此必须严格精选只有个别性状需要改进、综合性状优良的基因型作为诱变育种的亲本材料，通常用若干个当地生产上推广的良种或育种中高世代的优良品系。

在诱变条件下虽然突变频率能大幅度提高，但有利突变的概率很低，因此必须使诱变处理的后代保持相当大的群体，这样就需要较大的试验地、人力和物力。

除无性繁殖作物外，诱变育种应视为重组育种体系的一部分，不能把它视为一种独立存在的植物育种途径。利用诱变育种的变异率高，和其他育种方法合理地结合，可以选出优良的新品种，缩短育种年限，如化学诱变选育出的三倍体无籽西瓜，就是优势杂交育种、倍性育种和诱变育种完美结合的例子。对于单独利用诱变处理，即使目标合理，突变体可得，直接选出新品种的工作量也不亚于常规育种方案的工作量。

二、辐射诱变育种

（一）辐射诱变育种中应用的射线种类与性质

辐射诱变育种是利用物理因素诱变育种中的主要方法。辐射是能量在空间传递的物理现象，可分为两种基本类型，即“非电离辐射”（热辐射、光辐射等）和“电离辐射”。后者是一种穿透力很强的高能辐射，当它穿过介质时能使介质发生电离，具有特殊的生物学效应，常用的有 X 射线、γ 射线、α 射线等。激光是 20 世纪 60 年代初开始应用的一种新的辐射种类，由于其具有多种效应，正日益受到重视。

1. X 射线

X 射线是一种波长很短的电磁辐射，其波长约为（20～0.06）$\times 10^{-8}$cm 之间，介于紫外线和 γ 射线 间，能量为 50～300keV。X 射线是一种核外电磁辐射，由德国物理学家 W. K. 伦琴于 1895 年发现，故又称伦琴射线，是原子中的电子从能级较高的激发状态跃迁能级较低状态时发出的射线。X 射线由 X 光机产生，X 射线对组织的穿透能力和电离能力相对较弱，不适合照射大量种子。

2. γ 射线

γ 射线，又称 γ 粒子流，是原子核能级跃迁蜕变时释放出的射线，是波长短于 0.2Å（10^{-8}cm）的电磁波，能量可达几百万电子伏，穿透力强于 X 射线。与 X 射线相比，γ 射线波长更短、能量更高、穿透力更强。工业中可用来探伤或流水线的自动控制。γ 射线对细胞有杀伤力，医疗上用来治疗肿瘤。γ 射线射线由放射性同位素^{60}钴（^{60}Co）或^{137}铯（^{137}Cs）产生。γ 射线进入到植物的内部与体内细胞发生电离作用，电离产生的离子能侵蚀复杂的有机分子，如蛋白质、核酸和酶，它们都是构成活细胞组织的主要成分，一旦它们遭到破坏，就会导致植物内的正常化学过程受到干扰，严重的可以使细胞死亡。目前 γ 射线已经成为辐射育种中最常用的射线之一。

3. 紫外线

紫外线是电磁波谱中波长 10～400nm 辐射的总称，不能引起人们的视觉，是一种波长较长、能量较低的低能电磁辐射。紫外线是位于日光高能区的不可见光线。依据紫外线自身波长的不同，可将紫外线分为三个区域，即短波紫外线、中波紫外线和长波紫外线。它不能使物质发生电离，属于非电离辐射。紫外线对组织穿透力弱，适合照射花粉、孢子等。照射源是低压水银灯，材料在灯管下接受照射，诱发的有效波长在 250～290nm 区段，相当于核酸的吸收光谱，其诱变作用最强。

4. 中子

中子是中性粒子，组成原子核的核子之一。按照其能量可分成热中子、慢中子、中能中子、快中子、超快中子。可以从放射性同位素、加速器和原子反应堆中获得。电中性的中子不能产生直接的电离作用，无法直接探测，只能通过它与核反应的次级效应来探测。^{252}锎

(^{252}Cf) 是自发裂变中子源，今后可能应用于诱变育种。中子的诱变力比 X 射线、γ 射线、β 射线均强，在诱变育种中应用日益增多，应用最多的是热中子和快中子。

5. α 射线

α 射线，也称“甲种射线”，是放射性物质所放出的带正电 α 粒子流。它可由多种放射性同位素（如镭）发射出来。α 射线是一种带电粒子流，由于带电，它所到之处很容易引起电离，因此有很强的电离本领。粒子质量较大，电离能力强，诱发染色体断裂能力很强，而穿透力较弱，只要一张纸或健康的皮肤就能挡住。因此比较适合引入植物体内进行内照射。

6. β 射线

β 射线是高速运动的电子流，由电子或正电子组成的射线束，可由加速器产生，也可以由放射性同位素衰变产生。同 α 射线相比，贯穿能力很强，电离作用弱。在植物育种中常用能产生 β 射线的放射性同位素溶液浸泡处理材料，进行内照射。常用的同位素有 ^{32}P、^{35}S，这些同位素进入组织细胞，对植物产生诱变作用。

7. 激光

激光是由受激发射的光放大产生的辐射。它一般通过激光器发出，是低能电磁辐射，在辐射诱变中主要利用波长为 200～1000nm 的激光。具有光效应、热效应、电磁场效应，是一种新的诱变因素。

8. 航天搭载

航天搭载（航天育种或太空育种）是利用卫星和飞船等太空飞行器将植物种子带上太空，再利用其特有的太空环境条件，如宇宙射线、微重力、高真空、弱地磁场等因素对植物的诱变作用产生各种基因变异，进行农作物新品种选育的一种方法。现在只有中国、俄罗斯、美国等少数国家进行该项研究。早在 20 世纪 60 年代初，前苏联及美国的科学家开始将植物种子搭载卫星上天，在返回地面的种子中发现其染色体畸变频率有较大幅度的增加。20 世纪 80 年代中期，美国将番茄种子送上太空，在地面试验中也获得了变异的番茄，种子后代无毒，可以食用。1996～1999 年，俄罗斯等国在“和平号”空间站成功种植小麦、白菜和油菜等植物。我国航天育种研究开始于 1987 年，到目前为止，已经成功进行了多次航天搭载植物种子试验，在水稻、小麦、棉花、番茄、青椒和芝麻等作物上诱变培育出一系列高产、优质、多抗的农作物新品种、新品系和新种质，其中目前已通过国家或省级审定的新品种或新组合有 30 多个，并从中获得了一些有可能对农作物产量和品质产生重要影响的罕见突变材料。

（二）辐射处理方法

1. 外照射

外照射是应用最普遍、最主要的照射方法。其优点是操作方便，可以集中处理大量的材料。可以照射种子、植株、花粉、子房、合子、胚细胞、营养器官等几乎所有材料。

① 种子照射　有性繁殖植物最常用的处理材料是种子。种子处理的优点：操作方便，处理数量多，便于贮藏和运输。照射种子时要求种子的纯度高，含水量、成熟度以及其他条件应尽量一致。

② 植株照射　在植株的一定发育阶段或整个生长期，在辐射场进行植株长期照射。这种照射要求一定的场地，而且需要准确地控制照射的剂量，否则容易造成植物的伤害或死亡。

③ 花粉照射　优点是简单，操作方便，一次可以获得较大的变异群体。花粉一旦发生突变，雌雄配子结合为异质合子，由合子分裂产生的细胞都带有突变。但也要注意花粉的生活力，照射容易降低花粉的生活力或导致花粉死亡。

④ 子房照射　照射子房可以引起卵细胞突变，还可以诱发孤雌生殖。

⑤ 合子和胚细胞　合子和胚细胞处于旺盛的生命活动时期，辐射诱变效果好，照射第一次有丝分裂前的合子，可以避免形成嵌合体，提高突变频率。

⑥ 营养器官照射　无性繁殖植物常用营养器官进行处理，如各种类型的芽、接穗、枝条、块茎、鳞茎、球茎、块根、匍匐茎等。可选择生理活跃时期进行处理，有利于突变的产生。

⑦ 离体培养中的组织和细胞　用诱变处理组织培养物如单细胞培养物、愈伤组织等，取得了一定的成效。例如原浙江农业大学用γ射线处理小麦幼胚愈伤组织，育成了小麦新品种核组8号。

2. 内照射

内照射就是将放射性同位素引入植物体内进行照射。内照射的方法简单，诱变效果好，但是在进行内照射时要注意安全防护，防止放射性污染。应用内照射最大的问题在于后期被照射材料的处理，往往需要花费很长的时间，有的甚至上百年，才会使放射性消失，因此需要大量的地方来进行保管。其方法有以下几种。

① 浸泡法　将种子或枝条放入一定强度的放射性同位素溶液中浸泡，使放射性物质进入组织内部进行照射。

② 注射法　用注射器将放射性同位素溶液注入植物体内进行照射的一种方法。

③ 施入法　将放射性同位素施入土壤中，利用植物根部的吸收作用，吸收到体内照射。

④ 涂抹法　将放射性同位素溶液与适当的湿润剂配合涂抹在植物体上或刻伤处，吸收到体内照射。

（三）辐射处理的剂量

适宜的辐射剂量能够最有效地诱发某种变异类型产生的照射量。如果剂量太低，突变率低，难于选择；反之剂量太高，会导致个体死亡或严重畸形，同样达不到诱变效果。

选择适宜的辐射剂量一般是以发芽率（或幼苗生长势）为指标，找出辐射后发芽率为对照（无处理）一半的剂量，即照射种子或植物的某一器官成活率占50%的剂量为“半致死剂量”（LD_{50}），以此为中心增高或降低作为实验剂量。照射种子或植物的某一器官成活率占40%的剂量称为“临界剂量”。根据“半致死剂量”、“临界剂量”来确定适宜的辐射剂量。具体的辐射剂量因辐射源、作物种类、处理材料等的不同而异，可参考表7-1、表7-2。

表7-1　几种大田作物γ射线和快中子处理的适宜剂量参考表

作物种类	处理状态	适宜γ射线(krad)	处理状态	适宜中子流量(中子/cm^2)
水稻	干种子(粳)	20～40	干种子	$4\times10^{11}\sim6\times10^{12}$
	干种子(籼)	25～45	催芽种子	$1\times10^{11}\sim1\times10^{12}$
	浸种48h	15～20		

续表

作物种类	处理状态	适宜γ射线(krad)	处理状态	适宜中子流量(中子/cm^2)
小麦	干种子	20～30	干种子	$1\times10^{11}\sim1\times10^{12}$
	花粉	2～4	萌动种子	$5\times10^{10}\sim1\times10^{11}$
玉米	干种子(杂交种)	20～35	干种子	$5\times10^{11}\sim1\times10^{12}$
	干种子(自交种)	15～25		
	花粉	1.5～3		
高粱	干种子(杂交种)	20～30	干种子	$10^{10}\sim5\times10^{11}$
	干种子(品种)	15～24		
大豆	干种子	15～25	干种子	$10^{11}\sim10^{12}$
棉花	干种子(陆地棉)	15～25	干种子	$10^{11}\sim10^{12}$
	花粉	0.5～0.8		
甘薯	块根	10～30		
	幼苗	5～15		
马铃薯	休眠块茎	3～4		
	萌动块茎	0.6～3		

表 7-2 主要园艺植物辐射育种常用的材料和剂量参考表

种类	处理材料	剂量范围/R
苹果	夏芽	2000～4000
	休眠接穗	4000～5000
		$(4\sim7)\times10^{12}$中子/cm^2
梨	休眠接穗	4000～5000
		$(4\sim7)\times10^{12}$中子/cm
李属	花芽	500～1000
桃	夏芽	1000～4000
李	休眠接穗	4000～6000
杏	休眠接穗	25000
柿	休眠接穗	1000～2000
板栗	休眠芽	2000～4000
	层积种子	6000 以下
樱桃	休眠芽	3000～5000
		$(4\sim7)\times10^{12}$中子/cm^2
草莓	匍匐枝	15000～25000
	花粉	3000
树莓	枝条	10000～12000
黑莓	幼龄休眠植株	6000～8000
黑醋栗	休眠插条	3000
甘蓝	干种子	100000 左右
芥菜	干种子	100000 左右
豌豆	干种子	5000～25000
		$(1\sim4)\times10^{12}$中子/cm^2
蚕豆	干种子	10000～20000
甜玉米	干种子	20000 左右
莳萝菜	干种子	10000～20000
洋葱	干种子	40000～50000
	鳞茎	600～800

种类	处理材料	剂量范围/R
大蒜	鳞茎	600～800
波斯菊属	发根的插条	2000
大丽花属	新收的块茎	2000～3000
石竹属	发根的插条	4000～6000
唐菖蒲属	休眠的球茎	5000～20000
风信子属	休眠的鳞茎	2000～5000
鸢尾属	新收的球茎	1000
郁金香属	休眠的鳞茎	2000～5000
美人蕉属	根状茎	1000～3000
蔷薇属	夏芽	2000～4000
	幼嫩休眠植株	4000～12000
仙客来	球茎	1000
绣线菊	干种子	30000
小蘖	干种子	>60000
芜菁	干种子	100000 左右
冬萝卜	干种子	100000 左右
四季萝卜	干种子	100000 左右
大白菜	干种子	80000～10000
花椰菜	干种子	80000 左右
胡萝卜	干种子	60000～70000
莴苣	干种子	10000～25000
甜菜	干种子	50000
番茄	干种子	25000～50000
		$(1.3\sim7.7)\times10^{12}$中子/$cm^2$
甜椒	干种子	20000～40000
		1×10^{11}中子/cm^2
茄子	干种子	50000～80000
甜瓜	干种子	40000～60000
		7.5×10^{12}中子/cm^2

续表

种类	处理材料	剂量范围/R	种类	处理材料	剂量范围/R
黄瓜	干种子	50000～80000	瘤桦	干种子	10000
西瓜	干种子	20000～50000	山楂	干种子	10000
		7.5×10^{12}中子/cm^2	银槭	干种子	10000
芹菜	干种子	60000～70000	毛桦	干种子	<10000
菜豆	干种子	10000～25000	辽东桦	干种子	5000
毛豆	干种子	10000～15000	欧洲桤木	干种子	1500～5000
大叶椴	干种子	30000	灰赤杨	干种子	1000～5000
欧洲橇	干种子	30000	欧洲赤松	干种子	1500～5000
茶条槭	干种子	15000	香椿	干种子	12000
桃色忍冬	干种子	>15000	啤酒花	干种子	500～1000
树锦鸡儿	干种子	15000	龙舌兰	干种子	6000～8000
绿桜	干种子	<15000	石榴	干种子	10000
黄忍冬	干种子	10000	樱桃	休眠接穗	3000～5000
沙棘	干种子	10000			

三、化学诱变育种

（一）化学诱变剂的种类和性质

1. 烷化剂

烷化剂又称烷基化剂，是能将小的烃基转移到其他分子上的高度活泼的一类化学物质。烷化剂借助于磷酸基、嘌呤、嘧啶基的烷化作用而与 DNA 或 RNA 进行反应，进而导致“遗传密码”的改变，这类诱变剂是在诱变育种中应用最广泛的一类化合物。烷化作用是指烷化剂带有一个或多个活跃烷基，这些烷基能转移到其他电子密度较高的分子上去，可置换碱基中的氢原子。常用的烷化剂有甲基磺酸乙酯（EMS）、硫酸二乙酯（DES）、乙烯亚胺（EI）、亚硝基乙基脲烷（NEH）等。

2. 碱基类似物

通常指核酸（DNA 和 RNA）中主要碱基（腺嘌呤、鸟嘌呤、胞嘧啶、胸腺嘧啶和尿嘧啶）的类似物，如发现的许多稀有碱基，以及玉米素、别嘌呤醇等天然或人工的碱基类似物。这是与 DNA 碱基的化学结构相类似的一些物质。它们能够与 DNA 结合，又不妨碍 DNA 的复制。因为它们与正常碱基不同，在 DNA 的代谢过程中有时会取代正常碱基，结果使 DNA 复制时造成碱基配对错误，引起突变。最常用的碱基类似物有类似胸腺嘧啶的 5-溴尿嘧啶（5-BU）、5-溴脱氧核苷（5-BUdR），类似腺嘌呤的 2-氨基嘌呤（2-AP）等。人工合成的嘌呤类似物有 6-巯基嘌呤，二氨基嘌呤。

3. 其他化学诱变剂

对生物能起诱发突变作用的药剂还有：无机化合物如氯化锰、氯化锂、硫酸铜、双氧水、氨、叠氮化钠等；有机化合物如醋酸、甲醛、重氮甲烷、羟胺、苯的衍生物、硫酸醚、三氯甲烷等；某些抗生素以及生物碱等。

（二）化学诱变剂的处理方法

1. 配制药剂

在多数情况下，需要把药剂配制成一定浓度的溶液。根据溶解特性和浓度要求可将药剂配制成水溶液，或者先用酒精（70%）溶解再加水配制成一定的浓度使用。不同药剂的配制和使用方法有所不同，烷基磺酸酯和烷基硫酸酯等诱变剂在水中很不稳定，水解后产生强酸或碱性物质，它们只有在一定的酸碱度的条件下，才能保持相对的稳定性，从而显著提高了对植物的生理损伤，降低了诱变第一代（M_1）植株存活率，可以把它们加入到一定酸碱度（pH）的磷酸盐缓冲液中使用。也有一些诱变剂在不同的 pH 中其分解产物不同，从而产生不同的诱变效果。例如亚硝基甲基脲在低 pH 下分解产生亚硝酸，而在碱性条件下则产生重氮甲烷。所以，处理前和处理中都应校正溶液的 pH。使用一定 pH 的磷酸缓冲液，可显著提高诱变剂在溶液中的稳定性，浓度不应超过 0.1mol/L。几种诱变剂所需 0.01mol/L 磷酸盐缓冲液的 pH 值如下：EMS 和 DES 为 7，NEH 为 8，NTG 为 9。

由于亚硝基不稳定，因此亚硝酸溶液的配制应在使用前将亚硝酸钠加入 pH 4.5 的醋酸缓冲液中，以生成亚硝酸的方法应用。

2. 处理方法

药剂处理可根据诱变材料（种子、接穗、插条、植株、块茎、鳞茎、花粉、花序、合子等）的特点和药剂的性质而采用不同的方法。

① 浸渍法　将药剂配制一定浓度的溶液，然后将材料如种子、接穗、插条、块茎、块根等浸渍于其中。在诱变处理前预先用水浸泡上述材料，可提高对诱变的敏感性。

② 注入法　用注射器注射或浸用有诱变剂溶液的棉团包缚人工刻伤的伤口，通过伤口将药剂引入植株、花序或其他受处理的组织和器官。

③ 涂抹法和滴液法　将适量的药剂溶液涂抹在植株、枝条和块茎等材料的生长点或芽眼上，或用滴管将药液滴于处理材料的顶芽或侧芽上。

④ 熏蒸法　将花粉、花序或幼苗置于密封的潮湿小箱内，使药剂产生蒸气进行熏蒸。

⑤ 施入法　在培养基中加入低浓度药液，使药剂通过根部吸收或简单的渗透扩散作用，进入植物体内。

3. 注意事项

① 防止污染　化学诱变剂一般都有强烈的毒性，能使人致癌或导致皮肤溃烂、被腐蚀，有的易燃、易爆，如果泄漏到环境中的话，可导致环境的污染。因此，进行操作时必须严格按照操作规程去做，防止污染产生。操作时采取严格的措施，避免药剂接触皮肤、误入口内或熏蒸的气体进入呼吸道。同时要妥善处理残液，一般应有专门的回收处理措施和技术方

法，不可轻易地倒入下水道或丢进垃圾堆，避免造成污染。

② 中止处理　当药剂进入植物体内达到预定处理时间后，如果不采取适当的排除措施，则药剂还会继续起作用，过度的处理还能造成更大的生理损伤，使实际突变率降低。因此，需要采取中止处理的措施，最常用的方法使用流水冲洗。

4. 处理的剂量和时间

处理剂量的大小能直接影响诱变效果。剂量过大，诱变的毒性也相应增大，有害的生理损伤加大；剂量过小，又达不到诱变的效果。所以，适宜的剂量应根据材料本身的性质、诱变剂的种类、效能和处理方法、处理条件而决定。

药剂浓度和时间影响剂量，相同时间内，药剂的浓度高剂量就大，处理时生理损伤相对增大，浓度低剂量就小。在相同的浓度下，处理时间长，剂量大；处理时间短，剂量就小。适宜的处理时间应是使被处理材料完全被诱变剂所浸透，并有足够药量进入生长点细胞。对于种皮渗透性差的某些果树和观赏树木种子，则应适当延长处理时间。处理时间的长短，还应根据各种诱变剂的水解半衰期而定。对易分解的诱变剂，只能用一定浓度在短时间内处理。在诱变剂中添加缓冲液和在低温下进行处理，均可延缓诱变剂的水解时间，使处理时间得以延长。在诱变剂分解 1/4 时更换一次新的溶液，可保持相对稳定的浓度。在实际应用时，常用化学诱变剂的处理浓度和时间可参考表 7-3。

表 7-3　常用化学诱变剂处理药剂浓度和时间参考表

化学诱变剂的种类	处理药剂质量分数/%	处理时间/h
甲基磺酸乙酯(EMS)	0.30～1.50	0.5～3
亚硝基乙基脲(NEH)	0.01～0.05	18～24
N-亚硝基-*N*-乙基脲烷(NEU)	0.01～0.03	24
乙烯亚胺(EI)	0.05～0.15	24
硫酸二乙酯(DES)	0.01～0.60	1.5～24
亚硝基甲基脲(NMH)	0.01～0.05	24
叠氮化钠	0.1	2

温度对诱变剂的水解速度有很大影响。在低温下化学物质能保持其一定的稳定性，从而能与被处理材料发生作用。在低温下以低浓度长时间处理，则 M_1 植株存活率高，产生的突变频率也高。但另一方面，当温度增高时，可促进诱变剂在材料体内的反应速度和作用能力。因此，适宜的处理方式应是：先在低温（0～10℃）下将种子浸泡在诱变剂中足够的时间，使诱变剂进入胚细胞，然后将处理的种子转移到新鲜诱变剂溶液内，在 40℃下进行处理，以提高诱变剂在种子内的反应速度。

四、诱变育种程序

（一）处理材料的选择

1. 根据育种目标选择处理材料

针对不同育种目标，选择具有不同特点的亲本材料进行诱变处理。因为诱变育种的主要特点就是适宜于改良品种的某个不良性状，所以选择的材料综合性状要优良。通常选择当地生产上推广的良种或农家品种，也可以选择具有杂种优势的 F_1 作为诱变处理的材料。例如要选育抗病毒病的番茄品种，作为亲本要丰产、优质、成熟期适宜，本身抗病毒病外，还能抗其他的主要病害，采用这样的材料才能达到预期的育种目标。

2. 选择敏感性强的品种和器官作为诱变处理材料

杂种、新品种对诱变处理敏感，分生组织处于分裂状态的细胞较敏感，性细胞比体细胞、苗期比成株期、萌动种子比干种子敏感。选择敏感性强的材料进行诱变处理，容易获得比较高的突变频率。

3. 处理材料避免单一化

选择遗传基础存在差异的不同品种或类型作为处理材料，以增加优良变异出现的机会。在条件许可的情况下，可以适当地增加材料种类和数量。

4. 选用单倍体、原生质体等作为诱变材料

用单倍体作诱变材料，发生突变后容易识别和选择。突变一经选出，将染色体加倍后就可以得到纯合的突变体，从而缩短育种年限。用单细胞或原生质体作为诱变材料，与细胞培养相结合，可以避免突变细胞与正常细胞的竞争，提高突变育种的效果。

（二）突变体的鉴定选择

通过简单有效的手段鉴定出优良的突变体，才能进一步进行诱变后代的选育工作。

1. 存活率的测定

诱变处理的材料，无论是种子还是枝条都会在生理上有较严重的损伤，种子会降低发芽力和出苗数，枝条会降低发芽数，其损伤的程度用存活率表示。

$$存活率=种子出苗数(芽萌发数)/播种总数(芽总数)\times 100\%$$

一般在经过处理的种子播种或接穗嫁接后 4～6 周内进行统计。在进行鉴定时，必须同对照进行比较，做到有比较才能有鉴别。

2. 幼苗生长量的测定

在播种发芽后、嫁接扦插发芽长叶后进行生长量的测定。测定幼苗的高度以及枝梢第一次停止生长的长度，这对于测定诱变因素的处理效应是简单而有效的方法。尽可能地在人为控制的均匀的环境下同对照处理进行比较鉴定，得出正确的结论。

3. 植物学性状突变观察

包括茎、叶、花、果实、种子的形态特征，如可通过这些器官的颜色、形状、大小、刺有无或茸毛有无等进行鉴定。

4. 生物学特性观察

包括物候期、熟性、产量及品质、抗逆性的鉴定。

5. 细胞学的鉴定

通过镜检的方法，检查细胞内染色体是否有畸变，如染色体的缺失、重复、倒位、易位等，染色体形态上发生畸变，那么植株肯定发生形态上的变异，此种鉴定更准确。

（三）诱变后代的选育

诱变处理的材料不同，选育的方法不同。下面分别介绍。

1. 以种子为诱变材料的选育

① 第一代（M_1）　种子处理后称为诱变当代（M_0），播种后所形成的植株称为诱变第一代（M_1），自交后所得后代称为诱变第二代（M_2），M_2 入选的突变体繁殖的后代为 M_3。如此类推。由于突变多属于隐性，可遗传的变异在 M_1 通常不显现，M_1 所表现的变异多数是诱变处理所造成的生理损伤和畸形，一般是不遗传的。因此，M_1 不选择淘汰，全部留种。M_1 植株应隔离，使其自花授粉，避免有利突变因杂交而混杂。

② 第二代（M_2）　由于照射种子所得的 M_1 常为“嵌合体”，所以 M_1 最好能够将果实（穗）分别采收种子，然后每果（穗）分别播种成一个小区称为果系区（穗系区），以利于计算突变频率并容易发现各种不同的变异。由此可见，M_2 工作量大，为了获得有利突变，通常 M_2 要有数万株。要对每一个植株进行仔细的观察鉴定，标记出全部的不正常的植株。对发生突变的果（穗）系，选出有经济价值的突变株留种。

③ 第三代（M_3）　将 M_2 中入选的突变植株分株采种，分别播种一个小区，称为“株系区”，进一步分离和鉴定突变。一般在 M_3 就可以确定是否真正发生了突变，并确定分离的数目和比例。M_3 的工作量比 M_2 的要少，淘汰 M_3 不良的株系，在“优良”的株系中选最优良的单株留种。

④ 第四代（M_4）及第五代（M_5）　将优良 M_3 株系中的优良单株分株播种成为 M_4，进一步选择优良的“株系”，如果该“株系”内各植株性状表现一致，便可将该系的优良的单株混合播种为一个小区，成为 M_5。至此突变已经稳定，便可进行品种比较试验，选出优良品种。

2. 以花粉为诱变材料的后代的选育

花粉的生殖核可以认为是一个细胞，所以当诱变处理后，如果花粉发生突变，就是整个细胞发生了突变，授粉后所获得的后代植株就带有这种变异，不会出现“嵌合体”，将 M_1 的种子以单株为单位分别进行播种成株系区即可。其他则与上面的相同。

3. 营养繁殖器官诱变处理后代的选育

采用营养繁殖方式的果树、蔬菜、林木、花卉等植物在遗传上是异质的，因此，经过诱变处理后发生突变在当代就能表现出来，所以，M_1 就要进行选择。同一营养器官上的不同芽对辐射的敏感性及反应不同，可能出现不同的突变，如果是有利的突变，可以通过无性繁殖方法使之固定为新品种。但是，诱变后会出现“嵌合体”，由于突变的细胞与正常细胞产生竞争，往往被正常细胞所掩盖，突变体表现不出来，因此要采取一些人工措施，给产生变异的体细胞创造良好的条件，促使突变体表现出来。可以采用分离繁殖、修剪、摘心以及组织培养等方法。

五、诱变育种实例介绍

通过对苹果的枝条进行照射，可以获得优质的高产新品种，其诱变育种程序见图 7-1。

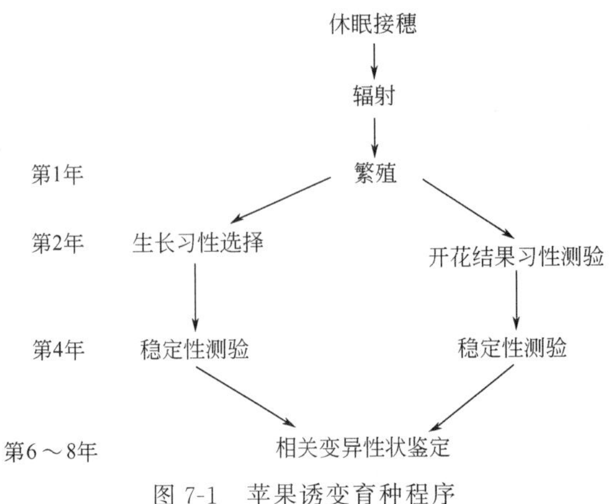

图 7-1 苹果诱变育种程序

本章小结

诱变育种可以提高园艺植物性状变异的频率，增加选择的机会，从而缩短育种的时间。主要有物理诱变和化学诱变两种方式，物理诱变目前多采用辐射诱变的方法，化学诱变剂目前使用较多的是秋水仙素。通过对诱变后代突变体的筛选，多代自交选择后就可以形成新品种。

扩展阅读

太空转一圈就叫太空种子？

就在这片繁华和熙攘中，一片绿油油的庄稼在摩天高楼与车水马龙之间肆无忌惮地铺展开来，麦收时节，金黄的麦浪能延展达到上百亩。

有人说，这是大都市里最后一片田园风光。

有人说，这是全中国最“贵”的一处庄稼地。

实际上，这是中国农业科学院的试验田。刘录祥，中国农科院作物科学研究所航天育种中心主任，就是在这样一片农田里，培育着他麾下全中国最贵的种子——太空种子。

航天诱变，会不会变出个“怪物”来？

太空种子，是随着返回式卫星的诞生而出现的新鲜事儿。

“把植物种子用卫星搭载上天，在太空环境里经受了空间诱变，返回地面后再经过连续几年的培育和筛选，就可能形成有明显优势的新品种。”刘录祥说，“这是植物育种的一个新天地。”

太空具有特殊的环境，包括宇宙粒子辐射、微重力、弱地磁、高真空以及低温等等。这些综合因素会诱导种子基因发生突变，使植物产生可以遗传的独特性状。

“基因突变”“变异”“人工诱变”……这些在科幻片中常能听到的词汇，让航天育种蒙上了一层“恐怖”的色彩。

对此，刘录祥解释道："在自然界里，自然环境的变迁也会引起生物发生相应的基因突变，我们称其为自然变异。航天育种只是相当于用人工手段和太空条件，把自然变异的周期缩短了而已。"

有人担心，"基因突变"会不会变出个恐怖片里的"怪物"来？刘录祥说：变异虽然是随机的，但并不是漫无边际的，当变异打破了机体应有的平衡时，生物本身就无法存活了。所以，哪怕是"航天诱变"，也只是在生命原有基础上的小改动。

"还有人对'宇宙射线'不放心。"刘录祥说，其实，普遍用于食品及医疗器具消毒的辐照技术安全性，早已得到了世界原子能机构和世界卫生组织的认可。

"太空辐射的强度仅为一般辐照消毒的百万分之一，还要经过地面几年的淘汰筛选，所以完全不必担心。"刘录祥说。

对航天育种的误解还表现在对产品的认识上。

"人们对航天作物的第一印象往往是'大'，大青椒、大黄瓜、大番茄……其实航天育种的可选择面非常广。"刘录祥说。

他举例，"太空五号"弱筋小麦适合做糕点，口感好，面筋少，而"航麦96号"则是中强筋小麦，适合做面条饺子，两种小麦产量潜力都超过当地传统品种10%以上。

还有棉花，"南方棉花往往绒比较短，航天育种培育出的棉花，在南方能长得像新疆棉花一样，绒又长又细，能做高级布料。"

茄子皮对治疗冠心病有好处，科学家们尝试培育小茄子，这样皮就多了。通过航天育种，还能得到黄、绿、橙等多个颜色的西红柿。

航天育种，是一个五彩斑斓的世界。

什么是太空种子？种子上太空转一圈，就叫太空种子？

如今，不少商家打着"太空种子"的名号高价销售，宣称他们的种子乘坐卫星或飞船上天后，能够"结出巨大果实"。

刘录祥提醒公众不要轻信和上当。

"种子上天走一遭，只是完成'太空育种'的第一步罢了，随后还要经过农业专家几年的地面培育、筛选和验证。这其实是一项繁复的科学研究活动。"他说。

以小麦为例，搭载回来的种子叫做"第一代种子"，要全部种下去——"第一代植株有时也会表现出一些变异性状，但我们只是观察记录下来，收获的种子全部再种下去，长出来的叫第二代，这才开始选长得'好'的种子。"刘录祥说。

"搭载后的种子长得壮实，可能是宇宙环境刺激它生长了，但它的基因未必就发生了改变。"

所有突变体，从第二代开始真正表现出来。科研人员也得以开始选择：矮秆的——抗倒伏，穗子大的——产量高，早熟的——收获期早，等等。"变异是不定向的。有的变好，有的变坏，但我们的选择是定向的。"刘录祥强调。

选择出第三代种子继续播种，目的是看这些变异性状是否真正能够稳定遗传，经过进一步筛选，再迁到位于昌平的综合试验农场进行大面积培育，达到一定规模后，还要拿到河北、山东、辽宁等多个试验点去试种，看看在不同环境下是否都能表现出优良性状。

"试种成功，就可以申请参加省市级或国家级品种审定委员会统一组织的品种区域试验。”刘录祥说，“委员会还要试种两到三年，如果几年都表现很好，超过给出的对照品种，那就可以申请国家或省一级的品种审定。”

“审定认可的种子，才能叫‘太空种子’。”刘录祥说，从搭载种子“晋级”到“太空种子”，最快也要经过四年到六年的周期。

“目前，经过省级以上品种审定委员会审定的农作物航天新品种约有60多个，而市场上出现的航天品种有两三百个。”刘录祥说。

刘录祥提醒，农民如果想鉴别太空品种的真伪，可以打电话向当地农作物品种审定委员会或中国农科院航天育种研究中心进行咨询。

航天育种，中国是全世界的领跑者。

航天育种发展前景广阔。

“这是中国科学家立足国情、独辟蹊径的特色创新。”刘录祥说，在这方面，中国是全世界的领跑者。

“美俄用卫星搭载植物要比我们早几十年，但他们的主要方向是研究空间环境对生物的影响，并尝试在太空播种植物，为人类长期居留太空改善环境和提供食物。”刘录祥说。

1987年，我国第一批“太空种子”乘坐第九颗返回式卫星上天。“那次的目的，也只是做空间生命科学研究。”刘录祥说。

结果出人意料：搭载种子经过地面培育后，水稻籽粒饱满，青椒果实明显变大。“当时，全国正在紧抓‘菜篮子’‘米袋子’工程，中科院研究员蒋兴邨提出了用太空手段做育种实验的想法。”刘录祥说。

后来，蒋兴邨被誉为“中国航天育种第一人”。

“我们国家有航天技术平台，又有农业发展的实际需求，加上科研人员的魄力，终于走出了一条新路。”刘录祥说。

在过去20年间，科学家们利用航天技术培育出了60多个新品种。“十五”期间，航天育种成为国家“863项目”的重点课题。

“但这还都只是零星搭载，是‘借’人家卫星的空间塞我们的种子。”刘录祥说，“航天育种取得新的跨越，是2006年‘实践八号’育种卫星的成功发射。”

作为世界上第一颗专门用于育种研究的卫星，“实践八号”搭载了208公斤、2000多份种子和菌种；航天育种的机理研究也得以系统开展。

“以前只知道太空环境对种子有影响，但哪一个因素影响大？影响多少？是怎样影响的？卫星上安装了一整套科学测量仪器，终于可以做这方面的实验了。”刘录祥说。

“实践八号”上的种子，如今已培育到了第二代、第三代。刘录祥介绍了他们的目标规划：尽快生产出新品种，每年推广面积突破1000万亩，单产提高10%左右，增产粮食40至50万吨。

“去年，我国粮食进口总量是160万吨。”刘录祥说。

在提升产量的同时，研究人员也注重降低太空食品的售价。“目前，太空蔬菜的售价比普通蔬菜贵20%左右，随着太空食品的普及，这一差距将不断缩小。”

“目前，只有美国、俄国、欧盟和中国拥有返回式航天器技术。航天育种技术，中国独占鳌头。”刘录祥说。

国际原子能机构及世界各国，尤其是亚太地区国家对此表现出了浓厚的兴趣。印度、巴基斯坦、韩国、澳大利亚等都向中国表示了合作意向。航天育种的光明前景，正在中国人面前铺开。

复习思考题

1. 诱变育种中辐射和化学方法诱变的特点有何不同？
2. 辐射诱变的类别和方法是什么？
3. 如何选择诱变材料？
4. 简述诱变育种的程序。
5. 通过诱变育种选育出来的新品种会不会产生危害？收集其他资料进行讨论。
6. 航天育种的前景如何？结合扩展阅读内容，谈一谈你的观点。

第八章　倍性育种

学习目标

1. 了解多倍体育种在园艺植物生产中的意义和进展；
2. 掌握多倍体形成的途径；
3. 掌握多倍体鉴定方法；
4. 了解单倍体的类型，单倍体的特点和应用；
5. 掌握获得单倍体的方法。

案例导入

香蕉有种子吗？

香蕉是人们喜爱的水果之一，欧洲人因它能解除忧郁而称它为“快乐水果”，而且香蕉还是女孩子们钟爱的减肥佳果。香蕉又被称为“智慧之果”，传说是因为佛祖释迦牟尼吃了香蕉而获得智慧。香蕉营养高、热量低，含有称为“智慧之盐”的磷，又有丰富的蛋白质、糖、钾、维生素A和C，同时膳食纤维也多，是相当好的营养食品。同时，菠萝、龙眼、荔枝与香蕉号称为“南国四大果品”。

那么香蕉有种子吗？

如果你问身边的人这样的一个问题，恐怕很多人都会回答：“没有”。事实上也如此，我们食用香蕉的时候根本感觉不到种子的存在。但是你仔细观察会发现，香蕉的果肉里藏有一颗颗像芝麻般的小黑点，这就是退化的种子，是种子的皮而已，真正的种子哪里去了呢？事实上，世界上最早的香蕉不仅有种子，而且种子又多又大，果肉反而很少。但是经过人工不断的改良，使雌花无法受孕结子，只在果肉内留下一颗颗的种子皮，但是野生香蕉的果实内仍可发现颗粒状的种子。但是香蕉仍然和其他绿色开花植物一样，也会开花结果，但是多数栽培的香蕉品种是三倍体植物，不能生成种子。

讨论一下

1. 为什么香蕉是三倍体植物就没有种子呢？
2. 还有哪些园艺植物是多倍体呢？举例说明。
3. 香蕉没有种子怎么进行繁殖？如何育种呢？

染色体是遗传物质的载体，各个物种的染色体数是相对稳定的，而且体细胞染色体数为性细胞的二倍。自然条件下，植物的染色体数目也会发生一定程度的变异，染色体数目的变化常导致形态、解剖、生理、生化等诸多遗传特性的变异。倍性育种就是在研究染色体倍性变异规律的基础上，人工条件下诱发植物染色体数目发生变异，在此基础上选育植物新品种的技术方法。倍性育种中，主要应用单倍体和多倍体进行良种选育，而在一些特殊情况下也应用一些植物非整倍体进行育种。

一、多倍体育种

（一）多倍体育种的应用及特点

1. 概念和应用概况

细胞遗传学的研究表明，体细胞中成对的染色体可以分为两套染色体，经减数分裂形成的配子只含一套染色体，叫做一个染色体组，用 x 表示。细胞中含有 3 个或 3 个以上染色体组的植物体叫做多倍体，仅含 1 个染色体组的植物体叫做单倍体，都属于整倍性变异。多倍体育种是指利用人工的方法诱发植物形成多倍体，从中选育新品种的方法。例如人们经常食用的香蕉多数是 3 倍体，其他利用多倍体的园艺植物有苹果、梨、李、葡萄、树莓、草莓、醋栗、柑橘、菠萝、黄瓜、西瓜、甜瓜、番茄、豌豆、马铃薯、甘蓝、白菜、花椰菜、芹菜、萝卜、莴苣、金鱼草、石竹、福禄考、凤仙花、飞燕草、一串红、彩叶草、霞草、美女樱、樱草、百日草、桂竹香、罂粟、矮牵牛、紫罗兰、金盏花、雏菊、麦秆菊、万寿菊、波斯菊、蛇目菊、菊花、百合等。

1916 年温克勒（H. Winkler）在番茄与龙葵的嫁接试验中发现，在愈伤组织长成的枝条中有番茄的四倍体。自 1937 年布莱克斯利（A. F. Blakes lee）和埃弗里（A. G. Avery）利用秋水仙素诱发曼陀罗四倍体获得成功以后，各国相继展开人工诱发多倍体的试验研究。1947 年，木原均、西山市三发表《利用三倍体无籽西瓜之研究》，报道了三倍体无籽西瓜选育成功。随之有大量的无籽西瓜品种上市。1959 年，西贞夫等利用四倍体结球甘蓝和四倍体白菜杂交，成功地育成双二倍体新种——“白蓝”。随后，生物技术的发展使多倍体育种更为简捷、方便。T. Murashige 等（1966）通过烟草的髓组织的单细胞培养使倍性嵌合体得以分离，并认为组织培养是获得多倍体植株的一种有效途径。目前，已有 1000 多种植的植物获得了多倍体。中国于 20 世纪 50 年代开始多倍体育种的研究。张淑媛等（1989）用秋水仙素离体处理越橘试管苗，得到了四倍体植株。石荫坪等（1993）用 0.4%和 0.8%的秋水仙素在试管里诱变 7 个二倍体苹果品种自然授粉的胚，成功地诱导出苹果四倍体新种质。周朴华（1995）通过试管苗用秋水仙素诱导出四倍体的黄花菜，较原二倍体高产、优质。雷家军等（1997）以秋水仙素为诱变剂，分别采用种子组培、种子药液培养和茎尖组培法等获得了草莓的二倍体、五倍体、六倍体和八倍体的加倍植株，其中以种子和茎尖组培效果较好。20 世纪 70 年代以来，蔬菜多倍体育种取得许多重要进展，已培育出三倍体、四倍体西瓜，四倍体甜瓜以及萝卜、番茄、茄子、芦笋、辣椒和黄瓜等蔬菜多倍体材料。由此可见，多倍体育种目前在园艺植物上得到了普遍的应用（表 8-1）。

2. 多倍体植物的特点及价值

① 巨大性 首先，多倍体植株的染色体加倍后，基因的数量加大，使得植物的营养器

表 8-1 我国主要果树的多倍体资源

属	染色体基数	倍 数
苹果属	17	$2x$,$3x$,$4x$,$5x$
梨属	17	$2x$,$3x$,$4x$
葡萄属	19	$2x$,$3x$,$4x$
柑橘属	9	$2x$,$3x$,$4x$,$5x$,$16x$
猕猴桃	29	$2x$,$4x$,$6x$
柿树属	15	$2x$,$4x$,$6x$,$8x$,$9x$,$12x$
枣属	10,12,13	$2x$,$3x$,$4x$,$6x$,$8x$
李属	8	$2x$,$3x$,$4x$,$5x$,$6x$
草莓属	7	$2x$,$4x$,$5x$,$6x$,$8x$,$10x$,$16x$
山楂属	17	$2x$,$3x$,$4x$
金柑	9	$2x$,$4x$
柑橘属	9	$2x$,$4x$
核桃属	16	$2x$,$3x$

官、花、果实等体积和质量增大（图 8-1～图 8-3，彩图见插页）；有些植物的气孔增大，但是单位面积的气孔数减少。细胞中某些营养成分含量提高，植株整体对不良环境有较强的适应性。如三倍体、四倍体葡萄粒大；四倍体萝卜主根粗大。

图 8-1 左为四倍体，右为二倍体对照

图 8-2 左为四倍体，右为二倍体对照

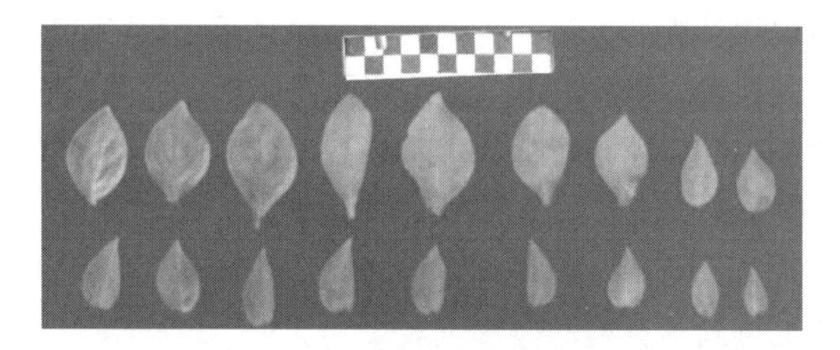

图 8-3 上为四倍体，下为二倍体对照

② 创造新物种 通过多倍体育种的方法可以创造新的植物物种。增加一个现存的植物

物种的染色体数目，就会创造出其同源多倍体物种。通过远缘杂交或种间杂交产生的一些性状优良的个体，往往不是不育就是育性很低，如果将这些杂种的染色体加倍，诱导其形成异源多倍体，就创造出了新的性状优良而且可育的物种或类型，克服远缘杂交的困难。

③ 遗传桥梁　多倍体育种方法还被称为遗传桥梁，使得遗传信息数量和性质不同的物种具有遗传可操作性，诱导多倍体还是基因转移或渐渗的有效手段。

④ 育性低　同源多倍体由于在减数分裂时染色体间配对不正常，易出现多价体，致使多数配子含有不正常染色体数，因而表现出育性差、结实率低。而对于水果来说，无籽或少籽为优良性状。园艺植物大多数同源多倍体可以利用无性繁殖植物，育性差但不影响在生产中的应用。如一些瓜果类三倍体作物，不仅口感好，而且无籽。

（二）多倍体的形成途径

近缘生物的染色体数目彼此成倍数关系是在高等植物中普遍存在的现象。20 世纪初 A. M. Lutz（1907）就发现拉马克月见草中出现的突变 gigas 是二倍体原种的四倍体。随后 H. Winkler（1916）从龙葵的切顶愈伤组织再生的枝条中获得比原株染色体加倍的四倍体类型。后来人们根据这类多倍体的几组染色体全部来自同一物种，就把它们叫做同源多倍体。L. Digby（1912）发现报春花属的一个不孕的种间杂种中自发地产生稳定的可孕类型，这个新种邱园报春的染色体数是加倍的。随后 G. D. Karpechenk（1927）用萝卜和甘蓝杂交合成了多倍体萝蓝。A. Muntzing（1930）用鼬办花属的两个二倍体的林奈种合成了另一个四倍体的林奈种。人们把这类由来自不同种、属的染色体组构成的多倍体叫做异源多倍体（见图 8-4）。除了陆续在自然界发现一系列同源和异源多倍体外，人们还发现许多很有价值的作物，如小麦、棉花、菸草、马铃薯、甘薯、香蕉、草莓、咖啡、甘蔗、菊花、水仙等都是多倍体。更多的种类如苹果、梨、李、葡萄、柑橘、蔷薇、山茶、大丽菊、郁金香、百合、报春花、鸢尾等作物中有相当多的多倍体品种。人们逐渐认识到多倍体不仅在某些类群植物的进化中曾经起过重要的作用，而且在人工进化中也有其独特的地位。

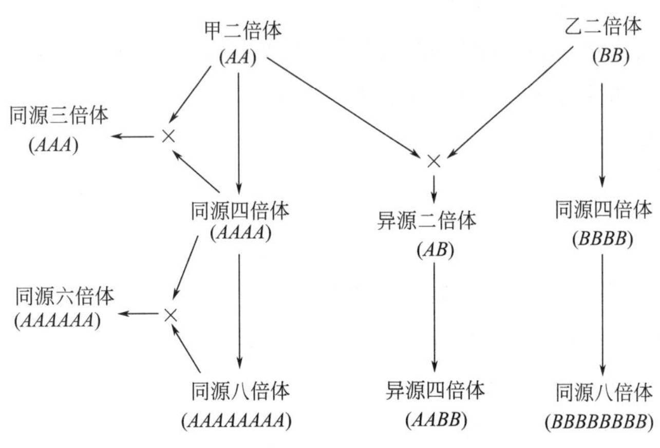

图 8-4　多倍体的形成过程示意图

（三）多倍体育种材料的选择

不是任何植物类型多倍化以后都可得到良好的效果。诱导材料的选择是多倍体育种的第一环节，为了更有效地获得性状优良的多倍体，应注意如下原则。

① 由于多倍体的遗传特点是建立在二倍体亲本的基础上，所以应特别注意选取具有良好遗传基础的类型作亲本，并且该品种经济性状好。

② 选择染色体数目少、染色体倍数少的植物，天然的高倍数的材料再进行多倍体育种的意义不大。因染色体组数多的植物在进化过程中已利用了多倍化的特点，而染色体组数少的植物多倍体育种潜力较大。

③ 选择杂合程度高的材料。杂合性的材料优于纯种材料，因为杂合的材料产生的变异类型多，后代的可孕性往往较高。

④ 繁育三倍体等育性低的多倍体时应考虑该材料的无性繁殖能力，以及是否以收获营养器官为目的等因素。对于收获果实为目标的育种，应考虑能够单性结实的品种。注意选用种子产量虽然减少，但并不降低其经济价值的植物以及利用无性繁殖的植物，尤其是对那些少籽乃至无籽果实更有价值的种类，例如葡萄、柑橘、猕猴桃，以及无籽西瓜等。

⑤ 选择远缘杂种易于诱导异源多倍体。选用异交植物，尤其是将多倍化与远缘杂交结合起来更有效；不仅有助于克服杂种难育性，而且可合成新的类型或新种。

⑥ 应在广泛的种类、品种和较大的群体上进行引变处理，使具有各种遗传基础的个体都有在多倍体水平上表现的机会。选择的材料生育周期要短，以减少选择周期。处理群体的大小应根据亲本材料的性质而定，如自花授粉植物应选用较多的品种，而每一品种的植株可以少一些；异花授粉植物则相反。

（四）获得多倍体的途径与方法

在自然条件下，体细胞中染色体是能够加倍的，如果树（鸭梨和玫瑰香）上出现的多倍性的芽变现象。此外，通过配子未减数的途径也可产生各种多倍体。但是这种天然染色体变异的概率很低，无法满足育种要求，所以倍性育种过程中主要是依靠物理因素、化学试剂以及细胞和组织培养等人工方式诱导多倍体的产生。

人工诱变多倍体的方法较多，物理方法如温度骤变、机械损伤、电离辐射、离心力处理等；化学方法如萘嵌戊烷、吲哚乙酸、氧化亚氮处理等，但应用最广而效果最好的是秋水仙素诱变。

1. 物理因素诱导

一些不良的条件会诱发植物产生变异，导致多倍体的产生。如温度骤变、机械创伤、电离辐射、非电离辐射、离心力等物理因素都能导致染色体数目的加倍。温度骤变法就是将培养了一定时间的种子、花芽等材料放置在恒温箱，在一定温度、湿度下处理一定时间，再取出继续培养，从中筛选多倍体。但是有些方法如果使用不当，将会严重地损伤植物细胞或组织，甚至导致细胞和植物个体的死亡。如前面讲到的辐射诱变，可以产生多倍体，但如果剂量过大，对植物体本身也有很大的伤害，甚至造成植物死亡。

2. 化学因素诱导

能够诱导植物染色体加倍的化学药剂很多，如秋水仙素、富民隆、萘嵌戊烷、吲哚乙酸、氧化亚氮、除草剂等都有很好的诱导效果。但是目前使用范围最广、最简单有效的诱导方法是使用秋水仙素进行处理。下面就以秋水仙素为例介绍化学因素诱导多倍体的形成过程。

秋水仙素是从原产于地中海一带的百合科植物秋水仙中提取出来的一种化合物。纯的秋水仙素为针状结晶体，有毒，易溶于水、酒精而不溶于乙醚和苯。秋水仙素诱导染色体加倍的原理如下：它能抑制纺锤丝和细胞板的形成，染色体虽能复制，但不能在纺锤丝的牵引下排布在赤道板上，更无法在后期将染色体分向两极，由此使细胞分裂停顿在分裂前期—中期，不能进入分裂后期形成染色体加倍的核，造成细胞染色体数目加倍；当细胞板、细胞壁的重建功能受阻时，虽然染色体能正常分裂走向两极，但是细胞质不能分裂，导致细胞内染色体数目加倍。当除去秋水仙素，细胞又可恢复正常的分裂。

浸渍法是一种很常用的用秋水仙素进行染色体加倍的方法，处理时应注意秋水仙素溶液的浓度、材料的种类和生物学特性、分裂时间、部位及其生育时期，以及处理时的温度和时间等问题。一般采用低浓度（0.01%～0.1%）、长时间的加倍原则。通常是将秋水仙素配成0.02%的水溶液、酒精溶液、甘油溶液，使刚刚萌发的种子、胚、幼苗、根尖或者嫩枝、愈伤组织、合子、配子细胞等处于旺盛分裂状态的组织浸渍在该溶液中进行处理。处理时间与该物种的细胞分裂周期有关，一般处理24h左右即可。为了促进药物的作用效果，一般在35℃下处理材料。处理后，材料应及时用大量的水反复冲洗，以防残留药物进一步侵害细胞。处理过的材料，则要置于低温、高湿条件下使其恢复原来的生长状态。二甲基亚砜（DMSO）是一种辅助剂，如在秋水仙溶液中加入1%～3%的二甲基亚砜（DMSO），可显著提高多倍体的诱导效果。如果需要短时间内诱导多倍体的发生，那么就需要使用较高浓度的秋水仙素。通常用0.2%秋水仙素，在几小时内就可以将材料处理完毕。

用秋水仙素诱导多倍体除了上文提到的浸渍法以外，还有涂抹法、套罩法、滴液法、注射法、喷雾法等。涂抹法是将秋水仙素溶液制成羊毛脂膏、琼脂、凡士林等固体或半固体制剂，然后将这些制剂涂抹于顶芽等部位，并加以遮盖以减少固体或半固体制剂中水分蒸发和避免雨水冲洗而导致溶液稀释。套罩法与涂抹法的区别主要是将顶芽套于防水胶囊中，而不必进行遮盖。滴液法主要是用于较大的植株顶芽、腋芽的处理方法。通常每日处理数次，反复滴加秋水仙素溶液，数日才处理完毕。注射法用注射器将药物直接注射到待处理的部位。喷雾法则是将配制好的秋水仙碱等喷雾制剂喷到处理的部位。

3. 组织或细胞培养法

① 胚乳培养　很多二倍体被子植物在有性繁殖过程中，胚囊内二倍体的极核与单倍体的雄配子结合形成胚乳，因而胚乳细胞属于三倍体的细胞，细胞中含有3个染色体组。所以如果在体外单独培养胚乳细胞，那么就可以得到该物种的三倍体，使之分化形成新的植株。

② 细胞融合　细胞融合法又叫体细胞杂交法，是用人工方法将两个不同种或不同属的植物物种细胞的细胞壁去掉，形成两个原生质体，再将两个原生质体通过化学刺激或电击等方法进行融合，使其中一个细胞的细胞核进入另一个细胞，最后两个细胞核融合为一个细胞核，使细胞核中染色体数量增加。融合后的细胞，通过诱导、继代等一系列的培养，最终可获得完整的多倍体植株。

③ 组织培养中的体细胞无性系变异　各种植物在组织培养中，常发生染色体数目倍性的变化。在离体培养的植株中，不仅含有染色体数为 $2n$ 的细胞，还经常发现一些 $4n$、$8n$ 甚至 $16n$ 的多倍性的细胞。目前在梨根、石刁柏、胡萝卜、甜瓜的未成熟子叶，子叶和真叶作外植体进行离体培养时都有多倍体的出现。虽然有关多倍体发生的组织范围和引起多倍

化的因素尚不十分清楚。然而，通过组织培养的方法获得多倍体在实践中是可行的。通过分析细胞中染色体数目就可以将这些变异的细胞和组织分离出来，单独培养形成其多倍体植株。组织培养过程中的染色体倍性变异虽然为获得一致的无性系带来麻烦，但是它却为那些不容易用常规方法获得多倍体的植物提供了一个很好的途径。

（五）多倍体植物的鉴定方法

1. 间接鉴定

所谓间接鉴定法，就是根据一些形态特征或生理特性鉴别其倍性的方法。如果用秋水仙素处理后植物的育性降低，那么很可能是得到了同源多倍体植株；如果发现经诱导培养的植株花粉粒、花器官、气孔保卫细胞、叶片等都比原来个体变大，那么该植株很可能就是培育出来的多倍体。综合以上的分析，便不难区分诱导后的植株是否为多倍体。

① 形态鉴定法　即将处理和未处理的对照进行外部形态的比较，主要是鉴定植物的生物学特征特性，是最直观简便的方法。如瓜类多倍体（西瓜、甜瓜、黄瓜等）的外部形态表现为：发芽和生长缓慢，子叶及叶片肥厚、色深、茸毛粗糙而较长；叶片较宽、较厚或有皱褶；茎较粗壮，节间变短；花冠明显增大，花色较深；果实变短、变粗、果肉增厚、果脐增大（甜瓜）；种子增大，嘴部变宽，但种仁不饱满，在黄瓜、甜瓜中则出现大量瘪子。果树多倍体一般茎变粗短、叶变厚；果形指数变小；颜色变深、表面皱缩粗糙、生长缓慢，花、果都比二倍体大；可育性低。苹果多倍体树体一般生长健旺、枝条较粗、节间缩短、根系强壮、角度开张、果实硕大、叶大而厚，有时叶形也发生变化；通过对皇家嘎啦苹果二倍体及同源四倍体进行研究，发现在鲜重相同的条件下，四倍体苹果叶片的叶绿素 a、叶绿素 b 及总叶绿素含量均较高。四倍体葡萄叶片颜色深，二倍体叶片颜色浅，嵌合体的叶片则呈花斑型。根据上述标志，即可把没有多倍体特征的材料及时淘汰或继续进行诱变处理，对于初步认为是多倍体的，可再进一步检查。

② 气孔鉴定　观察气孔和保卫细胞的大小是较为可靠的鉴定方法。由于气孔增大，单位面积内气孔的数目少也可作为鉴定多倍体的根据，但这一指标只能与植物处在同一发育时期和同一外界条件之下对比时才有实际意义。据研究，苹果、板栗，菠萝、萝卜等四倍体的气孔长度都比二倍体增加 20%以上。李延华（1980）研究薰衣草的二倍体及四倍体，发现四倍体植株的气孔、保卫细胞和花粉粒均显著大于二倍体植株。

③ 花粉粒鉴定　与二倍体相比较，多倍体花粉粒体积大，生活力低。有些多倍体（如三倍体）甚至完全不孕。当然不同的植株类型及多倍体的不同倍数，其不孕的程度存在差别，如双二倍体比产生它的杂种二倍体结实率高；西瓜、黄瓜四倍体的花粉也较二倍体大。有学者对四倍体小金海棠花粉进行观察，发现大部分花药没有花粉，个别花药有少量花粉，但发育不良，没有受精能力。

④ 梢端组织发生层细胞鉴定　用切片染色法比较组织发生层的三层细胞和细胞核的大小，可以看到多倍体的细胞及核都比二倍体大。这一方法的优点是可同时对组织发生层的三层细胞进行鉴定，能够说明变异体的结构特点。

⑤ 小孢母细胞分裂的异常行为　无论是三倍体或同源四倍体，小孢母细胞在减数分裂

中都有异常行为，这可以作为鉴定多倍体的标志。染色体的异常行为包括染色体配对不正常、有单价体和多价体、有落后染色体，染色体的分离不规则、数目不均等，有多极分裂和微核小孢子数目和大小不一致等。

2. 直接鉴定

经过初步的分析和筛选后，还要直接鉴定其倍性，一般通过常规的压片法制作临时切片来鉴定染色体数目。即对诱导后染色体可能加倍的个体的花粉母细胞、茎间或根尖细胞进行制片染色，在显微镜下检查其染色体数目是否真正加倍，鉴定整倍性变异还是非整倍性的变异。此外，利用现代生物学技术检测细胞核中遗传物质（某些 DNA 片段）数量也可有效地对多倍体进行鉴定。

（六）多倍体的后代培养

育种材料经过倍性鉴定，从中得到的多倍体类型并不一定就是优良的新品种，还要按照其变异的特点，进一步培育选择和利用。在倍性变异后经济性状表现优良的类型，可进入选种圃进行全面鉴定。对不稳定的嵌合类型进行分离同型化；在诱变进程中，如果只有生长点分生组织的某一层或二层细胞加倍，就会形成“2-2-4”、“4-2-2”、“2-4-2”、“2-2，4-4”等倍性嵌合体。对于倍性周缘嵌合体可采用梢端组织发生层细胞鉴定。前二种多倍性嵌合体不能遗传给它们的有性后代，后两种情况发育为生殖器官的 L_{II} 层细胞已加倍，可影响性细胞，自交留种时应加以注意。倍性扇形嵌合体还可表现为一根枝条未加倍、而另一枝条已经加倍，同一层内部分细胞加倍、部分细胞未加倍的情况。只有用加倍的雄花授粉才可得到多倍体后代。理想的办法是促进嵌合类型分离，通过选择使其同型化，保留不能直接成为品种、但在育种上有价值的材料。有些诱变本来就是为进一步杂交育种提供原始材料，可按原计划继续进行。如利用 $4x$ 栽培品种与 $2x$ 野生种杂交时，先把 $2x$ 野生种的染色体加倍，然后再进行杂交；有时在远缘杂交之前，先行亲本染色体加倍，然后杂交；或者先杂交而后加倍。

（七）多倍体育种实例介绍

1. 苹果多倍体育种

不同倍性的品种相互杂交是苹果多倍体育种的另一条重要途径。其中利用二倍体品种相互杂交，未减数的 $2n$ 配子参与受精而产生三倍体。目前生产应用的三倍体品种有：乔纳金（金帅×红玉）、陆奥（金帅×印度）、世界一（元帅×金帅）、北斗（富士×陆奥）、北海道9号［富士×津轻（金帅实生后代）］、斯派舍（君袖×金帅）、静香（金帅×印度）、茶丹（金帅×克露茶特）、高岭［红金（金帅×红冠）实生］等。

值得注意的是上述三倍体品种均含有金帅亲本或种质，T. Harada 等（1993）进行的 RAPD 指纹分析结果表明，为乔纳金、陆奥等三倍体品种提供 $2n$ 配子的是金冠。因此，应进一步研究金冠苹果产生 $2n$ 配子的机制，并在今后的苹果多倍体育种中合理有效地利用金冠这一珍贵种质，以便育成更多的果大质优的三倍体品种。

2. 三倍体无籽西瓜的培育过程

三倍体无籽西瓜因其具有含糖量高、口感好、易贮藏等特点而备受人们的青睐，其培育过程如下。

① 植株处理 用0.2%～0.4%的秋水仙素液体将二倍体普通西瓜的种子浸泡12～24h；或在每天下午6～7点钟用0.2%～0.4%的秋水仙素液体滴在其幼苗茎尖生长点上，连续进行4天。用秋水仙素（一种植物碱）处理二倍体西瓜的种子或幼苗，使其在细胞分裂的中期阻碍纺锤丝和初生壁的生成，使已经复制的染色体组不能分向两极，并在中间形成次生壁。结果就形成了染色体组加倍的细胞，使普通二倍体西瓜染色体组加倍而得到四倍体西瓜植株。

② 清洗 处理后的种子或幼苗要用清水洗干净，防止由于秋水仙素的过度作用造成死苗。处理及缓苗期间，应将植株置于散光下，以免日光直接照射，致使秋水仙素分解破坏。同时亦切忌高温，因为在高温情况下秋水仙素对植物的毒性增强，容易造成死苗。因此，在成活前应给予良好的栽培条件和精心管理。

③ 多倍体的鉴定 观察多倍体植株，形成多倍体的植株萌芽厚度明显增加，幼根尖端发生膨大现象；多倍体植株的体型较大，如叶片较大，根茎变粗，花、果实、种子都较大；茎叶组织比较粗糙，颜色深绿，有时有皱缩现象；植株叶面的气孔较大，单位面积气孔数目相对减少；花粉粒较二倍体的花粉粒大一倍以上。为了鉴定的准确起见，尚须直接在显微镜下检查染色体数目是否已经加倍（普通二倍体西瓜 $2n=22$，四倍体西瓜 $4n=44$）。

④ 杂交 一般用四倍体西瓜作母本，二倍体做父本。按照西瓜开花习性，在每天下午将第二天要开放的花蕾套袋，第二天早晨进行人工授粉，同时挂上标记，结出的西瓜种子就是三倍体。

⑤ 生产 三倍体西瓜推广后形成新品种即可进行生产。由于三倍体植株减数过程中，同源染色体的联会紊乱，不能形成正常的生殖细胞，因此在生产中必须用普通西瓜二倍体的成熟花粉刺激三倍体植株花的子房，因其胚珠不能发育成种子，子房发育成无籽西瓜果实。

二、单倍体育种

（一）单倍体育种的概念及应用

1. 单倍体的概念和类型

单倍体通常指由未经受精的配子发育成含有配子染色体数的体细胞或个体。来自二倍体植物（$2n=2x$）的单倍体细胞中只有一个染色体组（$n=x$）叫做一元单倍体，简称一倍体。来自四倍体植物（$2n=4x$）的单倍体体细胞中含有两组染色体（$2x$），叫做多元单倍体。其中又可以根据四倍体植物的起源再分为同源多元单倍体和异源多元单倍体。单倍体育种是指通过人工诱变的方法，使植物产生单倍体，并使其加倍成为纯合二倍体，然后从中选育出新品种的方法。

2. 单倍体在遗传育种中的应用

① 加速遗传育种材料的纯合，缩短育种年限 通常应用常规的杂交育种时，杂种材料

必须经过4～5代以上的近交分离和人工选择，才能获得主要性状基本纯合的基因型，得到性状比较一致的自交系；而获得单倍体后进行人工加倍，只需一个世代就可以获得纯合的二倍体。只要这种纯合二倍体符合育种目标，即可繁殖推广。因此将一般要7～8年才能获得纯合的新品种的育种年限缩短到3～4年，提高了育种的效率。特别是对那些自交亲和性很差的种类更能大大缩短育种年限，节省人力、物力。如要选择*AABB*基因型的个体，杂交育种后基因型为*A* _ *B* _ 的植株都具有*AABB*的个体的表型特征，而单倍体育种加倍后得到的具有该表型的植物基因型只有*AABB*，基因型和表现型一致，更容易选择，控制了杂种后代性状分离现象，经济性状优良的可成为新的品种用于生产。中国通过这一途径已育成的双单倍体品种有水稻的新秀、中花10号，小麦的京花1、3、5号，甜椒的海花3号等，现已在生产中推广。玉米中已获得群花1号等100多个“自交系”。国外报道，通过花粉植株育成栽培品种的有油菜、马铃薯和石刁柏，很多园艺植物都获得了单倍体植株或单倍体愈伤组织，如草莓、苹果、葡萄、柑橘、荔枝、西瓜、甘蓝、芥蓝、番茄，茄子、辣椒、结球白菜、花菸草、黄花菸草，曼陀罗、天竺葵、甜菜，苜蓿、枸杞、芍药、百合、矮牵牛、龙葵、四季海棠等，为遗传研究和育种提供了珍贵的材料。

② 提高选择的准确性和效果　在常规杂交后代中，由于存在基因的显隐性关系，隐性基因的性状被显性基因所覆盖，因此虽然表现型一样，但是基因型可能不同。如*AABB*、*AABb*、*AaBB*和*AaBb*的表现型是一样的，但是这些基因型难以识别和区分，必然会影响到选择效果。如果利用单倍体，基因型则为*AB*，经过加倍后，就只有*AABB*一种基因型，选择的准确性和把握性很大。再者，常规杂交育种由于杂种后代的杂合性常使世代间基因型的相关性较小，因此选择效果也不如加倍的单倍体。在轮回选择中，使用加倍单倍体的轮回选择效果比用二倍体选择高5倍，其混合选择的效果比常用的混合选择快14倍。又如要从*AAbb*和*aaBB*的杂交后代中选出基因型为*AABB*的个体，几率只有1/16，而将F_1代（*AaBb*）的花粉培养并加倍，则基因型为*AABB*的个体产生概率是1/4，也就是说单倍体育种效率比常规育种效率要高4倍。所以单倍体后代选择的准确性高，节省大量的人力、物力。

③ 为研究遗传学理论问题提供素材　由于单倍体的每个基因都是单拷贝的，各种隐性基因都能表现出来，因此排除了基因显隐性所带来的干扰，单倍体加倍后容易获得纯合的基因型。如*Aa*表现为显性性状，当用单倍体培养形成植株以后，*a*的隐性性状就直接表现出来了。对于单倍体所发生的基因突变，在变异当代便可表现，更便于诱变育种的早期识别选择，大大提高了突变体的筛选效率。单倍体在植物数量遗传研究中也发挥着较大的用途，如基因相互作用的检测、遗传变异的估计、连锁群的检测、影响数量性状基因数目的估计等。而且单倍体加倍后的纯系也经常作为分子标记的作图材料，可以反复实验，使遗传图谱更加精确。如果将远缘杂交F_1产生的单倍体进行二倍化，还可获得染色体附加系、超雄植株和由双亲部分遗传物质组成的育种新材料，为研究理论问题提供素材。

④ 单倍体技术可以和各种育种途径结合，提高育种效率　单倍体技术与诱变育种结合可避免显隐性干扰，使隐性突变在当代花粉植株上显现出来，便于选择。如Carduan（1974）用紫外线和X射线照射天仙子花粉单倍体，获得生物碱高含量的突变体。Poy等（1973）利用番茄和拟南芥的花粉单倍体细胞作受体，实现大肠杆菌3个基因系统以病毒介

导的方式进行的基因转移，认为花粉单倍体植株有利于基因转导和表达，是遗传基础研究的重要材料。此外，在远缘杂交种马铃薯、咖啡、甘蔗等四倍体栽培种和野生的二倍体杂交时不易成功，通过单倍体技术变成双单倍体后亲和性可显著提高。远缘杂种经常出现的高度难稔性也可以通过单倍体技术解决，方法是把远缘杂种产生少数有生活力的花粉培养成单倍体植株，通过加倍选择获得可稔的远缘杂种。

G. Melchers 展望了单倍体利用的四种主要前景：a. 在自交不亲和植物中获得纯合类型；b. 作为营养期诱变和筛选的基础；c. 用于诱变处理的植株产生的离体细胞容易获得隐性性状；d. 在培养中产生的单倍体胚可在需要结合很多显性等位基因的育种工作中加以利用。总的来说，单倍体是当前遗传及育种研究中正在探索、发展的一个重要辅助技术。

（二）获得单倍体的途径和方法

单倍体可以自发产生，也可以诱发产生，但是育种学上还是主要通过人工诱发产生单倍体形式来进行育种。长期以来，由于缺少切实有效的诱导方法，所以进展较慢。自从 S. Guha 和 S. C. Maheshwari（1964）首次成功地诱导出单倍体植株以来，通过花药、花粉培育单倍体方面得到了迅速发展。据不完全统计，已从 23 科，52 属、160 多种植物得到了花粉单倍体植株，其中有 24 个种的花粉植株是在中国首先获得的（S. C. Maheshwari，1980）。人工诱变单倍体的方式与自然界发生单倍体的方式一样，通过单性生殖。

1. 单性生殖获得单倍体

孤雌生殖是一种常见的单性生殖方式，是指卵细胞未经受精而发育成单倍体的胚，最终长成植株的过程。如把玉米花粉授给小麦，这种种属间的杂交虽然不能受精，但是在花粉物质的刺激下卵细胞开始发育并形成胚，最后形成单倍体。又如可以将刚开放的花朵去雄，延迟授粉，以提高单倍体的发生概率。另外，胚也可以由雄核独立形成得到单倍体。除此之外利用有关基因（如大麦的 *hap* 基因）等方法也可以得到单倍体。辐射、化学药剂处理可以获得单倍体。诱导孤雌生殖的药剂有甲基亚砜、萘乙酸、马来酰肼、秋水仙素等。药剂诱导单性生殖不需要种植授粉者并可省去授粉工作，是一种简捷的方法。这在棉花、小麦、水稻上已获得成功。周世琦（1980）用 0.2%DMSO＋0.2%秋水仙素＋0.04%石油助长剂诱导棉花，孤雌生殖率为 4.16%～13.13%。用二甲基亚砜处理番茄、黄瓜也有效果。用辐射处理过的花粉授在正常的雌蕊上，可以控制受精过程，因为经射线处理后花粉管萌发受抑制，甚至整个花粉丧失活力，使受精过程受到影响，但能刺激卵细胞分裂发育，从而诱发单性生殖的单倍体。

2. 染色体有选择地消失

有些植物，如普通大麦与球茎大麦杂交，雌雄配子体正常受精后，受精卵细胞与极核能够进行有丝分裂，但是发育成幼胚的过程中，胚细胞中球茎大麦的染色体逐渐消失，最后形成普通大麦的单倍体胚。

3. 组织和细胞的离体培养

离体培养过程中，花药和花粉离体培养是目前应用最多的，操作简便，容易诱导产生单倍体的方法。无论是花药培养还是花粉培养，都是利用花粉细胞中染色体数目减半的特性而产生单倍体植株。此外，通过培养未授粉的子房和胚珠也可以获得单倍体。其原理也是利用雌配子为单倍体细胞的性质形成单倍体植株。

（三）单倍体的鉴定与二倍化

单倍体植株的鉴定可分为根据形态和生理生化为特征的间接鉴定和镜检染色体数目的直接鉴定两种。单倍体植株一般形态较小，生长势较弱，但这些形态和解剖学特征并不足以说明是单倍体，间接鉴定时还要重点考虑所得植株的育性。单倍体植株只有一套染色体，在减数分裂后期Ⅰ，染色体将无规则地分配到子细胞中去，因此大多数花粉败育。直接鉴定法与多倍体检测法类似，凡染色体数目比原始数目减半的即为单倍体。

由于育性很差，单倍体本身没有直接的利用价值，必须使其染色体二倍化，恢复育性，产生纯合的二倍体种子才是育种的目的。单倍体的染色体可以自然加倍，但自然加倍的频率是较低的。只有采用人工加倍，获得大量纯合的二倍体时，才能真正发挥单倍体的潜力。加倍方法一般是利用秋水仙素处理，具体方法参考化学诱变育种。

本章小结

多倍体是自然界普遍存在的一种现象，利用多倍体可以选用出一些特殊性状的园艺植物新品种。选育新品种主要利用秋水仙素进行加倍，然后通过杂交选择的方法获得。合理利用单倍体可以缩短育种时间，使隐性性状提前表达，但是单倍体不能直接应用于生产，必须进行加倍。

扩展阅读

矮牵牛新品种“红霞”选育过程

矮牵牛（*Petunia hybrida* Vilm.）为一年生花卉草本植物，花色艳丽多姿具有较高观赏价值，被喻为“世界花坛花卉之王”。江苏农林职业技术学院魏跃、颜志明、王全智等老师以二倍体矮牵牛栽培品种“Lilac”为 M_0 原始诱变材料，利用浓度为 0.2%的秋水仙素溶液进行化学诱变处理，经过多代系谱和混合选择获得了遗传稳定的四倍体新品种“红霞”，其选育过程如下：

2005年5月以二倍体矮牵牛‘Lilac’(2n=2x=14)为M_0原始材料，利用浓度为0.2% 秋水仙素进行化学诱变，变异植株在形态学鉴定的基础上进行细胞学鉴定，选择染色体数目为2n=4x=28 的植株，最终选择了编号为05P-12单株进行自交，采收M_1世代种子。

↓

2006年将M_1播种，以二倍体原始群体作为对照，继续进行形态学观察和细胞学鉴定，选择具有叶片增宽、增厚，柱头、花瓣变大等多倍体形态特征，且染色体数目为2n=4x=28的单株（编号为05P-12-53）继续进行自交，采收M_2世代种子。

↓

2007年、2008年继续以二倍体原始群体作为对照，进行形态学观察结合细胞学鉴定，株系内大多数植株的多倍体形态特征保持稳定、染色体数目为2n=4x=28，淘汰少数非整倍体和生长势弱的植株，采用混合选择采收种子。

↓

2009年、2010年连续2年分别在多地进行区域试验，诱变四倍体株系均能正常生长、适应性较好，同时多倍体的农艺性状特征保持稳定，株系内保持较高的一致性。

↓

2010年、2011年连续2年进行生产试验，诱变四倍体株系其多倍体形态特征明显及染色体数目均能够保持稳定，株系内一致性程度较高，生长良好。

↓

2012年进行品种申请，同年10月经江苏省农作物品种审定委员会第五十二次会议鉴定通过，定名为‘红霞’。

通过化学诱变用秋水仙素处理获得了矮牵牛的同源四倍体新品种‘红霞’，与原有二倍体相比较，表现为花期延长、花瓣增大（图 8-1，彩图见插页）、茎增粗（图 8-2，彩图见插页）、叶片增大（图 8-3，彩图见插页）、植株长势强、开花期延长等优点，值得注意的是也出现了开花期延迟，结籽数减少、稔性降低等现象。

复习思考题

1. 什么是倍性育种？
2. 什么是多倍体育种？多倍体育种有什么意义？
3. 什么是单倍体育种？单倍体育种有什么意义？
4. 如何根据植株外观上的特点鉴定多倍体或单倍体？
5. 人工诱导获得多倍体和单倍体的途径有哪些？
6. 在选择多倍体育种材料的时候应注意哪些原则？
7. 通过学习矮牵牛的育种过程，你会制订一个多倍体育种的计划吗？

第九章　现代育种技术

学习目标

1. 了解现代育种技术的类别和应用；
2. 了解植物离体培养育种的类别和应用；
3. 了解和掌握原生质体培养与体细胞杂交的步骤及应用；
4. 了解园艺植物基因工程的应用概况；
5. 掌握园艺植物基因工程的操作步骤；
6. 了解分子标记与育种的关系。

案例导入

转基因食品是“魔鬼”？

2013年，网络最热闹的事件之一就是方舟子和崔永元要打官司了。事情的起因是2013年9月7日上午，20多名主动报名的网友参加了中国农业大学玉米试验基地现场采摘转基因玉米，并煮熟品尝活动。这次活动由方舟子发起，方舟子认为“品尝转基因玉米虽无科学研究价值，但有科普价值，应当创造条件让国人可以天天吃转基因食品”。

这次活动引发网上热议，电视节目主持人崔永元进行了强烈回应，并质问方“懂不懂科学”。随后，两人在腾讯微博上就转基因食品问题进行了一番激烈的“唇枪舌剑”。两人先从“吃还是不吃”过招，随后就双方的语言逻辑问题、有无资格科普的问题进行了对攻，但很快超出了转基因的范畴。

对于二人之间的是非，本文不予评论，这个事件的核心还是转基因食品的安全问题，而更进一步讲则是转基因品种是否安全的问题。如果大家到网络、报纸等媒体搜索一下就会发现，相关的讨论是十分激烈的。有人甚至把转基因品种安全问题提升到了国家战略高度，支持的人认为是利国利民，可以给更多的人提供粮食、药品及其他食品，解决贫困地区温饱问题的重要途径；而反对的一方则认为是对人身体有害，破坏生态，危害国家及人类的安全，是危害世界的“魔鬼”。而讨论转基因食品是否安全，就必须要去讨论基因工程育种。因此，对于育种者来说，目前转基因品种的相关研究是一个绕不开的话题，也是育种专家不得不面对的一个问题。因为只有通过科学严谨的数据证明，才能消除人民的疑虑，解决争论。

讨论一下

1. 转基因食品真的有那么可怕吗？查查资料了解一下。
2. 转基因培育出来的品种有什么优势呢？

3. 转基因很容易吗？什么基因都可以转吗？

4. 你知道身边有哪些食品涉及转基因吗？

随着科技的进步，现代生物技术的发展，育种的方法和手段得到了大幅度的提高，极大地促进了园艺植物育种技术的革新，品种选育的方式方法日益灵活多样。但需要说明的是，现代育种技术是传统育种技术的重要补充和发展，在创造植物新的基因型方面有其独特的作用，但不是完全孤立的育种手段。它是以生命科学为基础，利用生物体系和工程原理创造新品种和生产生物制品的多种育种技术的融合体。

一、植物离体培养育种

植物离体培养是指在无菌的条件下，将离体的植物器官、组织、细胞以及原生质体，培养在人工配置的培养基上，给予适当的培养条件，使其长成完整植株的技术。通过离体培养不仅可以扩大基因变异范围，加速亲本材料的纯化，而且可以加速无性繁殖，克服体细胞杂交技术中有性杂交技术的障碍，为园艺植物的品种改良和获得新品种开拓了一条新的育种途径。

（一）组织与器官培养

1. 组织与器官培养的概念

组织与器官培养包括分生组织、输导组织、薄壁组织等离体组织，根、茎、叶、花、果实等各种器官，合子胚、珠心胚、子房、胚乳以及成熟、未成熟的胚胎等离体培养。用于培养的离体材料通常称为外植体。由最初培养新增殖的组织，继续转入新的培养基上培养的过程称继代培养。由同一外植体反复进行继代培养后，所得一系列的无性繁殖后代称为无性繁殖系。在细胞培养中，由单细胞形成的无性系则称为“单细胞无性系”。在培养过程中，从植物各种器官、组织的外植体增殖而形成的一种无特定结构和功能的细胞团称愈伤组织。由外植体或愈伤组织产生的，与正常受精卵发育方式类似的胚胎结构体称为胚状体。

2. 组织和器官培养的主要作用

① 加快园艺植物新品种和良种繁育速度　特别是对于无性繁殖的果树、观赏树木等植物，传统的嫁接、扦插、分株等方法不仅繁殖系数小，而且受季节、气候、地点的限制，效率低、费用高。利用组织培养以一块植物组织在一年之内可繁殖成千上万的小植株，可取得迅速、低成本推广新品种的效果。依靠自然条件在较短时间内繁殖稀有植物和经济价值较高的植物，受到地理环境和季节的限制，很难达到快速、高效的目的；特别对于在短时期内需要达到一定数量才能创造应有价值的植物，时间就是效益，只有通过组织培养的方法才能满足这一要求。由于组织培养法繁殖植物的明显特点是快速，每年可以数以百万倍速度繁殖，因此对一些繁殖系数低、不能用种子繁殖的名特优植物品种的繁殖，意义尤为重大。

② 培养无病毒苗木　植物中有很多都带有病毒，严重影响植物的产量和品质，给农业带来灾害。特别是无性繁殖植物，如马铃薯、草莓、大蒜、康乃馨等，由于病毒是通过维管束传导的，因此利用这些植物营养器官繁殖，就会把病毒带到新的植物个体上而发生病害。

但感病植株并不是每个部位都带有病毒，根据病毒在植物体内分布不均匀的理论，利用微茎尖培养，可以繁殖和保存经过病毒鉴定后无病毒的栽培品种；或者由感染病毒的植株重新获得无病毒植株，并进行繁殖和保存。

③ 诱发和离体筛选突变体　培养细胞处在不断分生状态，它就容易受培养条件和外加压力（如射线、化学物质）的影响而产生突变，通过对培养过程中细胞或组织特别是单倍体细胞进行诱变，可以筛选出符合目标的突变体，从而育成新品种。对于嵌合体，也可通过组织培养加以分离。此外，通过选择突变的方法可提高园艺植物的抗寒性、固定二氧化碳的能力等。目前用这种方法已经筛选到抗病、抗盐、高蛋白、高产等突变体，有些已经用于生产。

④ 进行种质资源长期保存和远距离运输　长期以来人们想了很多方法来保存植物，如储存果实，储存种子，储存块根、块茎、种球、鳞茎；用常温、低温、变温、低氧、充惰性气体等，这些方法在一定程度上收到了好的或比较好的效果，但仍存在许多问题。主要问题是付出的代价高，占的空间大，保存时间短，而且易受环境条件的限制。植物组织培养结合超低温保存技术，可以给植物种质保存带来一次大的飞跃。因为保存一个细胞就相当于保存一粒种子，但所占的空间仅为原来的几万分之一，而且可以长时间保存，不像种子那样需要年年更新或经常更新。应用组织培养保存种质资源有节约大量土地、人力和物力，手续简便，易于长途运输，便于交流的优点。目前大量实验已证明，植物组织甚至细胞可以在低温或在液氮（－196℃）中贮存几个月或几年而不丧失其生活力。

环境的不断变化使许多种类的植物面临着灭绝的危险，而且许多种植物已经灭绝，留给人类的只是一种遗憾。如何挽救这些植物，还有许许多多的动物，已成为世人关注的问题。近年来迅速发展的植物组织和细胞培养，其中最重要的一项内容就是种质资源的保存和贮藏，特别是可较长期保存濒危植物。因此，对大多数普通植物来说，用组织培养的方法保存其种质材料具有十分重要的意义。因为，人们现在无法预知哪些植物会面临灭顶之灾，或许今天看似繁茂的植物，明天就可能被沙漠、洪水、大火或战争吞没。

⑤ 获得倍性不同的植株　愈伤组织形成过程中易发生染色体的核内加倍，胚乳培养再生植株过程中易出现染色体变化（二倍体、三倍体、多倍体或非整倍体）。培养过程中的这种染色体数目的变化，对于无性繁殖园艺植物的育种具有较大的利用价值。通过组织和器官培养可以获得不同性质的愈伤组织，可为原生质体分离、融合或遗传转化提供优质育种中间材料。

⑥ 克服种子发育和萌发中的障碍　利用胚和胚乳培养可以克服种胚发育不良和中途败育。如对早熟桃母本，因果实发育期短，种胚发育不全，可以利用胚培养，使发育不良的种胚发芽。刘用生等（1991）采用早熟桃盛花后10天、17天、24天、31天、38天和45天的胚珠进行离体培养，分别获得了1.7%、3.4%、14.3%、22.4%、53.4%和57.9%的成苗率。

⑦ 克服远缘杂交困难　远源杂交存在障碍的表现为形成的胚珠往往在未成熟状态时就停止生长，不能形成有生活力的种子，因而杂交不孕，这给远缘杂交造成极大困难。通过采用试管受精方法可以克服远缘杂交中由于生理上和遗传上的杂交障碍，即将母本胚珠离体培养，使异种花粉在胚珠上萌发受精，产生的杂种胚在试管中发育成完整植株。19世纪20年

代末，Laibach用胚培养技术培养亚麻种间杂种胚，第一个获得了杂种植物，这一成功为在远缘杂交时克服不亲和的障碍提供了一项有用的技术，目前这一领域的发展前景十分广阔。

3. 组织和器官培养的类型

① 茎尖培养　茎尖培养是把茎尖从十到几十微米的分生组织或包括有此分生组织的茎尖分离进行无菌培养的方法。茎的生长点培养实际就是茎尖培养。很多植物切离的茎尖均可在比较简单的培养基上培养生根和发育为完整植株。在植物组织的培养中，茎尖培养曾是很早以来就被应用的一种方法，除研究枝条的发育和花的形态形成外，还被广泛用于快速繁殖和无病毒苗生产。

茎尖培养脱毒的原理是茎尖几乎不含病毒，采用旺盛分裂的茎尖组织培养，就有可能去除病毒。切取茎尖的大小与脱毒效果直接相关，茎尖越小，去病毒机会越大，但培养难度越大。通常茎尖取材大小与脱病毒效果成反比，与茎尖成活率成正比。为得到无病毒植株需使用分生组织（生长锥带1～2个叶原基），一般繁殖可使用茎尖（除分生组织外还带少量幼叶）、芽或带芽的细枝作为外植体。选取外植体的部位和时期对培养过程有较大影响，一般在春天植物开始生长，芽已膨大，但芽鳞片还未张开时最为适宜；顶芽和上部芽作分生组织或茎尖培养的成功率常较侧芽或基部芽高。多年生木本园艺植物随着年龄的增加，分生组织、茎尖和芽的培养难度增大。利用茎尖培养获得无病毒苗，一般需经历诊断（确定病毒种类）、脱毒（茎尖培养或结合其他处理）、复查、繁殖四个阶段。马铃薯无病毒苗生产实践表明，茎尖培养结合高温（33～37℃）预处理可显著提高脱马铃薯X病毒和S病毒植株的百分率。

② 胚的培养　胚胎发生过程是从合子进行第一次分裂开始，由未分化到分化直到分生组织形成、幼胚建立的连续渐进变化的过程。不同发育阶段的胚培养要求不同的培养条件。在未成熟胚胎的培养中，常见有三种明显不同的生长方式：第一种是继续进行正常的胚胎发育，维持“胚性生长”；第二种是在培养后迅速萌发成幼苗，而不继续进行胚性生长，通常称之为“早熟萌发”；第三种是在许多情况下，先形成愈伤组织，并由此再分化形成多个胚状体或芽原基。这种胚性愈伤组织是建立悬浮培养系或分离原生质体的良好原始材料。

③ 胚珠和子房培养　这是将胚、子房从母体上分离出来放在无菌的人工环境条件下，使其进一步生长发育形成幼苗的技术。消毒与一般离体培养消毒方法类似。子房培养用于诱导单倍体植株，可于开花前几天选择适宜的胚囊发育时期，对获得更好的诱导效果很有帮助。胚珠培养则应注意接种时胚珠授粉的天数以及是否带有胎座等。影响胚珠及子房培养的因素有：是否受精；是否有母体附带成分；培养基及其附加物质、培养的环境条件是否合适等。

④ 离体叶的培养　在离体叶的培养中，由叶发生不定芽的植物以蕨类为多，双子叶植物次之，单子叶植物最少。某些兰科植物成熟植株和实生苗的叶尖很容易形成愈伤组织和由愈伤组织再分化出苗。双子叶植物如爵床科、秋海棠科、玄参科及茄科植物的叶有很高的再生能力，它们的叶组织在离体培养下可以直接形成芽根胚状体或愈伤组织，也可以从愈伤组织分化出胚状体或叶和根。叶脉在叶切片的再生中作用明显，杨树、中华猕猴桃等不少植物叶外植体常从叶柄或叶脉的切口处形成愈伤组织及分化成苗。

⑤ 胚乳培养　这是将胚乳从母体上分离出来，放在无菌的人工环境条件下使其进一步生长发育形成幼苗的技术。在胚乳培养中，产生愈伤组织或胚状体的能力与胚乳发育的时期有密切的关系。不同种类要求也不一致，苹果、柚、黄瓜等早期胚乳的培养比较适宜的时期是在授粉后7～14天之内，超过一定时期则不能诱导愈伤组织；而巴豆、麻病树、变叶木、荷叶芹等都是在胚乳成熟期进行培养，不仅诱导出愈伤组织，还有器官分化。生长调节物质的种类及浓度是影响胚乳愈伤组织产生及器官分化的重要因素。如诱导柑橘胚乳产生愈伤组织的激素有：2,4-D，BA（6-苄基嘌呤）与2,4-D及CH（乙烯）。诱导苹果的有：2,4-D，BA与NAA（萘乙酸）配合；KT（激动素）与2,4-D配合；诱导猕猴桃的有ZT（玉米素）和2,4-D。胚乳愈伤组织转入分化培养基，从形态发生到再生植株有两条途径：一是产生胚状体发育成苗；二是产生不定芽苗，诱导根形成植株。柑橘和枣等胚乳培养再生植株是通过胚状体途径，将柑橘胚乳愈伤组织转入MT培养基［附加GA（赤霉酸）2～4mg/L］，便诱导出绿色胚状体，并在高浓度的GA条件下形成植株。苹果和枇杷等胚乳培养则是通过分化不定芽形成植株的途径。实验表明，当有胚存在时，可明显提高胚乳愈伤组织发生频率。

⑥ 离体授粉受精　离体受精或试管受精就是在人工控制条件下使离体植物的胚珠或子房完成授粉、受精，形成种子的过程。离体授粉受精有离体胚珠、离体胎座、离体柱头三种方式，均需在无菌条件下采集花粉和雌性器官。受精后能否形成有生活力的种子是成功与否的关键。外植体的选取十分重要，据Wagner等（1973）报道，在矮牵牛中若把花柱全部去掉，在胎座授粉之后将会对结实产生有害的影响。

4. 组织和器官培养的步骤

组织和器官培养是一个十分复杂的操作过程，对于不同植物种类方法有所不同，具体操作时应参考相关的书籍，本文只是做一个简单的介绍。

① 培养基配制　配制培养基有两种方法可以选择，一是购买培养基中所有化学药品，按照需要自己配制；二是购买混合好的商品培养基基本成分粉剂，如MS、B_5等。

自己配制可以节约费用，但浪费时间、人力，且有时由于药品的质量问题给实验带来麻烦。就目前国内的情况看，大部分还是自己配制。

② 灭菌　灭菌是组织培养重要的工作之一。灭菌是指用物理或化学的方法，杀死物体表面和孔隙内的一切微生物或生物体，即把所有有生命的物质全部杀死。与此相关的一个概念是消毒，它指杀死、消除或充分抑制部分微生物，使之不再发生危害作用。显然经过消毒，许多细菌芽孢、霉菌厚垣孢子等不会完全杀死，在消毒后的环境里和物品上还有活着的微生物。严格的灭菌要求操作空间（接种台、超净台等）和使用的器皿，以及操作者的衣着和手都不带任何活着的微生物。在这样的条件下进行的操作，就叫做无菌操作。

植物组织培养对无菌条件的要求是非常严格的，甚至超过微生物的培养要求，这是因为培养基含有丰富的营养，稍不小心就会引起杂菌污染。要达到彻底灭菌的目的，必须根据不同的对象采取不同的切实有效的方法灭菌，才能保证培养时不受杂菌的影响，使试管苗能正常生长。

常用的灭菌方法可分为物理的和化学的两类，物理方法如干热（烘烧和灼烧）、湿热（常压或高压蒸煮）、射线处理（紫外线、超声波、微波）、过滤、清洗和大量无菌水冲洗等措施；化学方法是使用升汞、甲醛、过氧化氢、高锰酸钾、来苏水、漂白粉、次氯酸钠、抗生素、酒精化学药品处理。这些方法和药剂要根据工作中的不同材料、不同目的适当选用。

③ 无菌培养物的建立　其目的为建立供试植物的无菌培养物，以获得增大了的新梢、生了根的新梢尖或愈伤组织等。此阶段应选择好适当的外植体。初代培养旨在获得无菌材料和无性繁殖系。初代培养时，常用诱导或分化培养基，即培养基中含有较多的细胞分裂素和少量的生长素。初代培养建立的无性繁殖系包括：茎梢、芽丛、胚状体和原球茎等。

④ 继代培养　在初代培养的基础上所获得的芽、苗、胚状体和原球茎等，数量都还不够，它们需要进一步增殖，使之越来越多，从而发挥快速繁殖的优势。所以继代培养是继初代培养之后的连续数代的扩大繁殖培养过程，其目的是产生最大量的繁殖体单位，最后能达到边繁殖边生根的目的。一般通过三个途径来实现：一是诱导腋芽和顶芽的萌发；二是诱导产生不定芽；三是胚状体的发生。此阶段是根据需要进行繁殖体的快速繁殖，可以反复进行继代培养以求得最大的繁殖率。继代培养的后代是按几何级数增加的过程。如果以 2 株苗为基础，那么经 10 代将生成 2^{10} 株苗。继代培养中扩繁的方法包括：切割茎段、分离芽丛、分离胚状体、分离原球茎等。切割茎段常用于有伸长的茎梢、茎节较明显的培养物。这种方法简便易行，能保持母种特性。分离芽丛适于由愈伤组织生出的芽丛。若芽丛的芽较小，可先切成芽丛小块，放入 MS 培养基中，待到稍大时，再分离开来继续培养。

⑤ 生根　外植体经第二阶段后多数情况是无根的芽苗，当材料增殖到一定数量后，需在生根培养基上促其生根。若不能及时将培养物转到生根培养基上去，就会使久不转移的苗子发黄老化，或因过分拥挤而使无效苗增多，造成抛弃浪费。生根培养就是使无根苗生根的过程，这个过程目的是使生出的不定根浓密而粗壮。

⑥ 植株移栽　试管苗由于是在无菌、有营养供给、适宜光照和温度、近 100％的相对湿度环境条件下生长的，因此，在生理、形态等方面都与自然条件生长的小苗有着很大的差异。所以试管苗移栽是组织培养过程的重要环节，这个工作环节做不好，就会造成前功尽弃。必须通过炼苗，例如通过控水、减肥、增光、降温等措施，使它们逐渐地适应外界环境，从而使生理、形态、组织上发生相应的变化，使之更适合于自然环境，只有这样才能保证试管苗顺利移栽成功。为了做好试管苗的移栽，应该选择合适的基质，并配合以相应的管理措施，才能确保整个组织培养工作的顺利完成。

（二） 花药与花粉培养

花是植物的生殖器官之一，而花药则是雄蕊的重要组成部分。从结构上看，花药由药壁、药膈、花粉囊和花粉粒组成。花药中的花粉其染色体数与胚囊中卵细胞一样，是母本植株细胞染色体数目的一半。从离体培养具单倍染色体的花粉或卵细胞诱导产生植株就可获得单倍体。由于取材方便，花药与花粉培养在园艺植物育种中具有特殊地位。

1. 花药和花粉培养的作用

花药和花粉培养的主要目的是获得单倍体植株，单倍体在育种中有特殊的地位。通过对所获得的单倍体植株进行染色体加倍，便可获得纯合二倍体，可缩短育种所需年限。单倍体植株只具有一套染色体组，一旦发生基因突变，无论是发生显性还是隐性突变，均可在当代表现出来，有利于隐性突变体的筛选；然后将发生有利突变的个体进行染色体加倍，即可获得遗传性稳定的纯合植株，从而加速育种进程。

利用单倍体植株的组织、细胞或原生质体作为外源基因转化的受体，有利于外源基因的整合表达。通过基因转移可获得异源体附加系、代换系和易位系，远缘杂交后进行回交，再对杂种花药进行离体培养，在花粉加倍单倍体植株中可获得异源附加系、代换系和易位系等各种重组体，使有用的异源基因、染色体片段或整条染色体转移到栽培作物上。

通过用花药培养方法培养石刁柏雄株花药单倍体植株，染色体加倍后可得到自然界不存在的超雄植株（YY），经无性繁殖，可以得到大量超雄植株的试管苗，用这种超雄植株和正常的雌株交配，得到的后代全部为雄株（XY），从而可改进石刁柏的品质和产量。

另外，花粉和花药培养是研究园艺植物各种性状遗传的良好手段，是研究细胞减数分裂，花粉生理、生化代谢和遗传基本理论的好方法。近 30 年来，包括园艺植物如柑橘、苹果、葡萄、草莓、荔枝、龙眼、银杏、西瓜、百合等在内的 200 余种植物，已利用花药与花粉培养出单倍体植株。

2. 花药培养

花药培养是指将完整的花药接种到培养基上，诱导形成单倍体再生植株的方法。在离体培养条件下要使花药中的花粉改变其正常发育方向而形成单倍体植株，需要各种因素来共同调节和控制。外因方面与培养基的成分、外源激素的种类、糖的浓度有关，而内因主要决定于花药中花粉发育时期。花药在接种前要进行镜检以确定适宜的花粉发育时期。最适宜的时期因植物种类和品种而不同，有的植物是小孢子四分体时期，有的是二核期，但大多数是中央期或靠边期。不同花序在培养时期的进程上并不完全同步，即使用同一花序上的不同花朵也有很大差异。

从小孢子发育为胚状体有三条途径，一是小孢子经正常的第一次有丝分裂后，营养细胞形成胚状体，生殖细胞不参与胚状体的形成；二是小孢子经非极性的有丝分裂后，形成两个均等的细胞，参与胚状体的形成；三是小孢子经正常的第一次有丝分裂后，营养细胞和生殖细胞都参与胚状体的形成。

在花药培养中，特别是通过愈伤组织形成的植株常有倍性变异。花药离体培养得到的植株不一定是单倍体，其原因还得从花药的结构和培育过程谈起。花药是花的雄性器官，包括体细胞性质的药壁和药膈组织，以及雄性性细胞的花粉粒。按染色体的倍性来看，前者为二倍体细胞，后者为单倍体细胞。在离体培养过程中，由于花药愈伤组织的多倍化、核融合、花药壁和花丝等二倍体体细胞参与愈伤组织的形成、愈伤组织染色体的变化等因素，导致培养中有非单倍体植株出现。那些起源于花药壁、药膈或花丝细胞的植株，其染色体倍数应与提供花药的植株一样，完全可能是二倍体。

从离体花药中诱导出植株后，为了便于移栽，首先可将它们转移到无激素或低浓度激素的培养基上，并加强光照使幼苗逐渐过渡到适当自养的条件。一般无机盐较低的配方有利于壮苗。如果根系发育不良，可在培养基中加入低浓度的生长素促进发育。待幼苗生长较为健壮后再移出试管转入盆栽。土培的初期阶段要求适宜的温度（20～22℃）和较大的湿度（80%RH），并浇灌稀营养液以保证幼苗的成活。

3. 花粉培养

花粉培养则是指将剥离的花粉粒接种到培养基上，诱导形成单倍体再生植株的方法。当花粉发育到一定阶段，从花药中分出单个花粉粒，接种到特定培养基上，诱导其长出愈伤组织，再将愈伤组织移植到另一种特定的培养基上，诱导分化出根、茎、叶，成为完整的植株。

由花粉长成单倍体一般通过两条途径来完成：一是由花粉分裂形成愈伤组织（即分化程序很低的薄壁细胞团），再由愈伤组织分化出根和芽，最后形成植株；二是由花粉分裂形成胚状体（不是由合子发育成的胚叫胚状体），再由胚状体长成植株。

花粉培养最简单的方法是将花粉从花药中挤出后，用镊子取出花药空壳，花粉放在培养基上培养。此法适于微室栽培，但往往有药壁等体细胞混入。

比较严谨的做法是取新鲜未开的花蕾，用自来水冲洗 10min，用 75%的酒精消毒 10～15min，无菌水冲洗 2 次，再用 10%漂白粉上清液浸泡 20min，无菌水冲洗 3～4 次。然后将花药放到加有基本培养基的小烧杯中，用注射器的内管在烧杯的壁上挤压花药，使花粉从花药中释放出来。用尼龙筛过滤掉药壁组织，滤液再经低速离心（100～160r/min），上面的碎片可用吸管吸掉，再加入新鲜培养基。连续进行两次过滤，到每毫升含 10^3～10^4 个花粉的浓度就可以进行培养了。

根据 J. P. Nitsch 等（1969）对烟草花粉离体培养的研究，认为在这一过程中要注意两个基本环节，一是要改变小孢子的正常发育途径，有利于正常分裂，最终使其形成完整植株，环境因子在这方面起主要作用；二是要配制适当的培养基，使预先处理过的小孢子能在上面生长。

直接由花粉形成的植株是单倍的，不但株型矮小而且不能结实。所以若不经染色体加倍，则在育种上无多大价值。目前加倍的方法有以下三种。

① 自然加倍　在愈伤组织期间，一些细胞常常发生核内有丝分裂而使染色体数目加倍，由自然加倍的植株较少表现出核畸变。

② 人工加倍　人工加倍最常用的药剂是秋水仙碱，用秋水仙碱处理单倍体植株可明显提高加倍频率。

③ 愈伤组织再生　利用花粉单倍体植株的组织块产生愈伤组织，由于愈伤组织的核内有丝分裂频率高，能得到加倍的植株，然后把愈伤组织转移到分化培养基形成植株。

（三）原生质体培养与体细胞杂交

1. 概念

植物体细胞杂交是在原生质体培养技术的基础上，借用动物细胞融合方法发展起来的一种新型生物技术。植物原生质体是被去掉细胞壁的具有生活力的裸细胞。1960 年 G. Barski 等发现体细胞原生质体能融合在一起形成单核的、并能进行分裂的杂种细胞。1972 年 P. S. Carlson 首次获得烟草的体细胞种间杂种。由于原生质体比完整的细胞更容易摄取外来的遗传物质、细胞器以及细菌、病毒等微生物，为研究高等植物的遗传转化问题提供了较好的实验材料。同时，原生质体在一定的条件下可以诱导融合形成杂种细胞，开辟了一条育种的新途径，因而引起了人们的广泛重视。体细胞杂交能克服有性杂交的配子不亲和性，获得一些含有另一亲本非整倍体的杂种或胞质杂种。它们的遗传变异范围极广，大大丰富了育种的原始材料，从而创造出自然界中没有的新物种。如马铃薯与番茄融合得到的薯番茄和番茄薯。因此，体细胞杂交在物种改良上有着广阔前景，体细胞杂交技术也为细胞生物学研究及遗传学分析提供了一个新的研究途径。

2. 原生质体培养和体细胞杂交的步骤

① 原生质体的分离　要进行原生质体培养及体细胞杂交，首先要获得大量有活力的原生质体。目前已经从多种材料中成功地游离出原生质体，如花瓣、果肉、茎髓部、子叶下胚轴、幼小的根、茎、叶、愈伤组织和悬浮细胞，不同材料常具有某些不同特点。用得最普遍的是叶肉细胞，取叶前先对母体作轻度干旱处理，或对离体叶作轻度质壁分离处理时分离效果更好。通常高等植物细胞壁的主要成分是纤维素，但也含有少量半纤维素、果胶质与蛋白质。不同植物细胞、细胞的不同生长发育时期其壁的组成和结构也不相同。去掉细胞壁获得有生活力的原生质体通常用酶解法。用于酶解细胞壁的酶类有：果胶酶、纤维素酶、半纤维素酶、蜗牛酶等。研究表明，原生质体的产量和质量受组织和细胞的生理状态、酶的种类，溶液的组成成分以及渗透稳定剂的类型和浓度等的影响。目前多采用酶解一步法，即同时加入果胶酶和纤维素酶等，使原生质体游离出来。在分离原生质体的过程中常有很多残余物，应进行纯化，方法有离心沉淀法、漂浮法、滴洗法等。得到的原生质体应用形态、活性染色、荧光染料活性染色等方法测定活力。

② 原生质体培养　原生质体的基本营养同一般组培。但由于原生质体没有细胞壁，在培养基中保持一定的渗透压极为重要，因此对某些组分，如钙和碳源的水平要求更为严格，故采用适当的培养基是获得培养成功的关键之一。常用的原生质体培养基有：MS 培养基、NT 培养基、B_5 培养基等。固体培养和液体培养均可，应注意原生质的湿度及培养时的温度和光照，多数植物原生质体适宜培养后 1～3 天再生新细胞壁，表现在原生质体体积稍有增加、膨大，继而由圆形变为卵圆形，这是新壁形成的特征。在胞壁形成的同时，胞质增加，液泡减少或消失，叶绿体或颗粒内含物可分散在胞质中，也可围绕在细胞核的周围，并开始出现分裂，多数能进行持续分裂。许多植物的分裂结果是形成愈伤组织，有的形成胚状体，然后长成植株；有的先形成愈伤组织，再在愈伤组织上形成胚状体，经进一步的培养和处理可发育成为完整植株。

③ 体细胞杂交　体细胞杂交是以体细胞原生质体为亲本进行融合的一种细胞工程技术。体细胞杂交研究的进展是建立在植物组织、细胞培养和原生质体培养的基础上，体细胞杂交的程序主要包括三个环节：一是原生质体融合，主要方式有 PEG（聚乙二醇）法、电融合法、高 pH-高浓度钙离子法、$NaNO_3$ 法等；二是杂种细胞筛选，目前主要采用突变细胞遗传互补选择法、营养互补选择法和根据原生质体特性差异的机械选择法；三是体细胞杂种植株的鉴定，主要方法有形态学方法、细胞学（染色体）方法、同工酶法、分子标记法等。影响原生质体离体培养和体细胞杂交的因素很多，涉及基因型的选择，原生质体来源的选择，培养基以及培养方法、培养条件的选择，融合方法和条件的选择等，实际操作中要认真考虑每一个环节。

3. 原生质体培养和体细胞杂交的应用

原生质体培养和体细胞杂交技术是20世纪70年代以来发展起来的一门先进技术，多年来取得了丰硕的成果。据不完全统计，已获得320多种植物的原生质体再生植株和50多种近缘和远缘体细胞杂交的杂种。在园艺植物中，通过原生质体融合获得的融合杂种植株有马铃薯（$2x$）+马铃薯（$2x$）、马铃薯+番茄、马铃薯+龙葵、马铃薯+烟草、马铃薯+黑茄、拟南芥菜+白菜型油菜、甘蓝+白菜、白菜型油菜+花椰菜、苜蓿+野苜蓿、脐橙+温州蜜柑、脐橙+葡萄柚、甜橙+枳等，获得了抗马铃薯卷叶病毒（PLRV）和马铃薯Y病毒（PVY）等的体细胞杂种。其在育种中的主要应用包括以下方面。

① 获得新品种　应用原生质体融合技术，可获得双亲两套染色体的体细胞杂种植株，它们往往稳定可育，可直接作为育种材料。同时，原生质体融合不仅包括核基因重组，也涉及核外遗传的线粒体和叶绿体重组。

② 创造新种质　通过原生质体融合，可获得常规有性杂交得不到的无性远缘杂种植株，创造新型的物种。

③ 转移有利性状　通过原生质体融合可以克服远缘杂交的障碍，将亲缘关系较远的一些有利性状如雄性不育性等转移到栽培种中。

④ 获得中间材料　通过原生质体融合，可以为基因工程提供良好受体及进行突变体筛选的优良原始材料。

（四）植物细胞突变体的离体筛选

以细胞培养物作为操作对象进行突变体筛选是细胞工程的一个重要功能。在没有确证表型变化的真实原因之前，一般把获得变异的细胞系或个体称之为表型变异体。

1. 突变体的产生

在离体培养条件下，诱发突变的突变型和自发突变没有本质上的差别。一般都是在三个水平上发生：其一是基因组突变，如染色体数目的改变或细胞质基因组的增减；其二是染色体突变，指染色体较大范围的结构变化，涉及多个基因；其三是基因突变，指范围在一个基因以内的分子结构的改变。按DNA的改变方式有碱基置换突变、移码突变、缺失突变和插入突变。影响自发突变的因素很多，如培养物的种质类型、外植体的来源和倍性、培养时间的长短及培养基的组成和培养条件等。人工诱发突变的诱变剂有物理诱变剂和化学诱变剂，其种类请参考诱变育种章节。

2. 突变细胞的筛选方法

在培养容器中操作细胞培养物，应建立在一套有效的分离筛选技术的基础上，才有可能分离出为数很少的所需突变细胞。常用的有直接选择法和间接选择法。

① 直接选择法　直接选择法是指新的突变表现型在选择条件下能优先生长，或预期在感官上可测定其他可见的差异。直接选择法分为正选择和负选择两种类型。正选择中，用一种含有特定物质的选择培养基，在此培养基中正常型细胞不能生长，只有突变体才能生长，借此就可以分离出突变体细胞。如果加入培养基中的选择剂的剂量较高，可以一次性地有效抑制或杀死所需突变体以外的其他细胞，只使突变体保留下来，这种选择方式称为一步选择

系统。但若开始加入培养基的选择剂剂量较低，在较长时间内只有少量的细胞生长，90%的细胞不能生长，从中选择生长较好的细胞，然后依次增加选择剂的浓度，进行第二轮、第三轮的筛选，最后得到抗性的细胞，这种选择方式称为多步选择系统。一步选择系统得到的突变体较多是单基因突变，通常是隐性突变。多步选择系统的生化背景不详，获得的突变体可能是多基因变化的突变体，这种突变体较为有效。负选择中，用特定的培养基使突变体细胞处于不能生长的状态，而正常型的非突变细胞则可以生长，然后用一种能使生长中的细胞中毒死亡的汰选剂淘汰掉这些细胞，最后使未中毒的突变细胞恢复生长并分离出来。负选择法常用于分离营养缺陷型突变细胞。

② 间接选择法　间接选择法是借助与突变表现型有某种相关的特征作为间接选择指标的选择方法。如在离体培养细胞中直接选择抗旱性是困难的，可通过选择抗羟脯氨酸类似物的突变体，从而间接筛选抗旱突变体。

3. 突变性状的遗传基础及其稳定性鉴定

在选择培养基上，并非所有能够生长的细胞均为突变细胞。一部分细胞有可能由于没充分与选择剂相接触而残留下来，还有可能经过选择后获得的是非遗传的变异细胞。鉴别经选择出来的细胞是否性状稳定时，常用的方法是让细胞或组织在没有选择剂的培养基上继代培养几代，如果仍能表现选择出来的变异性状的，便可确认为是突变细胞或组织。

鉴别从变异细胞或组织再分化形成的植株是否为突变植株时，可用所形成的植株开花结实后的发芽种子，或者用种子长成的植株为材料，诱导其形成愈伤组织，转移到含有选择剂的培养基上进行检验。如果所选择的突变性状是可以在植株个体水平表达的性状时，如抗病性等，也可以用再生植株本身进行鉴定。

细胞突变的诱发，以及细胞突变体的筛选标志着诱变育种已向细胞水平进展。但由于这一技术历史很短，应用上受到组织培养技术、分离筛选突变体的方法及水平、变异表现型能否稳定等多方面的限制。只有在搞清细胞变异体表现型发生变化的原因、性质及其遗传传递规律的基础上，细胞突变体的筛选及其利用才能发挥更大的作用。

应用细胞突变体的离体筛选技术，可克服外部环境的不利影响，大大提高选择效果。目前利用培养细胞与组织进行离体筛选的研究主要集中在抗病、抗盐、抗除草剂、抗温度胁迫等突变体的筛选方面。通过突变体的离体筛选已得到了分属于20多种不同植物和50多种表现型的145个变异细胞系。如抗黑根病的甘蓝、抗青枯病和萎蔫病的番茄、抗枯萎病的芹菜、抗根朽病的莴苣等。

二、植物基因工程与育种

植物遗传工程是近20年来随着DNA重组技术、遗传转化技术及离体培养技术的发展而兴起的生物技术。狭义的遗传工程就是基因工程，又称为分子克隆或重组DNA技术，是指以类似工程设计的方法，按照人们的意志，通过一定的程序，将具有遗传信息的DNA片段在离体条件下用工具酶加以剪切、组合和拼接，再将人工重组的基因引入适当的受体中进行复制和表达的技术。植物基因工程研究的目的是将外源DNA分子的新组合导入植物基因组，使外源基因在植物细胞内有效表达，这就赋予基因工程跨越天然物种屏障的能力，克服了固有的生物种间限制，扩大和带来了定向创造生物的可能性，这是基因工程的最大特点。

所谓转基因植物是指利用基因工程（DNA 重组技术），在离体条件下对不同生物的 DNA 进行加工，并按照人们的意愿和适当的载体重新组合，再将重组 DNA 转入植物体或植物细胞内，并使外源基因在内细胞中表达的植物。转基因植物在植物品种改良中具有极为重要的地位。

1. 基因工程的要素

基因工程的四大要素包括：外源 DNA、受体细胞、载体分子和工具酶。它们是基因工程研究的主要内容。

① 外源 DNA　从分子本质上所有的基因具有相同的化学本质，因此无论是微生物、植物和动物的 DNA 都可以作为另一种生物的外源 DNA。在基因工程设计和操作中，就是将某个目的基因作为外源 DNA 导入其他生物的细胞中。目前，目的基因主要来源于真核生物的染色体组。原核生物的染色体组也有几百上千的基因，也是目的基因的来源之一。此外，一些核外遗传物质，如质粒基因组、病毒基因组、线粒体基因组和叶绿体基因组也有少量基因，做与之相关的研究往往也是用其中的基因作为目的基因。

② 受体细胞　大肠杆菌、枯草杆菌、酵母等低等生物体以及各种植物、动物细胞都可以作为基因工程的受体细胞。但是需要这些细胞在实验技术上能够摄取外源 DNA，并使目的基因稳定存在下去，在实验目的上是具有应用价值的具有高品质性状的细胞。同时，一个良好的受体细胞还要具有较高的安全性、能高效表达目的基因、便于筛选重组体等特点。利用植物细胞的全能性，可以通过基因工程方法将外源基因导入植物细胞中，在离体培养条件下使细胞或组织很好地分化形成植株，培养出能够稳定遗传的植株或品系。

③ 载体分子　基因工程中携带目的基因进入受体细胞进行扩增和表达的工具叫载体。从 20 世纪 70 年代中期开始，多种基因工程载体应运而生，它们分别由从细菌质粒、噬菌体 DNA、病毒 DNA 分离出的元件组装而成。在基因工程中所用的载体主要有以下几类：质粒载体、λ 噬菌体载体、柯斯质粒载体、病毒载体、酵母人工染色体（YAC）载体。作为一个良好的基因载体应具备以下基本条件：载体是复制子，有复制起始点，能自我复制并带动插入的外源基因一起复制；具有合适的筛选标记，如抗药性基因、显色标记等；具有合适的限制性内切酶位点，在载体上单一的限制性内切酶位点越多越好，这样可以将不同限制性内切酶切割后的外源 DNA 片段方便地插入载体，如多克隆位点（MCS）；在细胞内拷贝数要多，这样才能有利于载体的复制，使外源基因剂量增加，并得以大量扩增；载体的相对分子质量要小，这样可以容纳较大的外源 DNA 插入片段，载体的相对分子质量太大将影响重组体或载体本身的转化效率；在细胞内稳定性高，这样可以保证重组体稳定传代而不易丢失；载体易从受体细胞中分离纯化。

④ 工具酶　植物基因工程中使用最多的工具酶是限制性核酸内切酶，限制性核酸内切酶是一类能够识别双链 DNA 分子中的某种特定核苷酸序列，并由此切割 DNA 双链结构的核酸内切酶。如：*Eco*RⅠ、*Bam*HⅠ、*Bcl*Ⅰ、*Bg*1Ⅱ、*Sau*3AⅠ、*Xho*Ⅱ、*Hpa*Ⅱ和 *Msp*Ⅰ等都是常用的Ⅱ型核酸内切限制酶，不同的酶所识别和切割的核酸位点是不同的。

植物基因工程中使用较多的另一个工具酶是DNA聚合酶，DNA聚合酶的共同特点在于，它们都能够把脱氧核糖核苷酸连续地加到双链DNA分子引物链的3′—OH末端，催化核苷酸的聚合作用。DNA聚合酶Ⅰ、Klenow聚合酶和耐热的*Taq* DNA聚合酶等都是常用的DNA聚合酶。

DNA连接酶能够催化在两条DNA链之间形成磷酸二酯键。目前基因工程中常用的是大肠杆菌DNA连接酶和T_4连接酶。反转录酶是一种依赖于RNA单链通过DNA聚合作用形成双链cDNA的聚合酶类。

2. 植物转基因技术

① 目的基因的分离　植物的基因组非常大，染色体DNA总量可高达5×10^8kb，在遗传背景不很清楚的情况下，要从这样庞大的DNA中分离出目的基因不是一件容易的事。目的基因分离的方法很多，首先可以利用限制性核酸内切酶直接分离出带有目的基因的DNA片段；也可以利用多聚酶链式反应技术（PCR）从复杂的基因组扩增出某个目的基因；或者利用DNA合成仪人工化学合成目的基因的DNA片段，再将DNA片段拼接成完整的目的基因等。

② 构建重组载体　目的基因往往需要经过修饰才能应用于植物基因工程。将目的基因连接到经过酶切的适当的载体DNA中形成重组DNA。构建重组DNA时注意连接一个控制目的基因转录表达的适当的启动子、一个控制目的基因的转录终止的终止子，同时，为了对转化的细胞组织进行有效选择，需要插入一个编码特殊性质的蛋白质的选择标记基因。

目前植物遗传转化中使用的启动子很多，可根据不同的研究目的选择合适的启动子。如需要目的基因在植物的各个部位各个时期都表达，就选用组成型启动子；如需要目的基因在特定的时间表达，就选用发育特异启动子或诱导性特异启动子等。

③ 基因扩增　将构建好的含有外源基因的重组载体导入到对应细菌中，利用细菌繁殖扩增重组DNA。

④ 目的基因导入植物　借助不同的方法可以将重组载体导入目标植物中去。目标植物的受体系统可以是植物组织、植物体细胞、原生质体或是花粉细胞、卵细胞等植物生殖细胞。导入的方法有化学刺激法、电击法、基因枪法、花粉管导入法、土壤农杆菌Ti质粒、Ri质粒及植物DNA病毒等载体介导的遗传转化法。植物遗传转化中最常用的是基因枪法、农杆菌Ti质粒法。

⑤ 转化植物细胞的筛选及转基因植物的鉴定　植物外植体经过农杆菌或DNA的直接转化后，实际上只有极少数被转化，需要采用特定的方式将转化细胞筛选出来。通过选择标记基因可以检测经过遗传转化的细胞和植物组织，在合适的培养基上培养这些细胞和组织，使之形成大量的转基因小苗。转基因小苗还需要在三个水平进行检测：一是利用DNA检测法，检测外源基因是否已经整合到植物基因组中；二是利用RNA检测法，该结果可判断外源基因是否转录；三是蛋白质检测法，该结果可判断外源基因是否翻译。大规模种植转基因植物，从中选出目的基因表达量高、综合性状优良的品种。

3. 植物转基因技术在植物品种改良中的应用

植物转基因内容涉及植物的抗病、抗虫、抗除草剂，抗逆和作物的高产优质、果蔬耐贮藏、作物的固氮能力、药物生产及环境园林等方面。通过基因工程技术，可望获得集高产优质、高光效、抗病、抗虫和抗逆等特性于一身的植物新品种。目前在世界上批准进入田间试验的转基因植物已超过500例，迄今为止，几十种转基因品种进行商业化生产，其中包括水稻、玉米、马铃薯、小麦、黑麦、红薯、大豆、豌豆、棉花、向日葵、油菜、亚麻、甜菜、甘草、卷心菜、番茄、生菜、胡萝卜、黄瓜、芦笋、苜蓿、草莓、木瓜、猕猴桃、越橘、茄子、梨、苹果、葡萄等。

① 抗病虫害 昆虫对农作物的危害极大，全世界每年因此损失数千亿美元。利用化学杀虫剂不但严重污染环境，而且还诱使害虫产生相应的抗性。将抗虫基因导入农作物，能避免化学杀虫剂所造成的许多负面影响。目前，抗虫作物已占全球转基因作物的22%。常见的用于构建抗虫害转基因植物的抗虫基因有苏云金芽孢杆菌的毒晶蛋白基因、蛋白酶抑制剂基因、淀粉酶抑制剂基因、凝集素基因、脂肪氧化酶基因、几丁质酶基因、蝎毒素基因、蜘蛛毒素基因等40多个。其中毒晶蛋白基因、蛋白酶抑制剂基因和凝集素基因应用最为广泛。如苏云金芽孢杆菌毒晶蛋白基因产物是一种对许多昆虫包括棉蚜虫幼虫具有剧毒作用的毒晶蛋白，但是对成虫和脊椎动物无害。植物病害也同样给农业生产和植物生长带来巨大影响，可导致农作物生长缓慢、产量下降和质量衰退等。以前常用较为温和的病毒感染植物，使植物能抵抗更严重的烈性病毒的侵害。应用基因工程技术提高园艺植物抗病虫能力是十分有效的。现在利用基因工程技术，将烟草花叶病毒的外壳蛋白（病毒衣壳）基因导入烟草、番茄、马铃薯等植物中，就能使这些植物对烟草花叶病病毒具有抗性，同时也增强了对其他一些密切相关的植物RNA病毒的抗性。中国科学院微生物研究所与中国林业科学院合作将Bt基因转移到欧洲黑杨中，使主要食叶害虫如舞毒蛾和尺蠖在5～9天内死亡率达80%～100%。目前转基因抗病毒番茄、甜椒等已进入大田试生产，转基因抗虫杨树、松树、棉花、水稻、烟草也已开始在生产中发挥作用。

② 抗逆性 很多有经济价值的植物在不良环境下生长受限或者根本无法生存，使耕地资源相对日益膨胀的人口越发显得匮乏，然而一些植物却可以正常地生活在这样的土地上。长期的植物生理学研究结果表明，植物对盐、碱、旱、寒、热等环境不利因素的自我调节能力很大程度上取决于细胞内的渗透压，提高渗透压往往能改善植物对上述环境不利因素的耐性。改善抗逆性植物对外部环境的适应能力可通过基因工程技术大幅度提高，到现在为止已发现许多与植物的耐受胁迫相关的基因，并已把一些与耐盐性状有关的基因转入到某些植物中，从而获得了具有一定耐盐性的新品种。如合成甘氨酸甜菜碱的胆碱脱氢酶（CDH）和胆碱氧化酶（codA）基因等。这些基因的产物都能提高植物细胞的渗透压，提高植物抗寒、抗冻、耐旱、耐盐的能力。在分子水平上，各种氧自由基是导致植物损伤的元凶，植物体内的超氧化物歧化酶（SOD）等会消除自由基保护生物体。但是，在不良环境下植物会大量产生自由基，因此需要体内大量合成能够提高抗逆性的酶类物质。现已成功地将SOD基因连同一个强启动子转入到各种植物中，延缓植物衰老、增加植物的抗逆性。另外，研究发现，大豆幼苗在40℃处理时，叶片诱导产生一些新的热休克蛋白，这种蛋白的基因在常温下并不表达或表达量很低，一旦被诱导表达，它们能在一定的温度范围内起保护植物细胞器、维持细胞膜完整性的作用。现在，许多热休克基因已被克隆，将这些热休克基因经过一定改造后导入植物，可大幅度提高其抗热性，拓展种植范围。据报道，哈尔滨师范大学将深

海鱼美洲拟鲽的抗冻基因通过柱头导入番茄，获得可耐受－5～－4℃低温的转基因番茄。

③ 抗除草剂　在农业领域为了免去除草这项繁重的体力劳动又使农作物获得高产，大量的除草剂被使用，但是农作物同时也受到了一定程度的影响。使用携带抗除草剂基因的农作物，耕种时就可以放心地大量喷洒除草剂除草。植物抗除草剂的机理是通过基因工程方法导入相关基因，修饰改造农作物。该植物体内产生一种特殊的乙酰转移酶，能在除草剂化学基团上加乙酰基，草甘膦等除草剂被乙酰化之后，它的毒性就消失了，植物就能解毒了。1987 年，科学家成功地从矮牵牛中克隆出在芳香族氨基酸生物合成中起关键作用的 EPSP 合酶的基因，通过 CaMV35s 启动子转入油菜细胞的叶绿体，使转基因油菜叶绿体中 EPSP 合酶的活性大大提高，从而有效地抵抗对 EPSP 合酶起抑制作用的高效广谱灭生性除草剂草甘膦的毒杀作用。通过把降解除草剂的蛋白质编码基因导入宿主植物，从而保证宿主植物免受其害的方法已引起重视，并在烟草、番茄、马铃薯中获得了转基因抗磺酰脲类除草剂的品种。

④ 提高植物品质、增加作物营养成分　通过基因工程技术，可将编码赖氨酸的密码子插入到已克隆的贮藏蛋白基因中，或者将已有的基因经过碱基突变改造后导入植物，提高转基因植物种子贮藏蛋白的营养价值。现阶段，一般粮食种子的储存蛋白中几种必需氨基酸的含量较低，直接影响到人类主食的营养价值。例如禾谷类蛋白的赖氨酸含量低，豆类植物的蛋氨酸、胱氨酸、半胱氨酸含量低，通过将富含赖氨酸和甲硫氨酸的蛋白编码基因植入玉米中进行克隆，可显著提高其营养价值。现已合成了一段富含各种必需氨基酸的 DNA 序列，通过 Ti 和 Ri 质粒将该 DNA 片段转移到马铃薯中已获得表达，有效地改善了马铃薯贮藏蛋白的氨基酸成分。目前已经推出的品种 Golden rice Ⅱ，是将水仙花中的两个基因和细菌中的一个基因一起导入到水稻基因组，使水稻中的铁元素、锌元素和维生素 A 含量提高，有效防止贫血和维生素 A 缺乏症。花卉的颜色是观赏植物的一个重要外观品质，由花冠中的色素成分决定的。大多数花卉的色素为黄酮类物质，而颜色主要取决于色素分子侧链取代基团的性质和结构，而合成不同颜色的花卉色素的过程是由一系列的酶催化的。在黄酮类色素的生物合成途径中，苯基苯乙烯酮合成酶（CHS）是一个关键酶。利用反义 RNA 技术可有效抑制矮牵牛花属植物细胞内的 CHS 基因表达，使转基因植物花冠的颜色由野生型的紫红色变成了白色，并且由于对 CHS 基因表达抑制程度的差异还可产生一系列中间类型的花色。将矮牵牛花的蓝色色素合成基因导入到缺少合成该色素酶系的玫瑰中，则可以得到蓝色的基因工程重组后的蓝玫瑰。此外，将 CHS 的反义基因转入矮牵牛中，导致 CHS 的 mRNA水平以及 CHS 的酶活性都大大降低，可改变矮牵牛的颜色，这为基因工程在园林花卉植物育种开辟了新的应用前景。

⑤ 控制果实成熟　内源乙烯合成速度加快，促进了蔬菜、水果的成熟，也导致了其衰老和腐烂过程。控制蔬菜、水果细胞中乙烯合成的速度，能有效延长果实的成熟状态及存放期，为长途运输提供了有利条件，具有重要的经济价值。现已查明植物细胞合成乙烯的关键酶的基因序列，科学家构建了与编码关键酶基因互补的序列作为外源基因，并将其导入番茄细胞中。外源基因表达产生的 RNA 与内源乙烯合成关键酶的 mRNA 序列结合，形成二级结构，阻碍了翻译水平的基因表达，抑制乙烯的合成，从而育成耐贮藏的转基因番茄。由此构建出的重组番茄的乙烯合成量分别仅为野生植物的 3%和 0.5%，明显增长了番茄的保存

期。果实细胞壁降解与果胶酶（多聚半乳糖醛酸酶 PG 和果胶甲酯酶 PE）活性有关，通过 PG 和 PE 的克隆和反义遗传转化所获得的番茄转基因植株，果实 PG 酶和 PE 酶活性受到显著抑制，从而延迟果实的成熟。

⑥ 提高光合作用和固氮效率　通过提高二氧化碳固定反应中的二磷酸核酮糖羧化酶的活性，降低其加氧酶活性，可显著提高光合生产率。现在已经克隆出许多种参与光合作用的基因。已知二磷酸核酮糖羧化酶是由叶绿体基因编码的 8 个大亚基和由核基因编码的 8 个小亚基组成。将不同植物的二磷酸核酮糖羧化酶基因导入植物细胞形成杂合亚基酶分子或诱导点突变，修饰酶活性可达到提高光合效率的目的。

⑦ 创建雄性不育材料　J. Leemans（1993）报道，将核糖核酸酶基因嵌合到油菜染色体中，使其只在花药的毡绒层中专性表达，引起雄性不育。Worral 等（1992）报道用编码 9-1,3-葡聚糖水解酶基因转化烟草、矮牵牛，也获得雄性不育植株。目前已发现许多可导致植物雄性不育的基因，正在进行开发利用。

虽然科学家们对转基因植物的争论仍在继续，但可以肯定的是其在解决日益膨胀的地球资源短缺、环境恶化和经济衰退中起着越来越大的作用。科学家们预言，基因工程作为现代遗传育种的一种重要手段，21 世纪转基因技术将有重大突破，主导农作物都将是基因工程产品。

4. 转基因植物的安全评价

植物基因工程使得某生物的目标性状不再受植物种间限制，将目的基因导入受体细胞中后直接培育出植物新品种，大大加速了育种进程。目前植物转基因技术主要改变两类性状：以抗除草剂性状和抗虫性状等为代表的用于减少投入的性状；以及品质改良、附加医疗保健功能等增加产出的第二代转基因性状。总之，植物基因工程应用价值极大，但是由于基因工程是 1 门新技术，目前的科技水平还不能精确地预测转基因生物可能产生的所有表现型效应，转基因植物的安全性始终是一个具有争议的问题。

转基因植物的安全性是指防范转基因植物对人类、动植物、微生物和生态环境构成危险或者潜在的风险。由于转基因植物与其他生物一样具有可遗传、易扩散及自主的特性，而且人类对生命、生态系统、生物的演化实际上还知之甚少，通过重组 DNA 和转基因技术，基因可以在不同物种间转移，这种转移对人类健康和生态环境的影响有些难以预料。为了人类的健康和农业可持续发展，需要对遗传工程及其产品的安全性和其他可能产生的危害进行研究，作出全面、科学的评价。

① 生态环境安全问题　1999 年 5 月，美国康奈尔大学曾报道了斑蝶与“杀手玉米”的文章，指出抗虫基因对非目标生物的影响。但是后来，也有文章报道说种植转杀虫剂基因（Bt 基因）的玉米斑蝶天然种群没有不利影响，反而还使田间斑蝶数量增加。大规模的种植转基因植物是否影响农业生态系统中的有益天敌生物的种类和种群数量，也是各国科学家关注的焦点之一。有人认为天敌生物食用以转抗虫基因植物饲喂的害虫后死亡率提高，发育延滞。还有一些报道认为，转基因植物和害虫的寄生性天敌是相容的，基因对不同种类的寄生性天敌的作用也具有差异。国内外专家对于转基因给土壤生物和生物多样性的影响研究不多，但也备受关注。Saxena 等发现，Bt 杀虫蛋白可以通过根部渗出物进入土壤中，并且在适宜的土壤中持久地保持杀虫活性。总之，转基因植物的大规模种植会对这样那样的生物群

落造成或多或少直接或间接的影响。

转基因逃逸现象是学者们非常担心的一件事情。它是指导入到植物的目的基因向野生的近缘种等非目标生物流动。如果抗除草剂植物的花粉将基因转移到杂草中，将产生具有抗除草剂特点的“超级杂草”；外源基因随花粉、风、雨、鸟、昆虫、细菌扩散到整个生物链体系中，则可能对非靶生物造成基因污染，无法清理，只能永远繁殖下去。转基因植物在生存竞争上具有优势，导致生态系统生物多样性降低。因此，必须采取严格的管理措施控制被转基因逃逸进入到自然环境里。可采取一些技术防止转基因逃逸。如使用安全载体和受体，造成转基因生物与非转基因生物之间的生殖隔离。利用三倍体不育的特性，将用于生产的转基因植物成为三倍体。或者将基因分成两个片段，分别转入叶绿体基因组和染色体基因组，使花粉中仅存在无活性的 DNA 片段，这样，转基因生物在进入到自然环境里后就不可能自行繁殖，因此也就不可能对生态系统造成长期的影响。

抗病毒转基因植物的风险主要是病毒的重组和异源包壳问题。导入植物体的病毒外壳蛋白对人和其他植物本身是无害的，但是一旦它包装了其他的病毒核酸，则可能产生病毒重组的潜在危险。目前已采取了一些措施防止重组病毒的产生，如限制导入基因的长度、禁止使用产生功能性蛋白质的基因等。

② 消费和健康安全问题　食品是由各种化合物组成的复杂混合体，同一种植物源的食品由于起源和生长条件不同，其化合物的成分和营养价值差别甚大。同时，同一种化合物对人体可能产生的有益作用或不良作用也因食用的人群而异。转基因植物性食品中所引入的蛋白，可对人可能是异源蛋白，可对部分人群造成食物过敏反应；转入这些食品中的各种基因可能来自各种生物，有些不能被人利用，它们可能会对人类身体造成潜在影响。为了保护人类的健康，许多国家都已通过立法或其他的形式对转基因产品进行消费安全评价和严格的管理，对进口转基因食品严格限制。一些发达国家的基因安全管理起步较早，建立了一系列安全管理的程序和规范；一些国际组织在加紧制订遗传工程生物体的安全管理、运输和使用的国际公约。中国已于 1996 年由农业部颁布了《农业生物基因工程安全管理实施办法》，明确规定从 1998 年 1 月 1 日起，任何单位和个人未经农业部审批同意，不得释放农业生物遗传工程体及其产品，一经发现，将按《实施办法》进行处罚。凡属转基因农业生物及其产品，必须按如下程序办理：在申请品种、兽药、农药、肥料、饲料审定或登记前，先申报基因安全性评价，经同意商品化生产后方可按正常渠道申请相关的审定或登记；凡属转基因农业生物方面的科技成果，在申请成果鉴定前，必须先进行基因安全性评价，并在申报鉴定时提供有关批件；各地良种场、国有农场、养殖场以及农业试验场等单位对未经审批的农业生物遗传工程体及其产品，不得接受对其进行中间试验和环境释放。

三、分子标记与育种

（一）概念

植物育种家常利用易于鉴别的遗传标记来辅助选择，形态标记、细胞标记和生化标记是最早用于植物育种辅助选择的标记。形态标记简单直观，长期以来作物种质资源鉴定及育种材料的选择通常都是根据形态标记来进行的。但是它数量少、多态性差、易受环境条件影响。这种通过表现型间接对基因型进行选择的方法存在许多缺点，效率较低。细胞标记主要是染色体核型（染色体数目、大小、随体、着丝点位置等）和带型（C带、N带、G带等），显然，这类标记的数目也很有限。生化标记主要包括同工酶和贮藏蛋白，具有经济方便的优点，但其标记数有限，不能满足种质资源鉴定和育种工作的需要。要提高选择的效率，最理想的方法是能够直接对基因型进行选择。遗传标记就是生物技术的发展给植物遗传育种研究带来的新手段，是基因型特殊的易于识别的表现形式。生物个体基因组DNA序列上总存在着这样那样的差异，任何座位上的相对差异或者是DNA序列上的差异使个体之间具有遗传多态性。DNA分子标记是DNA水平上的遗传多态性，简称分子标记。通过一定的检测手段，识别和研究这种遗传多态性，可以帮助人们更好地研究生物的遗传与变异规律。如果目标基因与某个分子标记紧密连锁，那么通过对分子标记基因型的检测，就能获得目标基因的基因型。通过分子标记技术直接对基因型进行选择方法称作分子标记辅助选择，利用该技术进行育种称为分子标记辅助育种或分子育种。当然广义的分子育种还包括利用基因工程等手段进行遗传转化，培育具有优良性状的品种。

（二）分子标记辅助育种的优点

自20世纪90年代初发展起来的分子标记技术是通过遗传物质DNA序列的差异来进行标记，与形态标记、细胞学标记、生化标记相比，分子标记具有明显的优势。

① 标记直接以DNA的形式表现，该种标记在植物的各个组织、各发育时期均可检测到，不受环境、季节、生育期等因素的影响，不存在表达与否的问题；使植物基因型的早期选择成为可能，从而可以大量地缩短育种的时间。

② 分子标记的数量巨大、多态性高，遍及整个基因组。DNA水平上的遗传多态性表现为核苷酸序列的任何差异，自然存在着许多等位变异，因此DNA标记在数量上几乎是无限的，不需专门创造特殊的遗传材料。

③ 分子标记不像有些形态性状会受到不良性状连锁，不会影响目标性状的表达。

④ 许多的分子标记可以体现共显性，分子标记能够提供完整的遗传信息，能够很好地鉴别出纯合基因型和杂合基因型，对选择隐性基因控制的性状十分有利。

由于分子标记具有较大的优越性，应用越来越广泛。分子标记技术是以生物种类和个体间DNA序列的差异为前提，其方法在近10年来发展非常迅速，目前已不下数十种，不同的方法有其不同的特点。常用的方法有限制性片段长度多态性（RFLP）、随机扩增多态性DNA（RAPD）、特异性扩增子多态性（SAP）、微卫星DNA、扩增片段长度多态性（AFLP）、单链构型多态性标记（SSCP）、变性梯度凝胶电泳（DGGE）等。

（三）分子标记在园艺植物育种中的应用

1. 构建遗传图谱

遗传图谱是植物遗传育种及分子克隆等许多应用研究的理论依据和基础。由于形态标记和生化标记数目少、特殊遗传材料培养困难及细胞学研究工作量大等原因，应用这些标记所得到的园艺植物较为完整的遗传图谱很少。分子标记可提供大量的遗传标记，而且可显著提高构建遗传图谱的效率。近10年来已陆续在番茄、莴苣、马铃薯、辣椒、大豆、豌豆、菜豆、芸薹、甘蓝、芥菜、胡萝卜、苹果、葡萄、樱桃等多种园艺植物中构建出部分或饱和分子遗传图谱，从而为园艺植物品种资源的研究、育种中亲本材料的选择选配、育种方案的制订提供了依据，为基因定位、物理图谱的构建、基因克隆等奠定了基础。

2. 分析亲缘关系

分子标记所检测的是植物基因组DNA水平的差异，具有稳定客观的特点，且引物多，借助分子遗传图谱对品种之间的比较可覆盖整个基因组，从而可为物种、变种、品种和亲缘类群间的系统发育关系提供大量的DNA分子水平的证据。为品种资源的鉴定与保存、探究作物的起源与发展进化、远缘杂交亲本的选配、预测杂种优势等提供理论依据。如在芸薹属二倍体和双二倍体物种基因组起源和进化研究中，应用分子标记不仅证实了3个双二倍体，欧洲油菜、芥菜和埃塞俄比亚油菜及其与二倍体种间的关系，而且明确了二倍体的起源。茄科植物马铃薯、番茄、辣椒的染色体数相同，核型和核DNA含量相近似，但是彼此间无法杂交。M. W. Bonierbale等（1988）通过RFLP分析，发现所有番茄RFLP标记能与马铃薯DNA杂交，且它们RFLP标记的连锁群也一致；在染色体RFLP标记排列顺序上，9条染色体相同，而有所不同的3条染色体是由于臂内倒位所致，从而确证了这两个属起源于较近的共同祖先。

3. 定位农艺性状

分子标记可以利用系列引物对整个基因组进行DNA多态性分析，快速寻找两组DNA样品间多态性差异，得到与此差异区域相连锁的DNA标记，从而可定位某一特定DNA区域内的目标基因。N. F. Weeden等（1994）在苹果上构建了分别拥有233和156个分子位点的连锁图，前者包括24个连锁组，共计950cM（里摩，遗传交换单位）；后者共有21个连锁群，其中5个位点与控制枝条生长习性、萌芽期、花芽的萌发、吸收根的生长以及果皮颜色等基因有连锁关系。A. Abbott（1995）用一组71株的F_2群体在桃树上构建了包括46个RFLP位点，12个RAPD位点以及7个形态性状的遗传图。这些位点共覆盖332cM长度，包括8个连锁群。S. M. Kinyer等（1990）通过RFLP分析确定了一些参与番茄果实熟性的cDNA探针的染色体位置，其中编码多聚半乳糖醛酸酶的TOM6被定位在第10染色体，这为熟性育种的选择提供了标记。此外，通过RFLP还确定了莴苣抗霜霉病基因、番茄抗烟草花叶病毒基因、枯萎病抗性基因、细菌性斑点病抗性基因、根结线虫病抗性基因、控制番茄植株习性基因（sp）、豌豆的3个形态发育性状基因和4个抗病基因与各自RFLP标记的密切连锁。

4. 分子标记辅助选择

传统的选择方法是根据表现型直接选择。它易受环境条件等因素的影响，其成败往往取决于育种工作者的经验。应用分子标记可通过与目的基因相连锁的标记物（如DNA片段）的间接选择来选择所期望的基因型。这种间接选择具有许多优点：①通过分子标记可以进行早期选择，把不具备所期望性状基因型的个体淘汰掉，这样既可节省开支，又可加快育种进度；②可区别较细微的差异，有些性状如多位点控制的数量性状，个体间差异并不明显，造成直接选择的困难，对抗病性的选择会因为接种不均匀而降低直接选择的准确性；③可同时对几个性状进行选择，而用传统的方法对几个表现时期不同的性状很难同时进行直接选择；在抗病育种中，由于受检疫的限制，有些地方不能使用病原菌进行接种试验，使后代的筛选根本无法进行；然而，通过分子标记进行“间接选择”，可以同时对几个抗性基因进行选择，又不需要对育种材料进行接种试验。

利用分子标记辅助选择，首先要将目的基因进行精细定位。在不同的群体中，标记之间的遗传距离会有所变化，所以要根据已发表的资料在所研究的材料中重新对基因定位。目的基因和标记的遗传距离应不大于10cM，然后以标记的基因辅助选择。分子标记辅助选择可用于回交。在回交育种过程中，随着有利基因的导入，与有利基因连锁的不利基因（或染色体片段）也会随之导入，成为连锁累赘。利用与目的基因紧密连锁的DNA标记，可以选择在目的基因附近发生重组的个体，显著减少连锁累赘，提高选择的效率。分子标记可用于对整个基因组的选择。每一次在选择目的基因的同时，要求基因组的其余部分尽可能与有利的亲本（回交育种中的轮回亲本）一致。可以在基因组各染色体上选择多个标记，检测后代各标记的基因型，通过图解基因型选择具有最接近所希望的基因型的个体。有研究表明，在一个个体数为100的群体中，以100个RFLP标记辅助选择，只要三代就可使后代的基因型回复到轮回亲本的99.2%，而随机挑选则需要7代才能达到。分子标记还可应用于基因的累加。园艺植物有许多基因的表型是相同的。在这种情况下，经典遗传育种研究就无法区别不同的基因，因而就无法鉴定一个性状的产生是由于一个基因还是多个具有相同表型的基因的共同作用。采用分子标记的方法，先在不同的亲本中将基因定位，然后通过杂交或回交将不同的基因转移到一个品种中，通过检测与不同基因连锁的标记的基因型来判断一个个体是否含有某一基因，以帮助选择。这样，实际上将表型的检测转换成了基因型的检测。事实上，园艺植物很多重要的性状都是受数量性状基因位点（quantitative trait loci，QTL）控制的数量性状，应用分子标记，人们已可能将复杂的数量性状进行分解，像研究质量性状基因一样对控制数量性状的多个基因分别进行研究。C. B. Martin等（1989）发现番茄对水分利用的有效性能够通过3个RFLP位点来预测。A. H. Paterson等（1988）将6个与果实品质有关的数量性状进行定位，其中4个数量性状影响到可溶性干物质，5个数量性状与果实的pH有关。

5. 种质资源及杂种后代的鉴定

由于分子标记具有迅速、准确的特点，在检测良种质量，保护我国名、特、优种质及育成品种的知识产权等方面有着广泛的应用。在种质资源研究中，应用分子标记可有效地鉴别栽培品种，消除同物异名、同名异物的现象，确定保护种质资源遗传完整性的最小繁种群体和最小保种量，进行核心种质筛选和种质资源的分类等。D. L. Mulcahy等（1993）仅用一个RAPD引物就将8个苹果品种区别开来，Weising（1992）发现微卫星DNA是一个多态性高、稳定性好的探针，用该探针可以检测出15个栽培番茄的差异。品种纯度和杂种后代的鉴定具有重要的应用价值，杂种鉴定不仅是保持杂种一代品种遗传纯度的需要，也是缩短育种周期的有效措施。如T. Nishio等（1994）采用PCR与RFLP相结合的方法测定柱头糖蛋白基因位点，为鉴定采用自交不亲和制种的白菜和甘蓝F_1代种子纯度提供了方法。T. Hashizume 等（1993）、栾雨时等（1998）分别成功鉴定了西瓜和番茄的 F_1 杂种的纯度。

生物技术的发展给园艺植物遗传育种研究带来了巨大的变化，分子标记技术已成为育种研究的重要组成部分，但是要使分子标记成为育种的一种常规手段，尚有许多问题有待解决，如更多重要性状基因的精细定位、检测过程的自动化、饱和遗传图谱的构建等。由于分子标记在育种中具有巨大的应用潜力和价值，随着生物技术研究的深入，将有力地推动园艺植物遗传育种学的发展。

本章小结

植物离体育种、基因工程、分子标记都是现代生物育种技术，需要利用高科技的手段对植物进行选择和培养，选择的效率高，育种进度快，但是操作复杂，成功率较低。

扩展阅读

农业部公布 2017 年《农业转基因生物安全证书》（进口）批准清单

6 月 14 日，农业部公布 2017 年农业转基因生物安全证书（进口）批准清单，批准孟山都、拜耳、先正达等公司的大豆玉米等部分产品。

清单显示，此次批准的 16 个转基因生物安全证书（进口）中，涉及的转基因生物分别为大豆、玉米、油菜、棉花、甜菜，其用途皆为“加口工原料”。主要有孟山都、拜耳、陶氏益农、先锋国际、先正达公司获得证书，证书有效期都为 3 年，即 2017 年 6 月 12 日～2020 年 6 月 12 日。

资料显示，自 2004 年 2 月 23 日，农业部发布第 349 号公告之日起，农业部开始受理境外贸易商的《农业转基因生物安全证书》（进口）申请及国内进口商的《农业转基因生物标识审查认可批准文件》申请。

上述两个申请要求，从事农业转基因生物贸易的境外公司，根据上述安全评价审批情况，持境外研发商获得的安全证书复印件及相关材料，申请每批次的进口安全证书。从事农业转基因生物贸易的进口商凭《农业转基因生物安全证书》（进口）和《农业转基因生物标识审查认可批准文件》到口岸出入境检验检疫机构办理报检手续。

此外，《农业转基因生物安全管理条例》规定，境外公司向我国出口农业转基因生物用作加工原料的，应当向农业部申请领取《农业转基因生物安全证书》，且办理安全证书需要进行相应的环境安全与食用安全检测。同时规定，进口用作加工原料的农业转基因生物如果具有生命活力，应当建立进口档案，载明其来源、贮存、运输等内容，并采取与农业转基因生物相适应的安全控制措施，确保农业转基因生物不进入环境。

（来源：新华网，2017-06-15.）

复习思考题

1. 分子标记辅助育种有哪些特点?
2. 列举两种 DNA 分子标记技术类型，并说明各有什么优缺点?
3. 作为一个良好的基因载体应具备哪些基本条件?
4. 列举基因工程育种中常用的工具酶。
5. 植物转基因技术的基本过程是什么?
6. 植物离体育种的主要方法和手段有哪些?

第十章 品种的审定与推广

学习目标

1. 了解品种审定制度和新品种保护的意义；
2. 掌握品种报审条件和程序；
3. 了解和掌握品种推广的方式和方法；
4. 能够区分新品种保护与品种审定的异同；
5. 了解良种繁育的概念和意义；
6. 学会防止品种混杂退化的方法和品种纯化的技术。

案例导入

种子法修订：缩小主要农作物品种审定范围

十二届全国人大常委会第十七次会议于2015年11月4日表决通过了种子法修订草案，全国人大常委会法工委经济法室副主任岳仲明在随后举行的新闻发布会上表示，此次种子法修订的重点之一是改革完善了主要农作物品种审定制度。

“品种审定制度是种子法品种管理的一个基本制度。”岳仲明说，此次修订主要缩小了主要农作物品种的审定范围，取消了农业部及各省对主要农作物的确定权，减少了品种管理的行政许可事项，对不再实行品种审定的农作物绝大多数纳入了品种登记管理，发挥市场机制作用。

但他同时表示，我国在品种登记制度方面缺乏实践经验，起步阶段登记范围不要过宽、登记门槛不要过高、程序不要太复杂，要防止变相审定，应建立由品种登记申请者对登记品种的真实性负责、主管部门加强事中事后监管的机制，也就是说，主管部门只对申请材料进行书面审查，不做实质性审查，这有利于品种尽快上市推广，满足市场需要。主管部门也可从繁重的行政事务中脱身，重点对种子事中事后监管，及时发现、解决种业发展的问题。

此次种子法修订的另一大亮点是新增了“新品种保护”章节。全国人大农业与农村委员会法案室副主任张福贵在回答记者提问时表示，这是维护品种权人合法权益、促进育种创新、提高创新能力的根本保障。

张富贵介绍，目前新品种保护的法律依据是1997年颁布实施的《植物新品种保护条例》，随着我国种业的快速发展，仅靠条例保护已难以满足现实需要，侵权套牌等违法现象日益增多，侵害了植物新品种权人的合法权益，挫伤了植物新品种权人的创新积极性，扰乱了公平竞争的市场秩序，阻碍了种业的健康发展。

此次种子法修订借鉴了荷兰、日本等有关国家在种子立法中的经验，对植物新品种的授权条件、授权原则、品种命名、保护范围及例外、强制许可等作了原则性规定。

此外，修订后的种子法明确了对转基因品种要跟踪监管和信息公开的要求，对生产经营未经批准转基因种子的违法行为坚决打击，对批准的作物种子建立可追溯制度，依法依规管理。

（来源：科技日报，2015-11-07.）

讨论一下

1. 没审定的种子就不是好种子吗?

2. 没审定的种子进行销售会受到什么样的惩罚?

3. 什么种子必须进行审定？是不是所有农作物的种子都要进行审定。

经过一系列的方法和手段育成的新品种要推广应用于生产，转化为生产力，为广大农民服务，才能带来经济效益和社会效益。但是如果盲目推广，势必造成一定的市场混乱，因此需要经申报品种审定定合格后，方能应用，走向市场。品种育成者经申请并被授予品种权后能获得权益保护。在推广繁育过程中，如何防止品种劣变退化，是种子公司和育种者必须要面对的重要环节之一，保证提供给农民品种纯正、质量合格、数量足够的种苗是种子公司的义务。

一、品种审定

1. 品种审定的概念和意义

品种审定制度是指对新选育或新引进的品种由权威性的专门机构对其进行审查或认定，并作出能否推广和在什么范围内推广的决定。实行品种审定制度后，原则上只有经审定合格的品种，由农业行政部门公布后，才可正式繁殖推广。中国园艺植物中的蔬菜类最先实行品种审定制度；果树植物也已经开始全面地实行；观赏植物由于种类繁多，情况复杂，加之原有的工作基础较薄弱，近年来才在少数种类中开始试行。

实行品种审定制度，有利于加强对品种的管理，有计划地、因地制宜地推广优良品种，充分发挥良种的作用，实现品种布局区域化，从而可避免品种繁育推广中的盲目性，促进生产的良性发展。品种审定的依据是品种比较试验结果，新品种必须经过 2～3 年多点区域试验和生产试验，掌握其特征特性，从中选出合乎要求的优秀者，经过审定后在适应的地区推广。因此，品种试验是新品种从育种到生产必不可少的中间环节，而品种审定则是对经过试验的品种作出是否符合推广要求的决定。

2. 审定机构及其工作内容

中国现阶段在国家和省（直辖市、自治区）两级均设置农作物品种审定委员会（简称品审会），地（市）级设农作物品种审定小组（简称品审小组）。审定机构，通常由农业行政部门、种子部门、科研单位、农业院校等有关单位的代表组成。全国品种审定委员会下设包括蔬菜、果树等各作物专业品审会，省品审会下设各作物专业组。品审会的日常工作，由同级农业行政部门设专门机构办理。品种审定机构的主要工作任务如下。

① 领导和组织品种的区域试验、生产试验；

② 对报审品种进行全面审查，并作出能否推广和在什么范围内推广的决定，保证通过审定的新品种在生产上能起较大作用；

③ 贯彻执行农业部发布的自2016年8月15日起施行的《主要农作物品种审定方法》、2015年11月4日新修订的《中华人民共和国种子法》，对良种繁育和推广工作提出意见。全国品审会负责全国性的农作物品种区域试验和生产试验，审定适合于跨省（自治区、市）推广的国家级新品种；省（直辖市、自治区）品审会负责本省（市、自治区）的农作物品种区域试验和生产试验，审定本省（市、自治区）育成或引进的新品种；地（市）品审小组对本地区育成或引进的新品种进行初审，对省负责审定以外的小宗作物品种承担试验和审定任务。

3. 报审条件

① 经过连续2～3年的区域试验和1～2年的生产试验，在试验中表现性状稳定、综合性状优良。申报国家级品种审定的是参加全国农作物品种区域试验和生产试验、表现优异、并经一个省级品审会审定通过的品种，或经两个省级品审会审定通过的品种。

② 报审品种在产量上要求高于当地同类型的主要推广品种10%以上；或经统计分析增产显著，其他性状与对照相当；或产量虽与当地同类型的主要推广品种相近，但品质、成熟期、抗性等有一项乃至多项性状明显优于对照品种。

4. 申报材料

按申报审定申请书各项要求认真填写，通常要求附以下材料：

① 每年区域试验和生产试验年终总结报告；

② 指定专业单位的抗病（虫）性鉴定报告；

③ 指定专业单位的品质分析报告；

④ 品种特征标准图谱照片和实物标本；

⑤ 栽培技术及繁（制）种技术要点；

⑥ 下一级品审会（小组）审定通过的品种合格证书复印件；

⑦ 足够数量的原种。

5. 申报程序

① 育（引）种单位或个人提出申请并签章；

② 育种者单位审核并签章；

③ 主持区域试验、生产试验单位推荐并签章；

④ 育种者所在地区的品审会（小组）审查同意并签章；

⑤ 品种审定、定名和登记。

审定各专业委员会（小组）召开会议，对报审的品种进行认真的讨论审查，用无记名投票的方法决定是否通过审定，凡票数超过法定委员（到会委员须占应到委员的2/3以上）总数的半数以上的品种为通过审定，并整理好评语，提交品审会正副主任办公会议审核批准后，发给审定合格证书。对审定有争议的品种，须经实地考察后提交下一次专业委员会复审。如审定未通过而选育单位或个人有异议时，可进一步提供有关资料申请复审。如复审未通过，不再进行第二次复审。经全国农作物品种审定委员会通过审定的品种，由农业部统一编号、登记并公布；由省级审定通过的品种，由省（直辖市、自治区）农业厅统一编号、登记、公布，并报全国农作物品审会备案。新品种的名称由选育单位或个人提出建议，由品审会审议定名；引进品种一般采用原名或确切的译名。《全国农作物品种审定办法》（试行）规定：凡是未经审定或审定不合格的品种，不得繁殖、经营和推广，不得宣传、报奖，更不得以成果转让的名义高价出售。

二、植物新品种保护

（一）新品种保护的意义

优良品种是农业生产获得高产、优质、高效的基本因素之一。保护新品种育成者的权益，对鼓励育种者的积极性具有重要意义。另一方面，植物育种是一项需时较长和资金投入较多的项目，现阶段中国科研体制对育种事业的经费投入还远不能满足育成高质量品种的需要，实施植物新品种保护，将为育种经费的来源开辟一条补偿的途径。这些都有利于育成更多高质量的新品种，从而促进农林业生产的发展。植物新品种属于知识产权的范畴，通过制定与颁布实施植物新品种保护条例，不仅是对品种育成者劳动的尊重和权益的保护，也是使国家有关经济法规与国际接轨的措施之一。

（二）国际上有关植物新品种保护的措施

世界上许多国家都重视对植物新品种的保护，通常采用立法手段从法律角度来维护育种者的利益。只有获得品种保护权的育种者，才有权繁殖、销售或转让该品种。立法名称依不同国家而异，采用品种保护法的国家有英国、荷兰等，采用特许保护法的国家有意大利、韩国等，也有的国家两法并用如美国、法国等。立法的具体内容如日本于1978年施行的、经修订的种苗法规定“果树育种中个人或公立机关育成的新品种，在进行苗种登录后，有关这些种苗的销售必须得到育成者的许可”；“苗木商要支付给育成者允诺费而获得销售权，承担苗木的生产与销售”；“国家育成而进行种苗登录的新品种，可通过果树种苗协会窗口实施允诺费业务，按生产量收取苗木和接穗的有偿转让金上缴国库”。

（三）《中华人民共和国植物新品种保护条例》的主要内容

1999年4月23日，我国正式加入“国际植物新品种保护联盟”，成为第39个成员国。同日，《中华人民共和国植物新品种保护条例》正式启动实施，2013年1月16日国务院第231次常务会议通过修改，开始受理来自国内外的品种权申请。主要内容包括授予新品种权的条件；品种权的内容和归属；品种权的申请、受理、审查和批准；保护期限和处罚等。

1. 申请授予品种权的条件

申请授权的新品种应属于国家植物品种名录中列举的植物的属或种；授权新品种是指经人工培育或对发现的野生植物加以开发，具备新颖性、特异性、整齐性和稳定性，并有适当命名的植物品种。新颖性指申请品种在申请前该品种繁殖材料未被销售，或经育种者许可在中国境内销售未超过一年，在中国境外销售藤本植物、果树、观赏树木未超过 6 年，其他植物未超过 4 年。特异性指明显区别于在递交申请以前已知的植物品种。整齐性指经过繁殖，除容许的变异外，其主要性状特性一致。稳定性指经反复繁殖后或者在特定繁殖周期结束时，其相关的特征特性保持相对稳定。

2. 品种权的申请、受理、审查和批准

批准国务院农业、林业行政部门负责植物新品种权申请的受理和审查，并对符合条件的新品种授予品种权、颁发品种权证书，并予以登记公告。

① 申请和受理　中国的单位或个人可直接或委托代理机构提出申请；外国人或单位在中国申请品种权时，按中国和该国的有关协议办理；中国的单位或个人将国内培育的新品种向国外申请时，应向审批机关登记。申请时应向审批机关提交符合规定格式的申请书、说明书和该品种的照片。审批机关对符合要求的申请应予以受理，明确申请日、给予申请号，并自收到申请之日起一个月内通知申请人缴纳申请费。

② 审查和批准　审查机关应在受理申请之日起 6 个月内，根据新品种授权条件完成初审，对初审合格者予以公告，并通知申请人在 3 个月内缴纳审查费；不合格的通知其 3 个月内陈述意见或予以修正，逾期未答复或修正后仍然不合格的，驳回申请。申请人缴纳审查费后，审批机关进行实质审查，对符合条件的作出授予品种权的决定，颁发证书并予以登记公告。审查不合格而申请人不服时，可在 3 个月内请求复审。

3. 授权品种的权益和归属

条例明确规定完成育种的单位和个人，对其授权品种享有排他的独占权。任何单位或个人未经品种权所有人许可，不得为商业目的生产或销售该授权品种的繁殖材料，不得为商业目的将该授权品种的繁殖材料重复使用于生产的另一品种的繁殖材料。执行单位任务、利用单位物质条件完成的职务育种，新品种申请权属于单位；非职务育种的申请权属于个人；委托或合作育种，品种权按合同规定，无合同时品种权属于受委托完成或共同完成育种的单位或个人。

4. 品种权的保护期限和侵权行为的处罚

品种权的保护有一定期限，条例规定自授权之日起，藤本植物、林木、果树和观赏树木为 20 年，其他植物为 15 年。在保护期内如品种权人书面声明放弃品种权、未按规定缴纳年费、未按要求提供检测材料，或该品种已不符合授权时特征和特性，审批机关可作出宣布品种权终止的决定，并予以登记公告。授权品种在保护期内，凡未经品种权人许可，被以商业目的生产或销售其繁殖材料的，品种权人或利害关系人可以请求省级以上政府农业、林业行政部门依据各自的职权进行处理，也可以向人民法院直接提起诉讼。假冒授权品种的，由县级以上政府农业、林业行政部门进行处理。

（四）植物新品种保护和品种审定的关系

植物新品种保护和品种审定是两项性质不同的法规（条例），对于已规定需经品种审定合格才能推广的作物种类，育成的新品种即使已被批准授予品种权，但在生产、销售和推广前，仍应先通过品种审定。通过颁布条例对植物新品种实行保护，从而保障育成者的权益，这在中国尚属首次，切实贯彻实施尚需制定相应的细则和配合一定时日的宣传教育等工作。其次，条例规定申请品种权的植物新品种，限于国家植物品种名录中列举的种类，而目前已被列入保护名录的园艺植物种类不多，有待于今后增补和完善。

三、品种推广

良种在农业生产和发展中所承载的基础性和先导性作用，是其他农业技术无法替代的。而优良品种的扩大应用和合理利用，又离不开品种的示范推广，因此，新品种的示范推广是连接品种引进、品种选育与生产应用之间的重要纽带，是发挥良种基础载体作用的重要环节，是农业科技体系建设的重要组成部分。

（一）品种推广原则

为避免品种推广中的盲目性给生产上造成的损失，充分发挥良种的作用，品种推广应遵循以下原则。

1. 依法推广

推广新品种，不能只顾眼前利益，必须依法而行。因此，已经实行品种审定的作物，只有经品种审定合格的品种，由农业行政部门批准公布后才能进行推广。未经审定或审定不合格的品种不得推广。

2. 因地制宜

每个品种都有它的适应范围和生长区域，不能盲目扩大推广范围，审定合格的品种只能在划定的适应区域范围内推广。

3. 加强质量管理

质量是企业的生命，要从种子的生产到加工各个环节始终严把质量关，特别是生产环节的质量关。新品种在繁育推广过程中必须遵循良种繁育制度，并采取各种措施，有计划地为发展新品种的地区和单位提供优良的合格种苗。

4. 良种配良法

有了优良品种的种子，如果在种植过程中没有依其种性采取相应配套的栽培措施，就会影响和抑制该品种增产增效潜力的发挥。因而新品种的育成单位或个人在推广新品种时，应同时提供配套栽培技术，及时介绍并帮助农民了解和掌握，做到良种良法配套推广。

（二）品种推广的方式方法

1. 大众媒介传播

合理有效地利用网络、电视、电台、报刊等有关媒体发布品种讯息，包括新品种通过审定后的正式公布等。大众媒体的传播覆盖面广，传播速度快，能在短时间内将讯息传给广大农民。尤其是现在网络信息发达，可以在短时间内使品种信息得到公布，但是由于广大的农民现在对于网络使用还比较落后，因此还不能起到足够的作用，应加强这一方面的工作。而传统的大众媒介是单向的讯息传播，不能进行现场示范和交流，对讯息的接受程度常受讯息发布单位和传播机构的权威性所左右，发布者应及时地收集反馈信息，以便调整推广策略。

2. 农业行政部门有组织的推广

农业推广部门和品种育成单位应采取举办培训班、请专家讲课、组织参观学习、召开专题会议等多种形式，广泛开展农作物新品种的宣传工作。例如中国对富士苹果的引种试验和推广，全国有协作组，有关省（直辖市）有协作组。开始时通常由农业行政部门牵头组织，积极引导农民应用优质高产新品种，掌握品种特征特性和栽培技术，充分发挥品种增产潜力。同时在宣传培训过程中，一定要注意根据品种种性做好因种栽培的宣传和指导，指出其不足与注意事项，并把这些技术内容写进品种介绍中去，让种植户能够全面了解、掌握该品种的相关技术，以扬长避短，实现高产高效，让新品种尽快发挥其应有的作用。

3. 建立新品种示范基地

育种者通过生产单位、专业户布点推广是新育成品种推广中采用较普遍的一种形式，建立示范展示基地是促进和加快品种推广的重要手段。通过品种展示，形象直观地展示品种的丰产性、抗逆性和适应性，突出品种的优质专用特点，强调良种良法的配套，直接地为农业部门和种子企业推介了新品种，成为引导农民选择自己所喜欢的新品种的桥梁和纽带。由于生产单位、专业户通常只有经试种表现优异的才会被大面积种植，所以一般不会出现盲目推广的弊端。但由于受引种布点数的限制，推广面常具一定的局限性，对多年生周期长的园艺植物推广速度较慢。

（三）品种区域化和良种合理布局

1. 品种区域化的意义

生产良种化和良种区域化是现代化农业生产的重要标志之一。优良品种只有在适宜的生态环境条件下才能发挥其优良特性；而每一个地区只有选择并种植合适的品种，才能获取良好的经济效益。所以，品种推广必须坚持适地适种的原则，否则将给生产上造成损失。尤其是多年生植物，因品种不合适造成生产上的损失将持续到品种更换以前，而且改正亦较困难，即便采取品种更新措施，经济上的前期投资损失也很重大。

2. 品种区域化的任务

① 在适应范围内安排品种　即根据品种要求的生态环境条件，安排在适应区域内种植，使品种的优良性状和特性得以充分发挥。在适应范围内安排品种，除了考虑气候、土壤等生态因子外，还必须考虑到地区的栽培水平及经济基础。

② 确定不同区域的品种组成　即根据地区生态环境条件，结合市场要求、贮藏条件、交通、劳力等因素，对某一种园艺植物的栽培品种布局作出规划设计。规划品种布局组成时，必须考虑早、中、晚熟品种的合理搭配，尤其是对桃等不耐藏的种类，主要是靠不同成熟期的品种搭配来延长其供应期。品种布局的具体组成品种个数，应根据作物种类、栽培面积及当地生产经营条件等因素而定。

3. 品种区域化的步骤和方法

① 划分自然区域　即根据气候、土壤等生态条件，对全国或某一省（直辖市、自治区）、地（市）范围内作出总体的和分别种类的区划。

② 确定各区域发展品种及其布局　依据市场需求和政府部门调控来规划品种，如蔬菜方面建议规划三个不同层次的生产基地：城市近郊基地约占城市消费量的70%以上；邻近地区的二线基地，距城市200～500km，具特定地形地貌和小气候，供应城市淡季；全国性基地，作为南菜北运基地、加工原料蔬菜基地、出口生产基地。

③ 品种更换和更新区域化品种　布局组成确定后，即可对原栽培品种布局按区域化品种布局组成实行品种更换。一二年生作物的品种更换工作较简单，通过重新种植即可。对多年生的果树等作物，可以通过培育大苗进行全园更新，本法适用于老龄果园；对原有的低产、劣质品种植株进行高接换种，本法适用于树龄较年轻的果园，高接换种时应注意防止病毒感染等高接病害；行间栽植区域化品种大苗，加强管理，逐步取代老品种，本法适用于行间较大的老龄果园；去劣栽优，局部调整，本法适用于主栽品种基本符合要求，仅有少数植株是不良品种的果园。

四、良种繁育

（一）品种的混杂、退化及对策

1. 品种的混杂、退化现象

品种混杂、退化是指一个新选育或新引进的品种，经一定时间的生产繁殖后，会逐渐丧失其优良性状，在生产上表现为生活力降低、适应性和抗性减弱、产量下降、品质变次、整齐度下降等变化，失去品种应有的质量水平和典型性，以致最后失去品种的使用价值。品种混杂主要指品种纯度降低，即具有本品种典型性状的个体，在一批种子所长成的植株群体中所占的百分率降低。品种退化主要表现为经济性状变劣、抗逆性降低、生活力衰退。

在园艺植物的生产中，品种混杂、退化是经常发生和普遍存在的现象。例如郁金香、唐菖蒲等球根花卉，常在引进的头一二年，表现株高、花大、花色纯正鲜艳等优良性状，而随着繁殖栽培年代的增加，逐渐表现为植株变矮、花朵变小、花序变短、花色变晦暗等。因此，必须采取适当措施加以防止，最大限度地保持其优良种性，发挥良种在生产中的作用。

2. 品种混杂、退化的原因

品种混杂、退化是一个比较复杂的问题，普遍存在。其根本原因在于缺乏完善的良种繁育制度，包括人为的管理不当和生物本身的自然变异。

① 机械混杂　在种子收获、清选、晾晒、储藏、包装或运输各环节中，由于工作上的操作不严，使一品种内混进异品种或异种的种子，从而造成品种混杂，影响到群体性状不一致，降低了该品种的生产利用价值。这种混杂就一批种子或一个品种群体来说是混杂的，但就一粒种子或一个单株来讲还是纯的。机械混杂较易发生于种子或枝叶形态相似以及蔓性很强的品种之间。此外，在不合理的轮作和田间管理下，前作和杂草种子的自然脱落，以及施

用混有作物种子或杂草种子的未腐熟厩肥和堆肥，均可造成机械混杂。机械混杂还会进一步引起生物学混杂。

② 生物学混杂　当机械混杂严重时，更会加重生物学混杂，加快品种退化速度。由于有性繁殖作物品种间或种间一定程度的天然杂交，使异品种的配子参与受精过程而产生一些杂合个体，在继续繁殖过程中会产生许多重组类型，致使原品种的群体遗传结构发生很大变化，造成品种混杂、退化，丧失利用价值。有些杂交育成的新品种性状不太稳定，基因型纯合度不高，这些新品种在种植过程中就会继续分离，产生变异个体，造成品种混杂、退化。留种质量不高，生产过程中未按本品种典型性状选留种，这样越选偏离度越大。例如异花授粉的瓜叶菊，各种花色单株构成一个花色复杂的群体，如采用混合留种法，后代中较原始的花色（晦暗的蓝色）单株将逐渐增多，艳丽花色单株减少，致使群体内花色性状渐次退化。生物学混杂在异花授粉类型中最易发生，而且一旦发生混杂，其发展程度极快。

③ 品种本身的遗传退化　通常农业或育种中所说的纯度很高和"纯系学说"设想的选择极限"纯系"，是差别很大的两个不同概念，也就是说纯度很大的品种中依然存在很多不利的等位基因。不利等位基因在重组过程中是品种退化的潜在因素。引起品种退化的另一个潜在因素是突变，尽管表型效应显著的突变不常发生，但各方面论据却说明微效突变很为常见。因此，不利等位基因的普遍存在和微效突变的逐代积累引起品种退化的作用不容忽视。

④ 缺乏经常性选择　任何优良品种都是在严格的选择条件下形成的，它们的优良种性也需要在精心的选择下才能保持和改进。无性繁殖的果树、花木等在大面积生产中微突变发生较为频繁，以嵌合体的形式保存于营养系品种中，在生产和繁殖过程中缺乏经常性选择就很容易将一些劣变材料混在一起繁殖。特别是这些劣变类型具有某种繁种优势的情况下，更会引起品种的严重退化。有性繁殖的种类由于缺乏经常性选择，造成品种的劣变退化更为普遍而严重。像只管留种不管选种；只进行粗放的片选而不进行严格去劣；或者虽然进行了选择，但选择标准不当，未起到选优汰劣的作用，都能造成品种退化。例如果菜类只注意选果而忽略对植株性状的选择；叶菜类只注意产品器官的大小、形状，而忽视了经济性状、生育期等的典型性和一致性；或者缺乏必要的鉴定选择条件，如连续小株采种，无法鉴定其结球习性；在肥水充分的条件下繁育耐瘠抗旱品种，难以鉴定其耐瘠抗旱特性；保护地蔬菜、花卉品种连续在露地繁种，难以根据其对保护地环境的适应性进行选择等。总的来说，在繁育过程中缺乏经常性有效选择是品种退化的重要原因。

3. 防止品种混杂、退化的方法

① 防止机械混杂　造成机械混杂，主要是在种子生产过程中各项工作不认真。为此，要建立严格的企业管理规章制度，做到专人负责，长期坚持，杜绝人为造成的机械混杂。另外，在生产过程中要合理安排轮作，一般不重茬；进行选种、浸种、拌种等预处理时应保持容器干净，以防其他品种种子残留；播种时按品种分区进行，设好隔离带；以种子为繁殖材料者，在收获种子时，从种株的堆放、后熟、脱粒、晾晒、清选，以及在种子的包装、贮运、消毒直到播种的全过程中，应事先对场所、用具彻底清除前一品种的残留种子，晾晒不同品种时应保持一定距离，包装和贮运的容器外表面应标明品种、等级、数量、纯度；以营

养器官为繁殖材料者，从繁殖材料的采集、包装、调运到苗木的繁殖、出圃、假植和运输，都必须防止混杂。包装内外应同时标明品种，备有记录。所用标签材料和字迹墨水应具防湿作用，遇水不破碎、不褪色。

② 加强人工选择，科学留种　对有性繁殖园艺植物的种子田，除应加强田间管理外，还要经常去杂、去劣，选择具有该品种典型特征、特性的植株留种。要对每代留种母株或留种田连续进行定向选择，使品种典型性得以保持。选择时期为品种特征、特性易鉴别期，可分阶段多次进行。对收获的种子还要再进行1次精选，以保证种子质量。蔬菜植物中采用小株留种时，播种材料必须是高纯度的原种，小株留种生产的种子只能用于生产用种，而不能作为继续留种的播种材料。为保持品种种性，可以进行选优良单株然后混合收种，即混合选择，可以起到提纯复壮的作用。对无性繁殖园艺植物，主要淘汰母本园内的劣变个体，或选择性状优良而典型的优株供采取接穗或插条用。由不定芽萌发长成的徒长枝或根蘖易出现变异，不能用作繁殖材料。病虫危害严重或感染病毒的植株，也应予以淘汰。

③ 隔离留种，防止生物学混杂　有性繁殖作物留种时，对易于相互间杂交的变种、品种或类型之间，主要是设好隔离区，利用隔离的方法防止自然杂交。隔离区的设置，既要考虑植物传粉的特点，又要研究昆虫、风向等自然因子。

对于比较珍贵的种子和原种种子，可以实行人工套袋隔离、温室隔离和网罩隔离，防止昆虫传粉。隔离留种时的辅助授粉，隔离袋内可人工进行，网室内可放养蜜蜂和人工饲养的苍蝇。

种植分散的植物容易施行空间隔离，隔离距离的大小决定于杂交媒介（风，昆虫），留种材料的花粉粒数量、大小、易散程度，天然杂交率的高低，间隔地带内有无高大建筑或树林可作隔离屏障等。实行种子生产专业化，可以统一规划和安排留种，从而有利于实施空间隔离。园艺植物种类繁多，在蔬菜生产中常根据授粉方式和发生天然杂交后的影响大小，将主要蔬菜作物隔离留种的距离归纳为以下四类：一是不同种或变种间易天然杂交，杂交后杂种几乎完全丧失经济价值的异花授粉植物，如甘蓝类的各变种之间；结球白菜和不结球白菜之间等，开阔地的隔离距离为2000m。二是异花授粉或自由授粉类，不同品种间易杂交，杂交后杂种虽未完全丧失经济价值，但失去品种的典型性和一致性，给生产和供应带来不便。如十字花科、葫芦科、伞形科、藜科、百合科、苋科作物等的品种之间，开阔地的隔离距离为1000m左右。三是常自花授粉类的蚕豆、辣椒等的不同品种之间，虽以自交为主，但仍有一定异交率，为保证品种纯度，隔离距离一般为50～100m。四是豌豆、番茄等自花授粉作物，品种间天然杂交率极低，只需隔离10～20m即可。

当品种比较多时，还可以采用时间隔离，将不容易发生自然杂交的几个品种，同年或同月采种；容易发生自然杂交的品种，采用分期播种、定植、春化和光照等处理措施，使不同品种的开花期相互错开，从而避免相互天然杂交。这种错开开花期的留种方法就是时间隔离。其中不跨年度的时间隔离，仅适用于对光周期不敏感的园艺植物，如翠菊品种可以秋播春季开花，也可以春播秋季开花。多数园艺植物均是春夏季开花，而且花期较长，仅采用同一年内分期播种和定植，通常仍存在品种间始花和终花期交错重叠，难以完全错开，只有采用不同品种分年种植留种，才能做到有效隔离，这种方法适用于有较好的种子贮藏条件或种子本身具较长贮藏寿命的植物种类。

④ 加强栽培管理　改变生长发育条件和栽培条件，使品种在最佳条件下生长，使其优良性状充分表现出来。此外，由于长期在同一地区生长，会受到一些不利因素的限制，如土壤肥力、类型、病虫害等，可改变或调节播种期，一季变两季，或改变土壤条件，都可以提高种性。如马铃薯的二季作、甘蓝种株的低温处理等。对木本植物则应建立良种母本园、种子园、苗圃，以便为生产提供纯度高、质量好的木本植物种子或苗木，这也是木本植物防止退化和长期保持品种纯度及种性的一项重要措施。选择适宜的种苗繁育地点，如唐菖蒲、马铃薯等可利用不同纬度、不同海拔高度的地区气候特点，采用高寒地留种，能有效地防止品种退化。

⑤ 品种提纯更新　对一二年生园艺植物，应隔一定年限（一般 3～4 年）用原种将繁殖圃中的种子进行更新，可使品种长期保持纯度，防止混杂、退化。无性繁殖的园艺植物，除注意保持母本园的高质量外，利用当今高科技之一的生物技术，能使植物快速繁殖和脱毒复壮。利用茎尖组织培养，可有效去除植物病毒。对易发生退化的优良杂种和不易结实的优良多倍体品种，用组织培养方法不仅能使后代保持其原有的品种特性，还可达到快速繁殖的目的。世界上许多国家已对菊花、香石竹、兰花、大丽花、百合、矮牵牛、鸢尾、小苍兰、水仙等园艺植物采用组织培养脱除病毒，并工厂化生产优质商品苗。

（二）良种的加速繁殖

加速良种种苗的繁殖，从数量上满足推广应用的需要，是良种能尽快地在生产上发挥作用的重要环节。尤其是品种刚育成而种苗尚少时，应尽可能提高其繁殖系数。

1. 提高种子繁殖系数的措施

① 育苗　在栽培生产中，尽可能采用育苗移栽，可节约用种量，提高繁殖系数。如番茄撒播每亩需要用种量大约在 150～200g，而育苗只需要 20～50g。另外，育苗也可以改善植物的花芽分化的质量，提高植物的授粉、受精质量。

② 宽行稀植　可增大单株营养面积，使种株能更好地生长发育，不仅可提高单株产种量，而且可提高种子品质。

③ 植株调整　在种子生产中，采用合理的植株调整措施，可以提高种子的产量和品质。如番茄在种子生产中常采用双干整枝法，每个主干留 3 个花序，摘心，进行人工辅助授粉，合理施肥，种子产量比较高。

④ 加代繁殖　利用我国的地域广阔、各地自然条件差异大的特点，可以进行北种南繁或南种北繁，增加一年内的繁殖代数，从而提高繁殖系数。另外，利用设施栽培或特殊处理（如春化、光照处理）也可以增加繁殖的代数。

⑤ 利用无性繁殖　很多植物都具有无性繁殖的能力，如茄果类、瓜类的侧枝扦插，甘蓝、结球白菜的侧芽扦插，韭菜、石刁柏、金针菜等的分株法、组织培养法等，都能大大地提高繁殖系数。

2. 提高营养器官繁殖系数的措施

① 在采用其常规的营养繁殖方法的同时，充分利用器官的再生能力来扩大繁殖数量。例如，常规下采用嫁接繁殖的桃，可同时采用嫩枝扦插法；扦插繁殖的茶花、月季，可采用单芽扦插提

高繁殖系数；分株和扦插繁殖的菊花、秋海棠、大岩桐等，可采用叶插扩大繁殖。全光喷雾装置和生长调节物质的配合使用，更有利于提高器官的再生能力，从而提高繁殖系数。

② 以球茎、鳞茎、块茎等特化器官进行繁殖的园艺植物，提高繁殖系数就必须提高这些用于繁殖的变态器官的数量。对于唐菖蒲的球茎、马铃薯的块茎，采用切割的方法可使每个含芽的切块都成为一个繁殖体，从而提高繁殖系数。风信子在6月掘起后，经干燥至7～8月间，在鳞茎基部做放射状切割，晒后敷以硫黄粉，然后将切口向上置贮藏架上（或切后埋于湿沙中2周，取出置于木架上），保持室温20～22℃，注意通风和遮光，9～10月间切口附近可形成大量小球，11月间将母球连同子球植入圃地，至翌年初夏掘起，可得10～20个小球。仙客来开花后的球茎于5～6月切除上部1/3，再在横切面上每隔1cm交互纵切，使切口发生不定芽，然后将长有不定芽的球茎切割分离移植，一个种球可获得50株左右幼苗。百合类可充分利用其珠芽扩大繁殖。

③ 利用组织培养技术　组织培养技术在园艺植物快速繁殖上的成功应用，使无性繁殖植物的良种繁育能在较短时期内实现几十倍、几百倍的增殖。

（三）繁育无病毒苗

病毒病是栽培植物的常见病害，果树病毒病主要通过带病接穗或砧木经嫁接传染，蔬菜、花卉的病毒病常通过块茎、鳞茎等传染。园艺植物经长期无性繁殖，病毒随营养器官被用作繁殖材料而传递，致使病毒在营养系内逐代积累而日趋严重。如柑橘黄龙病、苹果锈果病、枣疯病等都是中国常见的果树病毒病害，常导致果树生长衰弱，产量质量降低，甚至全树死亡。因此，培育无病毒苗是无性繁殖园艺植物良种繁育的一项重要工作。

1. 热处理法

即对感染病毒的种苗、接穗、插条等进行热处理。热处理脱毒的基本原理是在稍高于正常温度的条件下，使植物组织中的病毒可以被部分地或完全地钝化，而较少伤害甚至不伤害植物组织，实现脱除病毒。处理方法有干热空气、湿热空气或热水浴等，热处理时间的长短应依不同病毒种类对高温的敏感程度而定，随着植物病毒种类的不同差别较大。一般热处理温度在37～50℃之间，可以恒温处理，也可以变温处理，热处理时间由几分钟到数月不等。据报道葡萄扇叶病毒在38℃下30min即可脱除，而卷叶病毒一般需60天或60天以上，栓皮病毒和茎豆病毒则更难，有时处理120天还未必消除。

热水浸泡对休眠芽效果好，湿热空气处理对活跃生长的茎尖效果较好，且容易进行，既可以杀灭病毒，又可以使寄主植物有较高的存活机会。

热处理法的脱毒效果因病毒种类而差异很大，研究表明热处理脱除粒状病毒效果好，而脱除杆状和带状病毒效果差。加之有的植物不耐高温处理，如马铃薯块茎在热处理下会变色，降低或完全失去发芽力，所以热处理法在使用上受到很大限制。目前热处理常和组织培养脱除病毒方法相结合，用于组织培养前取材母株的预备处理。

2. 组织培养法

组培脱毒培育无病毒苗的方法有：茎尖培养、愈伤组织培养、珠心胚培养、花药培养、茎尖微体嫁接等。

病毒在植物体内是靠筛管组织进行转移或通过胞间连丝传给其他细胞的。因此，病毒在植物体内的传播扩散也受到一定的限制，造成植物体内部分细胞组织不带病毒。同时，植物分生组织的细胞生长速度又快于体内病毒的繁殖转移速度，根据这一原理，利用茎尖培养可以获得无病毒种苗，它也是应用最广的脱毒培养方法。茎尖培养脱毒时，切取茎尖的大小很关键，一般切取0.10～0.15mm的带有1～2个叶原基的茎尖作为繁殖材料较为理想，超过0.5mm时，脱毒效果差。选好栽培品种适宜的培养基后，从待脱毒接穗上取0.1～0.3mm的茎尖，接种在准备好的培养基上，待无根苗长到2cm高时，准备脱毒鉴定。

将植物的器官和组织经脱分化诱导形成愈伤组织，然后经再分化产生小植株，可获得无病毒苗。早期获得成功的有马铃薯、天竺葵、大蒜、草莓等植物。

茎尖微体嫁接法适用于茎尖培养难以生根的果树和观赏树木。方法是将实生砧木培养于试管内培养基上，再从成年品种树上取1mm左右大小的茎尖作接穗，嫁接在试管内的幼小砧木上以获得脱毒苗。Navarro等（1983）取试管培养10～14天的梨新梢，大小为0.5～1mm，带3～4个叶原基，进行试管微体嫁接，成活率达40%～70%，最后获得无病毒苗。

珠心胚培养无病毒苗主要应用于多胚性的柑橘，因珠心胚与维管束系统无直接联系，诱导产生的植株可脱除病毒。本法自Rangan等1968年成功以来，发展迅速，已有不少品种培养成功。

花药培养脱毒苗的报道有草莓（大泽胜次等，1972），成功率达100%，日本已将其作为草莓育成无病毒苗的主要方法之一应用于生产。

3. 茎尖培养与热处理相结合脱毒法

为了提高茎尖脱毒效果，可以先进行热处理，再进行茎尖培养脱毒。通过茎尖培养法培养出无根苗后，放入温度在（37±1)℃条件下，处理28天，再切取0.5mm左右的茎尖进行培养；或者先进行热处理后，取0.5mm的茎尖进行培养，然后进行病毒鉴定。

如将盆栽富士苗先在30℃下预备处理，芽萌发时再在37℃处理2周以上，然后切取0.8～1.0mm茎尖，继代培养4次，可有效脱除SGV病毒。热处理期内的新梢生长量与脱毒率成正比。

（四）建立健全良种繁殖程序和繁育体系

园艺植物良种繁育中主要问题在于建立健全良种繁育制度，它是种子生产所必须遵守的一系列规范和法则，包括种子生产的体系、程序及技术规范等。

1. 种子生产的分级繁育程序

为了提高种子质量，降低种子生产成本，使新的优良品种尽快地并在较长时间内发挥其增产作用，有必要在良种繁育过程中采取分级繁育程序，按级别繁育良种。这种程序各国不完全相同，中国通常将种子生产程序划分为原原种、原种和良种三个阶段，由原原种产生原种，由原种产生良种，又叫做合格种子。原原种是由育种者提供的经严格提纯复壮措施繁育和保存的种子。原原种纯度最高，遗传性比较稳定，是最原始的优良种子。用原原种直接繁殖出来的，或由正在生产中推广的品种经提纯更新后达到国家规定的原种质量标准的种子称为原种。原种典型性强，生产力高，种子质量好，是仅次于原原种的种子。原种再繁殖一定代数，获得的符合质量标准、供应生产应用的种子称为良种。

2. 良种繁育体系

良种繁育体系随国家经济发展阶段而改变，如20世纪50年代后期，中央曾提出“主要依靠生产队自选、自繁、自留、自用，辅之以国家调剂”的“四自一辅”种子工作方针，在当时曾经起到积极作用，但显然已不能适应现在的情况。目前比较适应农业现代化发展的良种繁育体系是“四化一供”方针。“四化”分别是品种布局区域化、种子生产专业化、加工机械化、质量标准化，“一供”过去是指以县为单位有计划地供应良种，现在主要由种子市场来调节供应。

① 品种布局区域化　品种布局区域化是指根据农业自然区划和农作物品种的地区适应性，合理安排作物布局和品种搭配，最大限度地利用土地与气候资源。首先应合理分析不同地区的土壤、水分、光照、生产水平等因素，顺应品种特性，按照客观实际合理安排品种布局。

② 种子生产专业化　生产专业化可以扩大规模批量化生产，使生产向集团化迈进。提高劳动生产率和土地利用率，同时专业化可使生产向生产优势地区集中，使产量增加，成本降低，扩大市场份额，提高经济效益。生产专业化可集中使用技术力量，推广新技术，便于集中管理，提高种子产量和质量。建立稳固的种子繁育基地，制定统一管理措施，是实现种子生产专业化的前提。应以市场为导向，以科技进步为依托，不失时机地发展壮大规模，实现种子生产的专业化。

③ 种子加工机械化　收获后的种子仅是半成品，其中含有不同质量的种子和杂质。加工就是对种子进行清理、干燥、分级处理，提高种子的播种品质和商品品质。为了贮藏运输安全，可对种子进行清选、干燥，使其净度与含水量达到标准要求。还需要对种子进行分级处理、包装等措施来提高其商品价值。通常种子加工机械现在都是以烘干与精选自动联合流水线为主，不同规格加工机械的加工能力也不相同。加工机械化不但可以选种，而且也是质量标准化的先决条件。

④ 种子质量标准化　质量标准化是对种子生产的一种管理措施。它对原种、良种、种子分级、种子检验方法、包装、贮藏、运输都有一系列标准化规程和方法。实现质量标准化的前提是生产专业化和加工机械化。标准化的实施是提高农产品产量和质量的重要手段。

另外，需要明确提出的是“以法治种”的要求，从种子的生产、加工、检验到营销都必须符合《种子法》及配套的实施细则的要求；对种子生产和营销工作中，玩忽职守乃至假冒伪劣、诈骗偷窃等违法乱纪行为，必须绳之以法，从法律和制度上保证现代化农业生产对良种繁育质量方面日益增长的要求。

本章小结

品种审定制度是保证新品种合理使用的手段，新品种保护是育种者权益的有力保障。品种推广和良种繁育是优良品种走向市场的基本途径。

扩展阅读

河南查获特大种子造假案

2013年12月30日上午，河南省开封市杏花营镇的河南东丰种业有限公司的院子里一派忙碌，带式输送机发出轰隆隆的响声，将冻在冷库里的成品袋装陈年种子徐徐送出。不过，这不是备种售种的喜庆场面，而是正在对被查封的假劣种子进行移库。

2013年12月11日，河南省农业行政部门和公安局密切配合、协同行动，一举端掉了这个大型制假窝点以及商丘市毛堌堆镇的一个大型制假窝点。这是2013年11月29日，农业部、公安部、国家工商总局三部委联合启动打击侵犯品种权和制售假劣种子行为专项行动以来，查获的一起大案。

2013年12月30日，记者赶到河南东丰种业有限公司看到，两名工作人员正站在载重10吨的蓝色货车上，把出库的种子归置整齐。800多吨假劣种子，2辆10吨位货车一天运两次，需20天才能运完。值班民警告诉记者，移库工作已经持续了半个多月，最后运完还需要两三天时间。这是近几年来河南省查获的数额最大的一次制售假劣种子案件，涉及“隆平206”、“伟科702”等十多个玉米品种，案值达千万元。

开封案发地是一个近1000平方米的四四方方小院子，东面是主仓库；南面是一座拔地而起装饰豪华的崭新6层办公楼，一层是冷库，楼上发芽室、检测室等一应俱全。记者走进东面的主仓库，地上撒满了红色包衣和无包衣的种子。值班民警介绍道，穿上包衣的种子封装以后就可以直接拿到市场去卖，没有包衣的种子还要等待进一步加工。公安机关出示的检测报告显示，抽样送检的种子全部是以此品种冒充彼品种的假种子和质量达不到国家标准的劣质种子。

下午，记者随河南省金苑种业公司副总经理陈海见来到了商丘市毛堌堆镇被查封的仓库，仓库已被封锁，无法进入。透过铁门上碗口大的洞向里面张望，可以看到南北走向的一座大车间和东西走向的三座仓库及停放在院子里的一辆尚未装满货的货车。陈海见向记者介绍道，2013年12月11日的抓捕行动当场截下了院子里那辆正在装货的挂皖牌货车，货车准备将种子运往安徽销售。最东面的大车间里面有一套价值100多万元的完整种子生产线，包括筛选、包衣、烘干、装袋、封装等全部流程。3座仓库的大门紧闭，移库工作尚未进行。毛堌堆涉案种子接近40万公斤。

据陈海见介绍，这次打假，是2013年6月份在甘肃省张掖市发现富凯农业科技有限公司私自繁育“伟科702”和“隆平206”后一路追踪破获的。

说起“打假”，陈海见有一肚子的苦水要倒出来。一次接到一个可靠线索，一批侵权种子正由甘肃酒泉运往吉林省，陈海见当时正在武威，距离酒泉450公里，路上不是沙漠就是山路，夜晚黑漆漆一片，他一个人独自驱车前往，马不停蹄，以140码的速度从武威市出发，经过古浪县、景泰县及宁夏的银川等地，在内蒙古的巴音淖尔市磴口县堵住了运种车。晚上十点出发，第二天早上十点钟到，一夜跑了800公里，由于过度疲劳，返程时不小心遭遇车祸，幸好自己安然无恙。

遇到一个案子，三天三夜不闭眼连续追踪是常态，向制售假劣的侵权者送传票20天送不到也是常态，三四个月见不到老婆孩子更是常态。这些都可以忍耐，而让打假人员忍受不了的却是下面的情形：

“严重的地方保护主义”。追踪、取样、检验、举报，这几乎是一个打假专员的必经工作流程。种业打假重在从上游制止假劣种子的生产，使假劣种子不能流入销售渠道。而打假专员渴求正义的热情却屡屡被强大的地方保护主义泼冷水。频频投诉无回应、举报无人理，打假人员无法从源头上制止侵权，只能沿着种子出售的路线一路追踪，这使得打假工作困难重重。

“部门之间互相推诿”。举报侵犯品种权、制售假劣行为的信息渠道不畅通、处理机制不健全也影响了打假工作的顺利开展。种子行业的重要性和特殊性决定了对种子的套牌和假冒等侵权行为的打击必须及时、严厉、到位。然而，在实际的举报和投诉过程中，即便出示了确凿、足够的证据及检测结果等，有时会遇到相关部门互相推诿、无机构受理投诉等情况，因此完善种子侵权的投诉受理机制迫在眉睫。

“检测成本高、效率低”。验假慢、贵、远，也给种子打假平添了许多障碍。如从新疆取来的种子，跑到北京去检测，来来回回耗费巨大的人力物力成本。此外，收费较高，检测的品种每个案件可能超过 40 个，检测费用可观，且农林科学院的检测结果一般要 18 天才能获知。较长的检测期限，高昂的检测成本，给打假工作带来了极大的不便。

（来源：农民日报-中国农业新闻网，石亚楠，2014-01-06.）

复习思考题

1. 什么是品种审定制度？什么是新品种保护？
2. 品种审定和新品种保护的关系是什么？
3. 如何进行新品种的推广？
4. 品种混杂、退化的原因是什么？
5. 如何防止品种的混杂、退化？
6. 如何提高种子的繁殖系数？

实 训 项 目

实验实训一　园艺植物生物学性状调查

一、实验实训目的

通过调查园艺植物生物学性状，了解主要园艺植物的种质资源，学会园艺植物品种形态特征的描述方法；并根据品种的主要形态特征练习鉴别瓜、果等园艺植物品种，学会识别一些主要品种。

二、材料与用具

1. 材料：本地区主要栽培的蔬菜、果树、花卉各 2 种，如黄瓜、番茄、苹果、桃、矮牵牛、一串红等。

2. 用具：笔记本、铅笔、卷尺、游标卡尺、标本夹、有关工具书、托盘天平等。

三、方法与步骤

1. 选择当地具有代表性的园艺植物，每一种类应至少有两个品种，并对典型植株进行标记。

2. 信息采集：首先建立调查小组，将参加调查的同学划分为若干小组，全组分工协作。调查小组的人数，应根据调查对象、活动范围而定。各组查阅调查植物的有关参考资料，制订调查计划。应采集的参考资料包括植物的起源、栽培历史，调查植物的生产概况、分布特点，当地土壤、降水情况，当地温度、日照，植物分类地位等。调查计划包括调查项目、要求、内容、时间、地点、方法、途径等。

3. 园艺植物种类品种代表植株的调查。

① 生物学特性：生长习性、开花结果习性、物候期、抗病性、抗旱性、抗寒性等。

② 形态特征：株型、枝条、叶、花、果实、种子等。

③ 经济性状：产量、品质、用途、贮运性、效益值。

4. 图表标本资源的采集和制作。

除按各种表格进行记载外，对叶、枝、花、果等要制作浸渍或蜡叶标本。根据需要对枝、叶、花、果实和其他器官进行绘图和照相，以及进行产量和优良品质的分析鉴定。

5. 调查资料的整理与总结。

四、实验实训报告与作业

1. 填写园艺植物的调查登记表

调查的表格填写内容因不同作物而有所不同，下面表格以黄瓜为例，其他植物可以依据具体情况进行调整。

2. 根据调查记录，做好最后的资料整理和总结分析工作。

黄瓜调查登记表

记载项目	特征描述	调查地点	调查时期	备注
生长习性				
开花结果习性				
物候期				
抗病性				
株型				
枝条				
叶				
花				
果实				
种子				
产量				
品质				
贮运性				
效益值				

① 写出调查总结。首先要说明调查品种栽培历史、品种种类、分布特点、栽培面积、栽培管理措施、市场前景、自然灾害、存在问题、解决途径、资源利用和发展建议；其次说明调查的树种和品种情况。

② 说出品种表现型中至少一个明显不同于其他品种的可辨认的标志性状，同时要附上照片或图片。

实验实训二　园艺植物开花授粉习性调查

一、实验实训目的

通过观察不同园艺植物的花器官组成，掌握不同植物种类花器官的结构特征及开花授粉特点，为理解及训练有性杂交技术奠定基础，以便制定不同的杂交方式，确保杂交成功。

二、材料与用具

1. 材料：黄瓜、番茄、苹果、桃、葡萄、菊花等园艺植物。

2. 用具：镊子、铅笔、橡皮、绘图纸、解剖镜、解剖针、刀片、载玻片。

三、方法与步骤

1. 信息采集：通过查资料，了解园艺植物的分类和花的基本特点，确定各种植物的调查时期。

2. 观察盛花期花的基本组成部分，并仔细观察该种花属于下面特征特性的哪一种。

① 完全花和不完全花。

完全花指一朵花内具有花萼片、花冠、雌蕊、雄蕊四部分。

不完全花是指缺乏花冠，花萼、雄蕊和雌蕊中的一部分或几部分的花。

② 两性花、单性花和无性花。

两性花：一朵花既有雌蕊又有雄蕊。

单性花：缺乏雄蕊或雌蕊的花。其中，有雄蕊而缺雌蕊或仅具有退化的雌蕊称雄花；有雌蕊而缺雄蕊，或仅具退化雄蕊称雌花。

若雄花和雌花同生于一株植株上称雌雄同株；雌花和雄花分别生于不同植株被称为雌雄异株；若同一植株上既有单性花又有两性花的称为杂性同株；若单性花和两性花分别长在不同植株上的称杂性异株。

无性花（中性花）：既无雄蕊又无雌蕊或雌雄蕊退化的花。

③ 花冠的形态。

十字形：花瓣四枚，分离，上部外展呈十字形。

蝶形：花瓣五枚，分离，排成蝶形花冠。上面一瓣最大，位于外方；侧面两枚较狭小，称为翼瓣；最下两枚最小，下缘稍合生，并向上弯曲，称为龙骨瓣。

管状（筒状）：花瓣大部分合成管状，上部的花冠裂片向上伸展。

舌状：花瓣 5 枚，基部合生成一短筒。上部宽大，向一侧伸展成扁平舌状五个小齿，两性花。

钟状：花冠一般成筒状，上部宽大，向一侧延伸成钟形。

漏斗状：花冠筒长，自基部逐渐向上扩大呈漏斗状。

唇形：花瓣稍呈二唇形，上面（后面）两裂片为上唇，下面（前面）三裂片为下唇；也有的植物是上唇三裂，下唇两裂。

3. 观察不同园艺植物花序的类型，并明确该种花序属于下面特征特性的哪一种。

① 单生花：一枝花柄上只着生一朵花。

② 花序：由多个单花组成，在花序轴上顺序排列。

总状花序：花序轴较长，上面着生许多花柄近等长的花。

复总状花序：花序轴作总状分枝，每一分枝又形成总状花序，形状似圆锥，又称圆锥花序。

穗状花序：花序轴较长，上面着生许多花柄极短或无花柄的花。

复穗状花序：花序轴上每一分枝又形成一穗状花序。

葇荑花序：花序长而柔软，多下垂，上面着生许多无花柄又常无花被的单性花，开花后整个花序脱落。

肉穗花序：花序轴肉质肥大，或棒状，或鞭状苞，又称佛焰花序。

伞形花序：花序轴较短，顶端集生许多花柄近等长的花，并向四周放射排列，如张开的伞。

复伞形花序：花序轴伞形分枝，每一分枝上再形成伞形花序。

头状花序：花序轴顶端缩短膨大成头状或盘状的总花托，上面密集着生许多无柄或近于无柄的花。

隐头花序：花序轴膨大而内陷成中空的球状体，其凹陷的内壁上着生许多没有花柄的花。

4. 边观察，边画图，同时应进行照相。

四、实验实训报告与作业

1. 绘出桃、番茄、黄瓜、葡萄等主要园艺植物花的形态结构图。

2. 填表对桃、番茄、黄瓜、葡萄等主要园艺植物花的形态特点给予分别说明。

园艺植物花器官形态表

植物名称	完整性	性型	花序	花冠

3. 写出三个科植物的花器官主要特征，并提供相关的照片。

实验实训三　园艺植物花粉的采集与贮藏

一、实验实训目的

通过采集不同园艺植物的花粉，掌握花粉的收集方法和贮藏方法，并明确其原理。

二、材料与用具

1. 材料：主要园艺植物的花。

2. 用具：毛笔、标签、硫酸纸袋、曲别针、脱脂棉、纱布、指形管、冰箱、干燥器、花粉筛、硅胶等。

三、方法与步骤

1. 亲本材料采集

选择健壮的植株上正常的花朵，在开花前一天套硫酸纸袋，下口用曲别针别好，以免混入其他花粉，第二天花药开裂后收集花粉；或采集开花前一天的花蕾，第二天进行必要的加温处理，使花药开裂后收集花粉。注意一定要采集花药开裂前后的新鲜花粉，对不成熟的幼嫩花药的花粉、成熟过头的花粉、被雨露沾湿的花粉、有疑问的花粉及杂质要除去。

2. 花粉干燥和采集

花粉采集后置于清洁的环境，以免菌类侵入引起发霉而影响生命力，并及时干燥，可放在散光下晾干、阴干，或放入盛有硅胶的干燥器中干燥，一般以花粉由相互黏结至极易分散（像水一样不粘玻璃壁）为度。干燥后用花粉筛筛去杂质。根据使用的次数将其分装于数个指形管中，避免因启封而使温度、湿度剧变造成花粉生活力锐减。一般以1/5体积或更少为宜，管口用脱脂棉塞好，或用双层的干净纱布扎好，有利于气体交换和过滤气体，贴好标签，标明植物品种名称、采集日期、地点、贮藏方法（湿、温条件）及统一编号。然后放入无水氯化钙或硅胶控制的一定湿度的干燥器中。

3. 贮藏

花粉在贮藏期间的稳定性与花粉外壁的性质和贮藏期间的花粉的代谢有关。温度和花粉的含水量是影响花粉在贮藏期间生活力的两个重要因子。为保持花粉生活力，可采取减低其代谢强度的方法，将其贮藏在低温、干燥、黑暗的环境中，以保持其活力。一般是将干燥器置于0～2℃或0℃以下的冰箱中贮存。

四、实验实训报告与作业

1. 填表详细记载花粉采集及其贮藏过程。

2. 总结分析不同园艺植物花粉采集和贮藏过程中应注意的事项。

园艺植物花粉采集和贮藏记录表

园艺植物名称	花粉收集方法	花粉数量	干燥剂	贮藏工具	相对湿度	温度

实验实训四　花粉生活力的测定

一、实验实训目的

了解花粉的生活力对于农林生产和育种工作的重要意义，学会并掌握用形态法、染色法、发芽法鉴定花粉生活力高低的具体技术和方法，掌握不同的植物种类花粉的寿命。

二、材料与用具

1. 材料：各种园艺植物的花粉，如黄瓜、苹果、梨等植物的花粉。

2. 用具与药品：载玻片、凹玻片、镊子、培养皿、烧杯、天平、恒温箱、试剂瓶、酒精灯、玻璃棒、盖玻片、解剖针、毛笔、脱脂棉、玻璃铅笔、瓷盘、纱布、显微镜、碘、碘化钾、蒸馏水、乙醇、碳酸钠、氯化三苯基四氮唑（TTC）、联苯胺、蔗糖、琼脂、硼酸液、过氧化氢、α-萘乙酸。

三、方法与步骤

鉴定花粉生活力的方法有很多，目前应用较为方便和使用较多的主要有以下几种。

1. 形态观察法

首先将需要鉴定的花粉置于载玻片上，在显微镜下查看三个视野，要求被检查的花粉粒总数达100粒以上，计算正常花粉粒占总数的比率。一般来说，具有品种生活力的花粉大小正常、形态饱满和色泽金黄，而无生活力的花粉则较正常的偏小、皱缩、畸形、无色泽或黯淡。形态观察法简便易行，但准确性差，通常只用于测定新鲜花粉的生活力。

2. 染色观察法

① 碘-碘化钾染色法　先称取 0.3g 碘和 1.3g 碘化钾溶于 100ml 的蒸馏水中，即成碘-碘化钾溶液。取少量花粉撒播到用棉球擦净的普通载玻片上，然后加水一滴，使花粉散开，再加一滴碘-碘化钾溶液，盖上盖玻片，置于显微镜下镜检。凡花粉粒被染成蓝色的表示具有生活力，呈黄褐色为缺少生活力的花粉（淀粉遇碘变蓝是淀粉的特性）。

② 氯化三苯基四氮唑法（TTC）　称取 TTC 0.5g 放入烧杯中，加入少许 95%乙醇使其溶解，然后用蒸馏水稀释至 100ml，配制成 0.5%TTC 溶液。溶液避光保存，溶液发红时，不能再用。取少量花粉于凹玻片的凹槽内或直接放于普通载玻片上，加 1～2 滴 TTC 溶液，盖上盖玻片，将此片置于 30℃恒温箱中放置 15min。在显微镜下观察不同的三个视野，凡被染成红色的均为有生活力的花粉，而无生活力的花粉则无此反应。观察 2～3 个制片，每片取 5 个视野，统计 100 粒，然后计算花粉的活力百分率。

③ 联苯胺染色法　将 0.2g 联苯胺溶于 50%乙醇 100ml 中，盛入棕色瓶中，放暗处备用。将 α-萘乙酸 0.15g 溶于 100ml 乙醇中，盛入棕色瓶中，放暗处备用。将 0.25g 碳酸钠溶于 100ml 蒸馏水中，盛入白色瓶中备用。将以上三种溶液等量混合，为“甲液”，盛入棕色瓶中备用。将过氧化氢用蒸馏稀释成 0.3%溶液，为“乙液”，随配随用。取花粉少许，撒入凹型载玻片，滴入“甲液”，片刻后，再滴入“乙液”，3～5min 后，在显微镜下观察。凡有生活力的花粉为红色或玫瑰红色。黄色的（不着色的）为无生活力的花粉。

3. 蔗糖琼脂培养法

① 培养基的制备　在 100ml 的烧杯中加入 100ml 的蒸馏水，再加入 1g 的琼脂，在酒精灯上加热，使之完全溶解，然后加入 10g 蔗糖，制成 10%的糖液。注意用玻璃棒不断搅拌，使其融化均匀。有条件时还可加入微量柱头渗出液、维生素等，以形成花粉粒发芽的适宜环境条件。

② 花粉的播种与检查　用玻璃棒蘸取培养基溶液，立即滴一滴于盖玻片的中央（直径 1.5～2cm），使成为表面完整的球面（球面越薄越好，否则透光性差，影响在显微镜下观察），当凝固后再进行花粉的播种。将花粉撒播在培养基表面，注意花粉的分布要松散、均匀，不能密集成堆，注意适宜的播种数量。

③ 培养　播种好后将玻片置于培养皿上，下面垫有脱脂棉，加入少量水来保持湿度。应在载玻片上用玻璃铅笔标号，并进行记录。记录内容包括花粉种类、培养基的糖液浓度、采粉时间、播种时间。然后全组集中放在一个大的瓷盘中，用纱布覆盖后加盖，放于 15～22℃的恒温箱内，24h 后进行检查。

④ 镜检　花粉发芽检查在低倍镜下进行，花粉的长度为花粉粒直径 2 倍以上者算发芽，一倍以上者算萌芽。每片应观察 3 个视野，花粉粒数不少于 100 粒以上，记载花粉发芽数，计算发芽率。

四、实验实训报告与作业

1. 计算染色观察法、蔗糖琼脂培养法、形态观察法花粉生活力（3 个视野）。

花粉生活力(%)=有生活力花粉数/观察花粉总数×100%

2. 同一品种花粉用不同方法测定时其生活力高低的结果分析。

实验实训五　园艺植物有性杂交技术

一、实验实训目的

通过实验，掌握代表性园艺植物的有性杂交技术及其在育种上的应用。

二、材料与用具

1. 材料：根据实际情况选择有代表性的园艺植物 2～3 种。

2. 用具：小镊子、授粉器、铅笔、花粉瓶、培养皿、放大镜、温箱、干燥器、纸袋、挂牌、回形针、脱脂棉、70％乙醇等。

三、方法与步骤

1. 杂交前的准备

根据实际情况选择有代表性的园艺植物，如黄瓜、苹果、桃、番茄、菊花等。依据育种目标，选择花形和花期相一致、花色吻合的植株作为杂交育种的亲本。在栽培时给予合适的肥水管理，使杂交亲本能够正常生长。

2. 采集花粉

依据不同作物采取不同的花粉采集方法，具体操作参考实验实训三。

3. 去雄

去雄时间因植物种类而异。对于两性花，在花药开裂前必须去雄。一般都在开花前24～48h 去雄。去雄方法因植物种类不同而不同。一般用镊子先将花瓣或花冠苞片剥开，然后用镊子将花丝一根一根地夹断去掉，如番茄、苹果、梨等作物多采用此种方法。对于黄瓜这样的雌雄同株异花的植物，在开花前将雄花蕾去掉就可以了。如果连续对两个以上材料去雄，给下一个材料去雄时，所有用具及手都必须用 70％乙醇处理，以杀死前一个亲本附着的花粉。

4. 授粉

大多数植物的雌、雄蕊都是开花当天生活力最强。一般在晴朗无风、阳光充足的上午进行人工授粉。注意不同花的开放时间不同，如番茄以上午 10 时授粉效果最佳，而黄瓜则以上午 9 点授粉效果最好。少量授粉可直接将正在散粉的父本雄蕊碰触母本柱头，也可用镊子挑取花粉直接涂抹到母本柱头上。如果授粉量大或用专门贮备的花粉授粉，则需要授粉工具。授粉工具包括橡皮头、海绵头、毛笔、蜂棒等。在十字花科植物中，一个收集足量花粉的蜂棒可授粉 100 朵花左右。装在培养皿或指形管中的花粉，可用橡皮头或毛笔蘸取花粉授在母本的柱头上。由于受到下雨、工作量大等因素，可以提前一两天或延后一两天进行授粉，也能得到种子。

5. 套袋隔离

每次授粉后将授粉花朵套上纸袋，用回形针扎好，防止混杂花粉传入，挂好标签并写明杂交组合、授粉日期、授粉花数和授粉人。一周后可将纸袋去掉。对于较大的花朵也可用塑料夹将花冠夹住或用细铁丝将花冠束住，也可用废纸做成比即将开花的花蕾稍大的纸筒，套住第二天将要开花的花蕾。

6. 杂交后的管理

授粉后的母株，要加强管理，多施钾肥，促使种子饱满。在授粉后将众多多余的花朵剪除，增加其营养，增加阳光透入，有利种子成熟。等种子成熟后将果实采收，取出种子晾干后采集、记载、收藏。

四、实验实训报告与作业

1. 试述提高园艺植物杂交结实率的主要技术环节。

2. 总结不同园艺植物的有性杂交方式，并提供相关的照片。

3. 讨论影响园艺植物杂交效果的相关因素。

实验实训六 园艺植物多倍体的诱发与鉴定

一、实验实训目的

人工诱导多倍体是现代育种的有效途径之一，通过实验，学习秋水仙素诱导园艺植物多倍体的方法和技术，学会鉴定多倍体的方法。

二、材料与用具

1. 材料：洋葱，刮去老根，放在小烧杯上，加水至刚与根部接触为止，室内培养至新根长出 0.5～1.0cm 左右。

2. 用具及药品：显微镜、烧杯、量筒、酒精灯、镊子、刀片、载片、盖片、小滴瓶、指管、吸水纸、铅笔等工具，0.1%秋水仙素水溶液、1mol/L 盐酸、无水乙醇、70%乙醇、45%醋酸、改良苯酚品红染色液、卡诺固定液等药品。

三、方法与步骤

1. 配制药液：称取一定量的秋水仙素，加蒸馏水配成 1%溶液备用。

2. 处理液的配制：通常按 0.2%～1%浓度范围配成 2～3 个处理使用液，每个处理重复 3～4 次，以蒸馏水为对照。

3. 处理材料的选择：当洋葱新根长到 0.5～1.0cm 左右时，将上述小烧杯中的水换成含秋水仙素的水溶液，置阴暗处培养 2～3 天或更长，至根尖膨大为止。

4. 挂签观察：每个处理的芽均要挂上标签，记载处理日期、次数与方法，并观察其生长变异情况。

5. 固定：在中午 11：30 左右，用蒸馏水冲洗根尖 2 次，切取根尖末端约 0.5 cm，投入卡诺固定液（无水乙醇：冰醋酸＝3：1）中，固定 2～8h，95%乙醇冲洗一次，换入 70%乙醇中保存。

6. 解离：1mol/L 盐酸解离 6～8min，以根尖伸长区透明、分生区呈乳白色时停止解离为宜，水洗 3 次。

7. 染色：在载片上切取根尖膨大处的前部（呈乳白色的区域），用镊子（或另一载片）将其挤碎，在载片上有材料之处加一滴改良苯酚品红染色液，染色 8～10min。

8. 压片：覆一盖玻片，酒精灯火焰上微烤，用铅笔硬头敲击压片，然后隔吸水纸用拇指展平，吸去多余染液。

9. 观察：低倍镜下寻找染色体分散良好的分裂象，换高倍镜观察染色体数目。

四、实验实训报告与作业

1. 绘图说明诱导后的染色体变化，试比较诱导前后的区别。

2. 说出能够诱发多倍体的其他因素，想一想用这些因素怎么做这个试验。

参 考 文 献

[1] 陈世儒，王鸣．蔬菜育种学．第2版．北京：农业出版社，1986.

[2] 张敩方等．园林植物育种学．哈尔滨：东北林业大学出版社，1990.

[3] 林伯年，堀内昭作等．园艺植物繁育学．上海：上海科学技术出版社，1994.

[4] 周长久，王鸣等，现代蔬菜育种学．北京：科学技术文献出版社，1996.

[5] 赵世绪．无融合生殖与植物育种．北京：北京农业大学出版社，1990.

[6] 俞世蓉，沈克全．作物繁殖方式和育种方法．北京：中国农业出版社，1996.

[7] 沈德绪，景士西．果树育种学．北京：中国农业出版社，1997.

[8] 谢孝福．植物引种学．北京：科学出版社，1994.

[9] 景新明等．蔷薇属植物的引种栽培．植物引种驯化集刊．1993.

[10] 蔡旭，米景九等．植物遗传育种学．第2版．北京：科学出版社，1988.

[11] 李乃坚，Carti，T. 等．栽培番茄的耐盐筛选．园艺学报．1990. 17：299-303.

[12] 李三玉等．当代柑橘．成都：四川科学技术出版社，1990.

[13] 陈学森等．叶用银杏资源评价及选优的研究．园艺学报．1997. 24（3）：215-219.

[14] 修德仁等．龙眼葡萄的营养系变异．园艺学报．1991. 18：121-125.

[15] 李树德．中国主要蔬菜抗病育种进展．北京：科学出版社，1995.

[16] 金波，王月新等．三色堇、金盏菊、雏菊、金鱼草新品种选育．园艺学报．1995. 22（1）：40-46.

[17] 胥志文．新透心红胡萝卜的选育．长江蔬菜．1997. 9：30-32.

[18] 谭其猛．蔬菜育种．北京：农业出版社，1980.

[19] 李春丽．应用分子标记差异性预测作物杂种优势的研究进展．遗传．1997. 1：46-48.

[20] 何启伟，郭素英．十字花科蔬菜优势育种．北京：农业出版社，1993.

[21] 张书芳等．结球白菜核基因互作雄性不育系91-5A遗传机制初探．园艺学报．1994. 21（4）：404-405.

[22] 谭其猛．蔬菜杂种优势的利用．上海：上海科学技术出版社．1982.

[23] 丁晓东等．小浆果育种．长春：吉林科学技术出版社，1995.

[24] 朱之悌．树木的无性繁殖和无性系育种．林业科学．1986. 3：280-289.

[25] 吴力人，冯晓棠．石刁柏杂交种选育及育种技术研究进展．园艺学进展第二辑，南京：东南大学出版社，1998. 613-617.

[26] 柳李旺，汪隆植等．茄子与其野生种远缘杂交研究进展．园艺学进展．南京：东南大学出版社，1998. 417-423.

[27] 梁红，冯午．白菜与甘蓝的种间杂交及其杂种后代的研究．园艺学报．1990. 17：203-210.

[28] 徐民生，谢维荪．仙人掌类及多肉植物．北京：中国经济出版社，2001.

[29] 邓秀新，伊华林等．以异源四倍体体细胞杂种为父本杂交培育三倍体柑橘植株的研究．植物学报．1996. 38（8）：631-636.

[30] 邓秀新等．柑橘同源及异源四倍体花粉育性研究．园艺学报．1995. 22（1）：16-20.

[31] 李锁平．高等植物产生未减数配子的途径．生物学通报．1992. 4：5-6.

[32] 张敩方，岳桦．诱导金鱼草多倍体的初步研究．园艺学报．1990. 17（1）：76-80.

[33] 张成合等．大白菜 $2n$ 配子的筛选及其应用基础研究．园艺学进展第二辑．南京：东南大学出版社，1998. 507-512.

[34] 张纪增等．国光萝卜多倍体育种的研究．园艺学报．1984. 11（4）：274-276.

[35] 罗耀武等．人工诱变获得四倍体玫瑰香葡萄的研究．园艺学报．1997. 24（2）：125-128.

[36] 王彭伟等．切花菊单细胞突变育种研究．园艺学报．1996. 23（3）：285-288.

[37] 王鸣，马克琦等．用 γ 射线诱发染色体易位选育少籽西瓜的研究．园艺学报．1988. 15（2）：34-36.

[38] 李惠芬，李尚平等．月季的辐射育种及其新品种．江苏农业科学．1997. 3：50-51.

[39] 何启谦等．园林植物育种学．北京：中国林业出版社，1992.

[40] 赵孔南，陈秋方等．植物辐射遗传育种研究进展．北京：原子能出版社，1990.

[41] 胡春根．几种果树花粉对软 X 射线的辐射敏感性差异．华中农业大学学报．1996.15（4）：376-380.

[42] 顾光炜，董家伦等．农业应用核技术．北京：原子能出版社，1992.

[43] 包满珠．植物花青素基因的克隆及应用．园艺学报．1997.24（3）：279-284.

[44] 邓秀新，章文才．柑橘原生质融合研究．自然科学研究进展．1995.5（1）：35-41.

[45] 宋长征．转基因植物与蔬菜疫苗．生物技术．1995，5（2）：5-9.

[46] 刘孟军．基因组图谱及其在果树上的应用．园艺学进展第二辑．南京：东南大学出版社，1998.1-7.

[47] 角田重三郎等著．作物改良原理．敖光明等译．长沙：湖南科学技术出版社，1984.

[48] 陈振光．园艺植物离体培养学．北京：中国农业出版社，1996.

[49] 何晨阳．生物工程原理与应用．北京：中国农业科技出版社，1994.

[50] 曹家树．分子生物学技术在蔬菜研究上的应用．园艺学年评．北京：科学出版社，1993，1：133-154.

[51] 雷建军，陈世儒等．叶用芥菜叶片原生质体再生植株．园艺学报．1992.19（1）：52-56.

[52] 潘家驹．作物育种学总论．北京：农业出版社，1994.

[53] 颜昌敬，张玉华．植物原生质体培养和融合在植物育种上的应用．农业科学集刊第 2 集．北京：中国农业出版社，1995.

[54] 中华人民共和国国务院令 213 号．植物新品种保护条例．1997 年 10 月．

[55] 中华人民共和国农业部．全国农作物品种审定委员会章程（试行）. 全国农作物品种审定办法（试行）. 1989.

[56] 王芳．园艺植物育种．北京：化学工业出版社，2008.

[57] 曹家树，申书兴．园艺植物育种学．北京：中国农业大学出版社，2001.

[58] 申书兴．园艺植物育种学实验指导．北京：中国农业大学出版社，2002.

[59] 张天真．作物育种学总论．北京：中国农业出版社，2004.

[60] 季孔庶．园艺植物遗传育种．北京：高等教育出版社，2005.

[61] 郭才．植物遗传育种与种苗繁育．北京：中国农业大学出版社，2005.